U0260058

"十三五"国家重点图书出版规划项目

中国特色畜禽遗传资源保护与利用丛书

狮 头 鹅

何大乾　主编

中国农业出版社

北　京

图书在版编目（CIP）数据

狮头鹅/何大乾主编 .—北京：中国农业出版社，
2019.12
（中国特色畜禽遗传资源保护与利用丛书）
国家出版基金项目
ISBN 978-7-109-26390-1

Ⅰ.①狮…　Ⅱ.①何…　Ⅲ.①鹅—饲养管理　Ⅳ.
①S835.4

中国版本图书馆 CIP 数据核字（2019）第 296564 号

内容提要：本书系统介绍了我国著名地方品种、国家级保护名录品种、我国唯一大型鹅种——狮头鹅品种形成的历史、品种特征和保护、繁育、营养、饲养管理、疾病防控与保健、鹅舍设计与建设、产品开发与鹅业产业链建设等方面内容。本书包含大量狮头鹅养殖生产特有的技术知识，可以使读者全方位、清楚地了解这一独特品种及产业链各关键环节的生产技术。本书具有较高的理论和实用价值，内容来源于生产实践，提炼于系统分析，具有实践性、科学性、可操作性。

中国农业出版社出版
地址：北京市朝阳区麦子店街 18 号楼
邮编：100125
责任编辑：周锦玉
版式设计：杨　婧　责任校对：沙凯霖
印刷：北京通州皇家印刷厂
版次：2019 年 12 月第 1 版
印次：2019 年 12 月北京第 1 次印刷
发行：新华书店北京发行所
开本：720mm×960mm　1/16
印张：16.25　插页：4
字数：282 千字
定价：106.00 元

丛书编委会

本书编写人员

主　编　何大乾

副主编　林祯平　陈国宏　杨　琳

参　编　张大丙　陈俊鹏　卢立志　王惠影　刘　毅

　　　　徐　琪　蒋桂韬　李光全　王　翠

审　稿　王继文

　　我国是世界上畜禽遗传资源最为丰富的国家之一。多样化的地理生态环境、长期的自然选择和人工选育，造就了众多体型外貌各异、经济性状各具特色的畜禽遗传资源。入选《中国畜禽遗传资源志》的地方畜禽品种达500多个、自主培育品种达100多个，保护、利用好我国畜禽遗传资源是一项宏伟的事业。

　　国以农为本，农以种为先。习近平总书记高度重视种业的安全与发展问题，曾在多个场合反复强调，"要下决心把民族种业搞上去，抓紧培育具有自主知识产权的优良品种，从源头上保障国家粮食安全"。近年来，我国畜禽遗传资源保护与利用工作加快推进，成效斐然：完成了新中国成立以来第二次全国畜禽遗传资源调查；颁布实施了《中华人民共和国畜牧法》及配套规章；发布了国家级、省级畜禽遗传资源保护名录；资源保护条件能力建设不断提升，支持建设了一大批保种场、保护区和基因库；种质创制推陈出新，培育出一批生产性能优越、市场广泛认可的畜禽新品种和配套系，取得了显著的经济效益和社会效益，为畜牧业发展和农牧民脱贫增收作出了重要贡献。然而，目前我国系统、全面地介绍单一地方畜禽遗传资源的出版物极少，这与我国作为世界畜禽遗传资源大

1

国的地位极不相称，不利于优良地方畜禽遗传资源的合理保护和科学开发利用，也不利于加快推进现代畜禽种业建设。

为普及对畜禽遗传资源保护与开发利用的技术指导，助力做大做强优势特色畜牧产业，抢占种质科技的战略制高点，在农业农村部种业管理司领导下，由全国畜牧总站策划、中国农业出版社出版了这套"中国特色畜禽遗传资源保护与利用丛书"。该丛书立足于全国畜禽遗传资源保护与利用工作的宏观布局，组织以国家畜禽遗传资源委员会专家、各地方畜禽品种保护与利用从业专家为主体的作者队伍，以每个畜禽品种作为独立分册，收集汇编了各品种在管、产、学、研、用等相关行业中积累形成的数据和资料，集中展现了畜禽遗传资源领域最新的科技知识、实践经验、技术进展与成果。该丛书覆盖面广、内容丰富、权威性高、实用性强，既可为加强畜禽遗传资源保护、促进资源开发利用、制定产业发展相关规划等提供科学依据，也可作为广大畜牧从业者、科研教学工作者的作业指导书和参考工具书，学术与实用价值兼备。

丛书编委会

2019 年 12 月

　　我国是世界畜禽遗传资源大国，具有数量众多、各具特色的畜禽遗传资源。这些丰富的畜禽遗传资源是畜禽育种事业和畜牧业持续健康发展的物质基础，是国家食物安全和经济产业安全的重要保障。

　　随着经济社会的发展，人们对畜禽遗传资源认识的深入，特色畜禽遗传资源的保护与开发利用日益受到国家重视和全社会关注。切实做好畜禽遗传资源保护与利用，进一步发挥我国特色畜禽遗传资源在育种事业和畜牧业生产中的作用，还需要科学系统的技术支持。

　　"中国特色畜禽遗传资源保护与利用丛书"是一套系统总结、翔实阐述我国优良畜禽遗传资源的科技著作。丛书选取一批特性突出、研究深入、开发成效明显、对促进地方经济发展意义重大的地方畜禽品种和自主培育品种，以每个品种作为独立分册，系统全面地介绍了品种的历史渊源、特征特性、保种选育、营养需要、饲养管理、疫病防治、利用开发、品牌建设等内容，有些品种还附录了相关标准与技术规范、产业化开发模式等资料。丛书可为大专院校、科研单位和畜牧从业者提供有益学习和参考，对于进一步加强畜禽遗

传资源保护，促进资源可持续利用，加快现代畜禽种业建
设，助力特色畜牧业发展等都具有重要价值。

中国科学院院士

中国农业大学教授 吴常信

2019 年 12 月

前言

　　我国是世界上养鹅数量最多的国家，这得益于我国丰富多样的鹅品种资源。在每一个优良地方品种的原产地，与之相生相伴的就是人们悠久的养鹅历史传统。狮头鹅是我国鹅种大家庭中独特的一员，是我国唯一的大型鹅种，也是世界三大大型鹅种之一。

　　狮头鹅起源于鸿雁，形成于我国潮汕地区，体型硕大，生长迅速，外貌独特，是潮汕卤鹅的首选原料品种。特别是进入 21 世纪以来，在国家政策导向的支持下，在当地研究所、高校和企业的共同努力下，狮头鹅产业呈现蓬勃发展的势头。2018 年，狮头鹅在全国的养殖量突破 2 300 万只，成为百亿级以上的大产业，彰显了狮头鹅这一独特品种资源在我国社会经济发展中，特别是畜牧行业发展、乡村振兴、扶贫攻坚中不可替代的巨大作用。当前，中国特色畜禽品种的资源优势越来越为人们所认识，国家及地方从各个方面对畜禽遗传资源进行了卓有成效的保护，狮头鹅国家级保种场、保护区、基因库（泰州）建设稳步发展，种质评价和遗传多样性、营养需要等研究正在不断深入推进；利用狮头鹅本品种选育与新品系选育成果，建立良种繁育体系，实现了狮头

1

前言

鹅养殖产业的完全自我供种，产生了巨大的社会经济效益；狮头鹅生产的肉、绒、肝等产品也因其良好的品质受到消费者的欢迎。在"中国特色畜禽遗传资源保护与利用丛书"项目编撰之际，我们编写了《狮头鹅》一书，期望读者能通过本书更系统、清晰地了解狮头鹅这一独特的地方品种，助其得到有效的保护和合理开发利用，为发展我国农村经济、建设美丽乡村做出更大贡献。

本书共分九章，力求系统、全面介绍狮头鹅独特、科学、实用的，以种源为中心展开的产业生产各环节的知识和技术。本书第一章由何大乾和林祯平编写；第二章由陈国宏、徐琪和陈俊鹏编写；第三章由何大乾和王惠影编写；第四章由刘毅和李光全编写；第五章由杨琳、何大乾和蒋桂韬编写；第六章由卢立志和何大乾编写；第七章由张大丙和何大乾编写；第八章和第九章由何大乾、王翠和林祯平编写。

本书的编写出版，得到了现代农业产业技术体系建设专项基金（CARS-42-7）、国家重点研发计划项目资金（2018YFD0501505）和上海市农业科学院卓越团队建设计划项目资金的资助。同时，本书编写过程中参考了国内外有关家鹅研究和生产的文献资料，在此一并致以衷心的感谢！

　　书中不足和疏漏之处在所难免，恳请读者不吝指正。

编　者

2019 年 7 月

目

录

第一章
品种起源与形成过程

第一节 产区自然生态条件

一、品种分布

1955年经广东省农业科学院鉴定，狮头鹅原产于广东省饶平县浮滨镇溪楼村。据当地主管部门调查，2004年该镇纯种种鹅存栏量3 500只，肉鹅饲养量12.6万只。此外，饶平县的樟溪、高堂、浮山、东山、新圩、联饶、汤溪、黄冈、大埗、所城、钱东、三饶12个镇也饲养大量的原种种鹅。2004年年末，这12个镇原种母鹅存栏46 840只，占全县原种种鹅58 850只的79.6%；其中，浮滨、樟溪、联饶、高堂、黄冈、钱东6镇原种种鹅40 100只，约占全县原种种鹅的68.1%。经多年的发展，据饶平县农业农村局统计，2018年饶平县存栏种鹅5.8万只，存栏肉鹅25.5万只，年出栏134万只。

狮头鹅很早就传至潮安县（今潮安区）和汕头的澄海县（今澄海区），并得到杂交融合和群众性选育而快速发展。在汕头市白沙禽畜原种研究所国家级狮头鹅保种场种源和技术推广的带动下，狮头鹅主要分布在广东省东部的澄海、汕头市郊区及饶平一带，并以汕头市为主。2018年，汕头市存栏种鹅90万只，出栏肉鹅400万只，在狮头鹅主产区排在首位。

随着2017年饶平县国家级狮头鹅保种场的建立和狮头鹅产业的快速发展，狮头鹅主产区扩展为潮州、揭阳和汕头3个市，即原来的潮汕地区。在潮汕地区，特别是汕头市，饲养狮头鹅已成为当地养殖农户的重要经济收入来源，狮头鹅系列卤制品也成为当地餐饮和旅游的重要经济收入和一张响亮的名片。如今在汕头市和饶平县，政府已拨款扩建了原种场，建设了孵化厂，狮头鹅的养殖除了广东本地外，还扩展到广西、福建、安徽、海南、江西、西藏、新疆、内蒙古、黑龙江、台湾等 10 多个省（自治区、直辖市），2018 年狮头鹅年饲养量已经突破 2 000 万只。

二、原产地自然生态条件

1. **地理位置、地势和海拔**　饶平县地处粤东沿海，位于广东省最东端，素称"粤首第一县"。地理坐标为北纬 23°30′16″—24°14′12″，东经 116°41′12″—117°11′16″。饶平县东、北、西三面环山，南濒南海。黄冈河自北端发源，南北走向，迂回出南海，构成黄冈河平原丘陵区。县境东西狭、南北长，饶平县海域位于南海东端，与南澳岛相望，面积 533km²，大小岛屿 27 个，海（岛）岸线长 136km（含岛屿岸线 24km），海岸线蜿蜒曲折，构成良好的港湾，岛屿星罗棋布。

2. **气候条件**　饶平县地处北回归线北侧，南临海洋，属亚热带海洋性季风气候区，四季温暖，雨量充沛，日照充足，无霜期长，季风明显，但也有低温阴雨、龙舟水、台风、寒露风、低温霜冻等灾害性天气出现。全县无冬季，春、秋两季占半年，夏季占半年。

狮头鹅原始产地浮滨镇也属亚热带海洋性气候，光温资源丰富，雨量充沛，年平均气温 21.8℃，最高气温为 38.7℃，最低气温为－1℃。年平均日照 2 000h 以上，湿度 60%～65%，无霜期 320～340d（每年 2—12 月），年平均降水量 1 500mm 左右，无降雪。

3. **水源及土质**　黄冈河为饶平县域最大的独立河系，发源于上饶镇大崀坪山麓。沿河汇集九村溪、食饭溪、新塘溪、浮滨溪、东山溪、新圩溪、樟溪、联饶溪 8 条主要支流和 10 多条小溪流，构成全县水系大动脉。全流域集雨面积 1 317.5km²，其中县境面积 1 256.1km²，占全县陆域总面积的 74.1%。此外，县域边缘有柏峻溪、坪溪、径南溪注入韩江；灰寨溪、德林溪、南坑溪、大坑溪、水吼溪及其他溪流均直注入海。

饶平县浮滨镇水源充足。离该镇 6km 的北部汤溪水库排洪渠从其东侧向南奔流；县内的另一大型水库——坪溪水库排出的水从浮滨镇中部穿过，从而形成了河涌、沟渠纵横交错的水系。

浮滨镇的土质以红壤土为主，沙壤土为辅。

4. **农作物种类及生产情况**　饶平是传统的农业大县，又有丰富的海洋渔业资源，饲料资源充足。

浮滨镇农作物品种较多，水稻、荔枝、菠萝、龙眼、青梅等多种农副产品均衡发展，加上狮头鹅这一特色养殖业，使浮滨享有"粮畜茶果之乡"的美誉。

5. 品种对当地条件的适应性及抗病能力　狮头鹅的原产地是浮滨镇，几百年来，该品种鹅逐步形成对当地自然环境的高度适应，抗病能力强，耐粗饲。尽管目前狮头鹅主产区已经扩展到整个潮汕地区，它仍然对这一亚热带海洋性气候具有良好的适应性。

三、主产区自然生态条件

目前，狮头鹅主产区已经扩展到整个潮汕地区，其核心主产区为汕头市澄海区，该地区具有独特的自然生态条件，也基本能代表整个潮汕地区的自然生态环境。

（一）地理位置

地处粤东沿海的"潮汕地区"的汕头市位于东经116°14′—117°19′、北纬23°02′—23°38′，韩江三角洲南端，东北接潮州饶平，北邻潮州潮安，西邻揭阳、普宁，西南接揭阳惠来，东南濒临南海。

汕头市澄海区位于粤东汕头地区南部，全区地势平坦，三条韩江支流穿境流入南海，水源丰富，形成了得天独厚的适合饲养的水禽的自然环境。以上可能就是澄海为狮头鹅主产区形成的原因。

狮头鹅国家级保种场承担单位——汕头市白沙禽畜原种研究所位于东经116°48′03″、北纬23°21′08″。研究所成立以来一直承担农业农村部狮头鹅品种资源保护任务，并长期致力于狮头鹅品种选育和开发利用。2001年成功注册"狮头"牌商标，"狮头"牌狮头鹅已于2004年获得广东省名牌产品称号，至今已连续多届通过复审。

（二）地形地貌

汕头地貌以三角洲冲积平原为主，占全市面积63.62%，丘陵山地次之，占土地面积30.40%，台地等占总面积5.98%。汕头市地处海滨冲积平原之上，处在粤东的莲花山脉到南海之间。韩江、榕江、练江的中、下游流经市境，三江出口处成冲积平原，是粤东最大的平原。

汕头依海而立，靠海而兴，市区及所辖各县（区）均临海洋。汕头海岸线曲折，岛屿多。全市海岸线和岛岸线长达 289.1km，纳入汕头市海洋功能区域工作面积约 1 万 km²，是陆域面积的 5 倍之多。

（三）气候条件

汕头境内大部分属热带，处于赤道低气压带和副热带高气压带之间，在东北信风带的南缘。冬季常吹偏北风，夏季常吹偏南风或东南风，具有明显的季风气候特征。全市温和湿润，阳光充足，雨水充沛，无霜期长，春季潮湿，阴雨日多；初夏气温回升，冷暖多变，常有暴雨；盛夏虽高温而少酷暑，常受台风袭击；秋季凉爽干燥，天气晴朗，气温下降明显；冬无严寒，但有短期寒冷。

年平均日照 2 000～2 500h，日照最短为 3 月。年降水量 1 300～1 800mm，多集中在 4～9 月。年平均气温 18～22℃，最低气温在 0℃以上；最高气温 35～38℃，多出现于 7 月中旬至 8 月初受太平洋副热带高压控制期间。冬季偶有短时霜冻。

（四）农业生产

狮头鹅主产区农作物一年可三熟，品种较多，以种植水稻、小麦、甘蔗、花生、茶叶等作物为主。近些年该地区调整农业产业结构，有一部分冬闲田改种黑麦草，水田基本上实行稻—稻（或茨）—草的轮作方式，利用冬闲田种草，为养鹅业提供了大量优质牧草。

狮头鹅核心产区汕头市通过转变农业发展方式，加快推进农业现代化、林业生态和新农村建设，农业农村工作取得明显成效。汕头市调整优化农业生产结构，大力发展粮食、蔬菜、畜禽、水果特色农业生产，保障全市"米袋子""菜篮子"产品有效供给。

目前，汕头市澄海区已经建成万亩连片蔬菜、万亩连片水稻、万亩果树和规模化禽畜等一批现代农业商品生产基地，有力地促进了农业产业化发展。

第二节　产区社会经济变迁

狮头鹅原产于饶平县，后扩展到整个潮汕地区，与潮汕地区及人民相生相伴，随着社会经济变迁而发展。汕头市经济繁荣，推动了狮头鹅产业的发展；发达的农业是狮头鹅养殖的饲料基础，旅游业则拉动了与狮头鹅相关的食品加工和餐饮业的发展。

一、人文社会环境

潮汕地区（潮州、揭阳、汕头）汕头市土地总面积 2 064.4km²，辖金平、龙湖、濠江、澄海、潮阳、潮南和南澳 6 区 1 县，总人口 529.44 万人，其中农业人口 318.27 万人，占 60.11%。独特的地理位置，造成汕头 4 个独特的地理人文特点：①濒临南海，自然条件优越；②华侨众多，与海外交往密切；独特的人缘、地缘、亲缘优势，使汕头在对外开放方面具有特殊的优越条件和巨大潜力；③百载商埠，经济外向；④人多地少，文化传统独特。汕头是全国人口最稠密、人均耕地面积最少的地区之一，素以精耕细作闻名遐迩。潮州话、潮剧、潮乐、潮州菜和功夫茶等享誉海内外。汕头民众更以刻苦耐劳、勇于开拓、善于经营、诚实信义而著称于世。交通不便利的潮州市饶平县使狮头鹅得以形成；交通和商贸发达的汕头，使原有狮头鹅基因库中汇入了新的元素，形成了如今的澄海系狮头鹅。

二、社会经济环境

汕头市是我国东部沿海经济发达地区。2018 年，汕头市第一产业增加值110.45 亿元，增长 4.1%；第二产业增加值 1 276.19 亿元，增长 8.7%；第三产业增加值 1 125.41 亿元，增长 5.0%。三次产业结构调整为 4.4：50.8：44.8。

汕头市向来重视畜牧业生产，主要的禽畜养殖品种是鹅和生猪，特别是狮头鹅。狮头鹅的消费以卤鹅为主。近年来，汕头市以发展特色、优质、高产、高效、生态、安全畜产品作为主攻方向，积极推进畜牧业生产结构调整优化，畜牧业内部各产业呈现稳步协调发展的良好态势。

第三节　品种形成的历史过程

一、品种来源

狮头鹅是我国著名的地方品种，是世界最大型的鹅种之一，具有体型硕

大、生长速度快、耐粗饲、饲料利用率高、抗病力强和风味佳等优点。狮头鹅品种的形成，有其独特的自然、社会和经济环境。

（一）自然条件

狮头鹅原产地广东省饶平县浮滨镇溪楼村，属于山区的一个小盆地，气候温和，水草丰茂，水田较多，盛产稻谷和杂粮，饲料充足，放牧条件优越，历史上是一个粮食丰足的乡村。

（二）驯化选育

根据饶平县浮滨镇溪楼村村史记载，在明朝嘉靖二十四年（1545 年），该村张姓十七房公，利用环村小溪和农副产品，从野生鹅类中选择出体型较大的禽种进行家养驯化、选择，最终繁衍出体壮、颈长、头部长有 5 个瘤且形极似狮头的鹅，后定名为"狮头鹅"。

由于狮头鹅体型较大，羽毛艳丽，性情温驯，公鹅叫声洪亮，当地群众视其为能兴正祛邪的吉祥之物，故家家户户相继饲养。从此，每年春节期间，当地村民自发带着体型巨大的公、母鹅集中一处，进行竞赛，以体大、瘤也大者取胜为荣。年复一年，终于选育出当今世界上体型最大、具有狮头形状的原种狮头鹅。

（三）社会经济条件

养鹅、爱鹅、吃鹅的悠久历史传统是潮汕狮头鹅遗传资源形成和传播的前提。狮头鹅原产地溪楼村及周围农村每年农历正月初五有拜神祭祖的活动，逢此均以大鹅为祭品，同时比赛大鹅，以最大者为荣，年年如此，各户均对种鹅进行定向培育或精心饲养肉用鹅，无形之中慢慢形成体型巨大的狮头鹅种。其特点是体型大、头大、眼绿蹼阔、肉质鲜嫩、经济价值高，鹅掌和鹅肠是潮汕名菜"脱骨鹅掌"和"豉汁鹅汤"的独特原料。潮汕地区卤狮头鹅可以说在当地是家喻户晓，人人喜爱，在全国也是闻名遐迩。这在很大程度上促进了狮头鹅的种群数量增长和体型向大的方向发展。

二、历史记载

潮汕人民对鹅也是情有独钟的。古人婚嫁聘礼中有"奠雁礼"，雁不再偶，往来不失其节，飞行整齐有序，终身不改，在人们心口中是一种"贞禽"。但雁毕竟难寻，潮汕人娶妻便送一对白鹅。当今，不少潮汕人的婚聘中已不再送白鹅，但对鹅的情感却依旧。

当地资料记载，狮头鹅已有 300 年以上的饲养历史。明代弘治年间（1488—1505 年），著名画家吕纪画有《梅石狮头鹅图》（辽宁省博物馆藏）。元代（1328—1333 年），意大利旅行家鄂多立克曾游历中国，最先到了广州，写道"鹅比世上任何地方的都要大……其一只大如我们的两只……它的咽喉下面垂着一块窄长的皮"。咽喉下面垂着的一块窄长的皮（即肉垂），正是狮头鹅最典型的品种特征。由此看来，狮头鹅品种已有 700 多年的历史。

三、传播

狮头鹅经饶平浮滨镇溪楼村人民选育形成之后，传至潮安县古庵乡及澄海区月浦乡。在澄海区，由于交通便利，商贸发达，许多鹅种来到这里养殖，它们之间相互杂交比较普遍。狮头鹅与当地原有的漳州鹅（俗称漳州仔，尖头仔，可能由福建输入）、竹种鹅（当地鹅）等杂交，在杂种后代中经过群众的选育，选出体型和外貌特征类似或接近的狮头鹅进行繁殖，逐渐形成目前饲养量最多的澄海系狮头鹅。

改革开放以来，狮头鹅的饲养规模逐步扩大，饶平全县养鹅专业化已经形成。根据调查，全县 2004 年饲养种鹅 100 只以上的专业户有 286 户，饲养 200 只以上的有 73 户，饲养 1 000 只以上的有 1 户。全县养鹅专业村 8 个，其中钱东镇径中管区"前人家"自然村，有 23 户养鹅专业户，全村年出栏肉鹅达到 25.0 万只。2004 年，全县种鹅存栏量 58 850 只（包括公鹅 11 260 只），其中浮滨、樟溪、联饶、高堂、黄冈、钱东 6 镇原种种鹅 40 100 只（包括公鹅 7 400 只）；全县肉鹅饲养量 168.4 万只，其中上述 6 镇原种肉用狮头鹅饲养量 76.3 万只。

狮头鹅随后逐渐从饶平县浮滨乡（今浮滨镇）传入潮安。20 世纪 20 年代，经潮安古巷传入澄海月浦，再在潮汕各地广为饲养。1957 年，广东省农业厅在澄海县建立了"广东省澄海种鹅场"，（即"汕头市白沙禽畜原种研究所"的前身）1959 年经农业部认定承担国家对狮头鹅品种资源的保护工作。该场建立后，从潮汕农村各地精选优良鹅种，经长期观察，对狮头鹅进行提纯复壮和选育，形成具有独特外貌特征和稳定遗传性能的"澄海系狮头鹅"，并保持体型大、产肉快的优点。据记载，最重的狮头鹅达到 18kg。

1958 年，狮头鹅作为汕头鹅种的代表到北京参展，引起轰动，周恩来总理也亲自题赠嘉奖，一举成名，从此"狮头鹅"可谓名声在外。

20 世纪 70 年代末期，中央新闻纪录电影制片厂来澄海白沙原种场摄制《澄海特产狮头鹅》新闻纪录巨片，成为中华人民共和国成立 30 周年献礼的精品杰作。《澄海特产狮头鹅》在世界各地上映后，引起强烈反响，狮头鹅获得"世界鹅王"的美称，知名度大大提高。

四、群体数量

狮头鹅 1991—1995 年存栏量约 60 万只/年，1996—2005 年存栏量约 110 万只/年，2006—2008 年存栏量约 150 万只/年。

2010 年，狮头鹅肉鹅年饲养量达到 1 100 万只，年末存栏 180 万只；2017 年狮头鹅肉鹅饲养量达 1 400 万只，年末存栏 220 万只；2018 年狮头鹅肉鹅饲养量超过 2 000 万只，年末存栏 320 万只。

第四节　以本品种为育种素材培育的配套系

一、本品种选育（提纯复壮）

狮头鹅这一特有的大型鹅种历经数百年，由群众选育和当地自然生态条件孕育形成。它首先在饶平浮滨镇形成，后经过汕头市群众引入其他品种杂交选育而进一步强化"狮头"、灰羽、体型硕大、生长快速、适应性强等特点。汕头澄海和潮州饶平两个国家级保种场建成后，广泛收集和整理潮汕地区的具有前述典型特点的狮头鹅进行扩群繁育和保护，再向外推广，有效地保护和提升了狮头鹅的独特性能。特别是汕头市白沙禽畜原种研究所，多年来一直致力于保护和利用狮头鹅这一优秀地方特色品种资源，完成了一系列相关项目，研究和推广狮头鹅饲养技术、养殖模式和繁育技术。在这些项目成果的带动下，不断扩大群体数量和养殖范围。饶平县（2017 年批准）建立了国家级狮头鹅保种场，在国家水禽产业技术体系支持下的汕头综合试验站把狮头鹅的品种选育、繁育、营养和饲养技术研发作为主要内容。随着狮头鹅的品种性能、科学饲养技术的完善以及潮汕卤鹅的品牌影响，狮头鹅养殖已经走出粤东，走出广东，走向全国。

二、品种内选育专门化品系

1999—2001 年，饶平县在浮滨镇溪楼村、联饶镇青光村选择两群种鹅（160 只）作为原种狮头鹅重型系及多蛋系选育的基础群，通过闭锁群继代选育的方法，初步选育出年产蛋达到 40 枚以上的二世代多蛋系种鹅，后来因诸多原因影响，多蛋系选育工作半途而废。稳定持续选育狮头鹅并取得卓有成效的是汕头市白沙禽畜原种研究所。

（一）狮头鹅快长系和高繁系

汕头市白沙禽畜原种研究所和国家水禽产业技术体系汕头综合试验站作为承担单位，自 2011 年起开始培育狮头鹅快长系和高繁系，组建高生长速度和高繁殖性能的狮头鹅 2 个纯系选育群，从 0 世代开始，经过 4 个世代的闭锁群选育，快长系 56 日龄体重达到 5.7kg，料重比为 3.02，选育概况见表 1-1。

表 1-1　狮头鹅快长系选育概况

项目	性别	2011 年	2012 年	2013 年	2014 年	2015 年
世代		0	1	2	3	4
家系数（个）		35	35	30	30	30
出雏数（只）	公		570	500	520	530
	母		552	480	500	520
留种雏鹅数（只）	公		260	250	260	250
	母		510	240	250	260
家系公鹅数（只）		35	35	30	30	30
家系母鹅数（只）		140	140	120	120	120
公鹅留种率（%）			6.14	12	12	12
母鹅留种率（%）			50.7	50	48	46
后代 56 日龄体重（kg）			5.3	5.5	5.6	5.7
后代 56 日龄料重比			3.10	3.01	3.01	3.02

高繁系选育持续到 2018 年，已经选育了 7 个世代，产蛋量达到 35.6 枚/只，比选育前提高了 18.7%，选育概况见表 1-2。狮头鹅高繁系与未经选育的群体体重和体尺比较见表 1-3，高产母鹅（年均产蛋量 35～45 枚）和未经选育

母鹅（年均产蛋量 28～30 枚）后代体重、体尺测定结果显示两个群体间差异不显著。

表 1-2　狮头鹅高繁系选育概况

项目	性别	2011 年	2012 年	2013 年	2014 年	2015 年	2016 年	2017 年	2018 年
世代		0	1	2	3	4	5	6	7
家系数（个）		35	35	40	36	38	40	40	40
出雏数（只）	公		538	520	525	530	540	550	540
	母		560	540	520	520	530	530	550
留种雏鹅数（只）	公		260	250	240	245	260	250	250
	母		520	500	520	500	500	500	500
家系公鹅数（只）		35	35	40	36	38	40	40	40
家系母鹅数（只）		140	140	160	144	152	160	160	160
公鹅留种率（%）			6.5	7.7	6.9	7.2	7.4	7.3	7.5
母鹅留种率（%）			50	32	28	29	32	32	32
产蛋量（枚）			32	34	34.5	35	35.2	35.5	35.6
比选育前提高（%）								18.3	18.7

表 1-3　狮头鹅高繁系和未经选育狮头鹅体重、体尺比较

项目	高繁系狮头鹅		未经选育狮头鹅	
	公	母	公	母
体重（kg）	6.48±0.24	5.43±0.10	6.61±0.10	5.58±0.16
胫围（cm）	6.45±0.15	6.05±0.41	6.50±0.31	6.10±0.61
胫长（cm）	11.40±0.46	10.47±0.3	11.43±0.24	10.46±0.37
胸宽（cm）	9.04±1.03	8.06±0.71	9.03±1.07	8.18±0.63
胸深（cm）	10.11±0.53	9.87±0.65	10.17±1.00	9.96±0.34
半潜水长（cm）	65.80±1.40	60.03±1.78	65.53±1.14	61.07±2.42
龙骨长（cm）	18.2±0.89	17.35±1.03	18.60±0.30	17.77±0.21
骨盆宽（cm）	9.12±0.18	9.15±1.19	9.67±0.74	9.07±0.90
体斜长（cm）	40.63±1.47	37.33±1.93	40.93±0.91	37.87±3.67

　　以上两个品系可以组成配套系对外提供父母代种鹅，快长系为父本，高繁系为母本。

(二) 狮头鹅白羽系

自 2005 年开始，汕头市白沙禽畜原种研究所发现狮头鹅群体中有白羽个体，这些鹅雏养到成年后为纯白羽，但其他体型外貌与传统灰羽狮头鹅基本一致，于是开始收集和繁育白羽狮头鹅，希望培育一个"狮头鹅白羽系"。这种白羽个体在孵化出壳时就能辨认，为浅黄色"狮头鹅"雏。于是白羽狮头鹅每年被收集、繁育、选种、要求全身羽毛基本为白色，喙、脚为橙黄色，肉瘤等外貌特征与灰羽狮头鹅相同。到 2018 年，白羽狮头鹅纯繁选育群数量达到 200 只。白羽狮头鹅目前年平均产蛋量为 30 枚/只，70 日龄平均体重公鹅 6.61kg、母鹅 5.50kg，再扩繁和进一步选育，可以形成一个专门化的纯白羽品系。狮头鹅白羽系闭锁群世代选育概况、生产性能、体重体尺和屠宰性能见表 1-4 至表 1-7。

表 1-4　狮头鹅白羽系闭锁群世代选育概况

项目	性别	2017 年	2018 年
世代		1	2
出雏数（只）	公	165	168
	母	180	175
留种雏鹅数（只）	公	120	100
	母	172	165
留种公鹅数（只）		40	50
留种母鹅数（只）		140	120
公鹅留种率（%）		33.3	50.0
母鹅留种率（%）		81.4	72.7
产蛋量（枚）		29	30
受精率（%）		84	85
受精蛋孵化率（%）		82	81.5

表 1-5　狮头鹅白羽系生产性能

项目	周龄	白羽狮头鹅	
		公	母
初生重（g）		132.03±0.64	128.63±0.76

（续）

项目	周龄	白羽狮头鹅	
		公	母
体重（g）	3 周龄	1 412.22±35.95	1 287.41±47.94
	6 周龄	4 148.33±93.59	3 428.33±14.53
	8 周龄	5 470.00±319.53	4 771.67±70.24
	10 周龄	6 553.33±172.43	5 564.44±73.43
日均增重（g）	0～3 周龄	60.96±1.71	55.18±2.29
	4～10 周龄	104.92±2.81	87.29±0.89
日均采食量（g）	0～3 周龄	116.90±1.02	103.96±3.66
	4～10 周龄	370.32±13.88	334.21±3.68
料重比	0～3 周龄	1.92±0.06	1.88±0.03
	4～10 周龄	3.53±0.11	3.83±0.07
	0～10 周龄	3.21±0.08	3.41±0.07

表 1-6　狮头鹅白羽系体重、体尺

项目	70 日龄白羽狮头鹅		350 日龄白羽狮头鹅	
	公	母	公	母
体重（kg）	6.61±0.10	5.50±0.04	8.52±0.27	7.39±0.11
体斜长（cm）	40.70±1.14	37.43±1.01	42.93±1.27	41.63±1.38
龙骨长（cm）	18.57±0.6	17.75±0.75	24.23±1.19	21.90±0.28
胸深（cm）	10.37±0.51	9.93±0.38	13.15±1.08	11.38±0.84
胸宽（cm）	9.00±0.53	8.20±0.26	13.68±0.29	12.28±0.28
骨盆宽（cm）	9.83±0.75	9.11±0.29	10.93±1.06	10.90±0.49
胫长（cm）	11.71±0.27	10.63±0.64	12.18±0.46	11.10±0.36
胫围（cm）	6.55±0.25	6.13±0.51	7.85±0.41	7.00±0.27
半潜水长（cm）	66.23±2.34	61.90±0.66		

表 1-7　70 日龄狮头鹅白羽系屠宰性能

项目	公	母
活重（g）	6 480.0±60.8	5 587.3±118.5
屠体重（g）	5 763.3±45.1	4 996.7±127.4
半净膛重（g）	5 243.30±100.66	4 500.0±104.4

（续）

项目	公	母
全净膛重（g）	4 568.3±20.2	3 973.3±117.2
腹脂重（g）	191.70±10.41	158.30±46.46
腹脂率（%）	4.03±0.23	3.81±1.00
翅重（g）	700.00±10.00	566.7±35.12
翅率（%）	15.32±0.15	14.27±0.94
腿重（g）	1 173.3±145.72	1 023.3±20.81
腿比率（%）	25.69±3.26	25.78±1.16
胸肌重（g）	413.30±11.55	433.30±25.17
胸肌率（%）	9.05±0.22	10.90±0.47
腿肌重（g）	740.00±45.83	603.30±20.82
腿肌率（%）	16.20±1.06	15.19±0.73
屠宰率（%）	88.94±0.43	89.43±0.40
半净膛率（%）	80.91±0.95	80.55±0.19
全净膛率（%）	70.50±0.41	71.11±0.64
胸腿肌率（%）	25.25±1.06	26.10±4.02
脚重（g）	223.30±5.77	193.30±5.77
脚率（%）	4.89±0.13	4.37±0.28
头重（g）	217.70±4.04	189.00±3.61
头率（%）	4.81±0.03	4.76±0.18

（三）SB21 肉用鹅配套系

狮头鹅是汕头地区的特色地方品种，其具有体型大、生长发育快、饲料利用率高的特点，与其他广东鹅种一样，存在着繁殖能力低、母鹅就巢性强的缺点。为了克服这些缺点，1997 年，汕头市白沙禽畜原种研究所通过引进国内产蛋量较高的鹅种——四川白鹅作为母本品系，以"澄海系"狮头鹅原种培育父系，成功培育出 SB21 肉用鹅配套系（表 1-8）。SB21 配套系肉用鹅属于大型肉用鹅种之一，保留有狮头鹅生长发育快、饲料利用率高和卓越的产肉性能等特点。其父母代母鹅年产蛋比狮头鹅增加 22.5 枚，提高 75%；商品代在圈养并配少量青饲料的条件下饲养 70d，平均体重 5kg 以上，料重比 3.0∶1。

"SB21 肉用鹅配套系培育"项目 2001 年通过汕头市科学技术局的成果鉴定，获得当年汕头市科技成果奖三等奖和农业技术推广一等奖。

表 1-8　SB21 肉用鹅配套系生产性能

品系	蛋重（g）	年产蛋数（枚）	受精率（%）	孵化率（%）	育雏率（%）
父系	210	30	80	88	95
母系	150	55.6	78.32	92.51	97
父母代	171	52.5	82.84	88.72	97

注：①以上生产数据，均为母鹅第二产蛋年的数据。②狮头鹅的生产数据摘自《汕头市地方品种标准》（该标准由汕头市白沙禽畜原种研究所经多年生产试验而制定），其他品种为实际测得的数据。③孵化率指受精蛋的孵化率；受精率、孵化率以不定期抽样计算。

第二章
品种特征和性能

第一节 体型外貌

一、外貌特征

狮头鹅属于脊椎动物亚门，鸟纲，雁形目，鸭科，雁属，鹅种。其形态结构主要由头、颈、体躯、翼、尾和腿等组成（图2-1）。狮头鹅最明显的外貌特征可用"五瘤蜡样脚"——头部有五个肉瘤，脚掌为橘红色。狮头鹅全身背面及翼羽为棕色（彩图2-1）。由头顶至颈部背面棕色羽毛形成如鬃状的羽毛带，全身腹面羽毛白色或灰白色，棕色羽毛边缘色较浅，呈镶边羽。2005年以后，狮头鹅群中出现了白羽个体（彩图2-2），经收集繁育，目前已经形成200多只的核心种群，它们除羽色外，体型外貌的其他特征与灰羽狮头鹅一致。狮头鹅的跖粗蹼宽，呈橙红色，有黑斑；皮肤为米黄色或乳白色。狮头鹅体躯呈方形（彩图2-3）、纺锤形（彩图2-4）或冬瓜形（彩图2-5），腹部与腿内侧间多有似袋形的皮肤皱褶（彩图2-6）。头大颈粗，前躯较高。公鹅昂首健步，姿态雄伟。母鹅性情温驯。狮头鹅之名由公鹅头部形似雄狮而得。

（一）头部

狮头鹅头部（彩图2-7）极像狮头。前额肉瘤极其发达，呈扁平状，留种2年以上的成年公鹅左、右颊侧各有一对大小对称的黑色肉瘤，与前额覆盖喙上的肉瘤（彩图2-8）合之称为"五瘤"，肉瘤质软呈黑色。喙短阔，色黑，质坚实，与口腔交接处有角质锯齿（彩图2-9）。面部皮肤松软，眼皮突出多

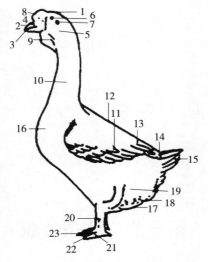

图 2-1　鹅的外貌特征

1. 头　2. 喙　3. 喙豆　4. 鼻孔　5. 脸　6. 眼　7. 耳　8. 肉瘤　9. 咽袋　10. 颈
11. 翼　12. 背　13. 臀　14. 覆尾羽　15. 尾羽　16. 胸　17. 腹　18. 绒羽　19. 腿
20. 胫　21. 趾　22. 爪　23. 蹼

（引自陈国宏，《中国养鹅学》）

呈黄色，外观眼球有下陷感，虹彩棕色。颌下肉垂发达，呈弓形，延至颈部及
喙的下部（彩图 2-10）。头部近肉瘤处，多有白色羽毛，明显者形成一条白色
羽毛带。睑皮松弛，有皱纹，眼睑黄色，无白眉。

（二）颈部

狮头鹅颈粗而长，由 17～18 枚颈椎组成，下至食道膨大部的基部，并有
弯曲。颈灵活，伸缩转动自如，头可以随意伸向以颈为直径的各个方向和身体
的各个部位，可进行觅食、修饰羽毛、配种、营巢、自卫、驱逐体表蚊蝇等多
功能的行为活动，尤其是能半身潜入一定深度的水中觅取食物。

（三）体躯

狮头鹅的体躯硕大，长而宽，且紧凑坚实，外形似船，不同年龄、性别的
鹅体型大小不同。狮头鹅种体躯硕大，骨骼粗壮，肉质较粗。体躯可分为背、
腰、荐、胸、肋、腹部和尾部等部分，胸宽深，背平宽。有些鹅腹部皮肤有皱
褶 1～2 个，称为皮褶，母鹅比公鹅多见。

（四）尾部

狮头鹅的尾部比较短平，尾端羽毛略上翘。狮头鹅尾有比较发达的尾脂腺，能分泌脂肪、卵磷脂和高级醇，在梳理羽毛时，常用喙挤压尾脂腺，挤出油脂并用喙涂布于全身羽毛上，这样可使羽绒光滑润泽，保持弹性，也有防止被水浸湿的作用。

（五）翅膀

翅膀（彩图 2-11）又称翼，宽大厚实，有飞翔和保持身体平衡的功能。翼上羽毛主要由主翼羽和副翼羽组成，主翼羽 10 根，副翼羽 12～14 根，在主、副翼羽之间有 1 根较短的轴羽。

（六）腿部

狮头鹅腿粗壮有力，是支撑体躯的支柱。鹅腿由大腿、小腿、脚掌（跗、跖）和蹼构成，其长短和粗细与品种有关，狮头鹅的腿应该是中国鹅种中最大的，一般公鹅较长，母鹅较短。鹅的腿稍偏后躯，胫骨以及大腿和小腿部分被体躯的羽毛覆盖，大、小腿有健壮的肌肉以支撑体躯；脚掌、趾部分的皮肤裸露，已角质化呈鳞片状，趾端的角质称为爪。狮头鹅掌多数为橘红色（俗称"蜡样脚"，彩图 2-12），趾上稍带少量黑斑（彩图 2-13）。在一般情况下，公鹅胫较长，母鹅较短。胫的下端生有 4 个趾，并有膜相连，故又称为蹼，依靠蹼在水中划动游泳。

（七）皮肤与羽毛

鹅的体表主要由羽绒、鳞片和皮肤构成。它们的特性及颜色是区别品种及个体的外貌特征。皮肤是体表的重要组成部分，覆盖整个机体表面。鹅的皮肤较薄，皮下组织疏松，与肌肉连接不紧密，很容易与机体剥离。皮肤被羽绒覆盖的部位较薄，裸露的部位较厚。鹅的皮肤由表皮、真皮和皮下层组成，均比较薄，没有汗腺和皮脂腺，表面比较干燥，但在尾根两侧有一对椭圆形的尾脂腺，可分泌油脂。因为没有汗腺，不能依靠水分蒸发而降低体温。所以，在炎热的夏季鹅喜欢下水游泳，以散发体内的热量。狮头鹅皮肤与骨均呈米黄色。鹅的皮肤营养和代谢状况对羽绒生长发育关系极大，营养良好、代谢旺盛，羽绒生长发育就好。鹅的皮肤与机体健康状况有关，健康者皮肤略显湿润、柔软，有弹性；反之则显干燥、粗糙，无弹性。鹅体表鳞片面积很少，主要覆盖在胫部。鹅的羽毛和其他鸟类羽毛一样，均是特有的表皮构造，除喙、脚掌和蹼外，覆盖整个机体表面。从外表来看，鹅体由一种羽毛覆盖，但实际上是由正羽、绒羽、毛羽、纤羽等组成，内层绒羽着生紧密，有很好的保温效果，是羽绒制品最佳原料。狮头鹅传统羽色为灰羽（彩图 2-14），近年来也培育出了白羽者（彩图 2-15）。鹅的羽绒代谢与生产关系密切，羽绒光亮、湿润、舒展是机体健康的表现；羽绒蓬乱、无光，是机体衰弱或病态的表现。鹅羽毛有白色和灰色等几种。公母羽毛很相似，不像鸡那样具有明显的形状和色彩的区别，也不像公鸭那样具有典型的性羽，单靠羽毛形状或颜色很难辨别公母。

二、体重和体尺

根据汕头市白沙禽畜原种研究所在 2002 年 10 月对狮头鹅主要产区的多群种鹅进行抽样测定，成年狮头鹅（约 2 岁）的体重和体尺见表 2-1。

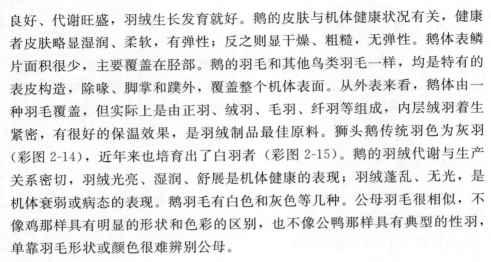

表 2-1　成年狮头鹅的体重和体尺

性别	体重（kg）	体　尺（cm）						
		体斜长	胸宽	胸深	龙骨长	骨盆宽	跗骨长	半潜水长
公	10.39 9.74～11.3	45 (36～49)	16.44 (15.5～18.5)	12.2 (9.8～14.7)	23.78 (21.5～26.5)	9.97 (8.8～13.2)	11.18 (10.5～11.8)	45.91 (42～49.5)
母	8.86 8.25～11	38.41 (36～44)	14.67 (13.8～6.5)	12.35 (11.1～14.4)	20.73 (19～24.5)	9.43 (8.2～11)	9.42 (8～10.5)	40.31 (38～44.8)

注：括号内数值为体重和体尺范围。

第二节　生物学特性

一、生物学特性

狮头鹅是我国家鹅中体型最大的一种，起源于鸿雁，具有所有家鹅起源鸿雁的生物学特性，但又有其独特性。狮头鹅喜群居，就巢性强，与国内其他鹅品种比较，温驯平静，不好动，抗惊吓，抗逆性强。

（一）喜水性

狮头鹅保留了其野生祖先鸿雁喜欢在水中洗浴、嬉戏、配种和觅食等特点（彩图2-16）。虽然经过了几百乃至几千年的驯化、选育，但是家养鹅仍然保留了其祖先的这种喜水习性。在鹅养殖过程中很容易发现其喜水的习性，无论任何周龄的鹅见到水后都会主动下水活动。鹅的尾脂腺很发达，其中分泌的油脂被鹅用喙涂抹于羽毛上，使得羽毛具有良好的防水性，在水中活动不会被浸湿，同时也提高了羽毛的保温效果；鹅趾蹼的结构也非常有利于在水中划水；鹅没有耳叶，耳孔被羽毛覆盖，当鹅在水中活动时可以防止进水，这些都为鹅在水中活动创造了条件。

在养鹅生产中，尤其是在选择场址时必须考虑到有适当的水面供鹅活动，若无水面，则会因为鹅的一些生活习性无法得到满足而影响生产。适当的水中活动有助于减少体表寄生虫病的发生，也有助于促进羽毛的生长。鹅有喜爱干净的习性，如果缺水洗浴会使羽毛脏污，不仅影响羽绒质量，而且可能影响种鹅的交配活动。

（二）喜干性

尽管狮头鹅是水禽，有喜水的天性，但是也有喜干燥的另一面。夜间鹅总是喜欢选择到干燥、柔软的垫草上休息和产蛋。因此，狮头鹅休息和产蛋的场所必须保持干燥，否则对其健康、产蛋量以及蛋壳质量都会产生不良影响。鹅舍内潮湿、垫草泥泞会使鹅的羽毛脏乱，容易造成羽毛脱落和折断。鹅下水活动时，在当羽毛上的脏物被洗掉的同时，羽毛上的油脂也会被洗去，从而失去防水性，影响其保温性能。

（三）耐寒性

成年狮头鹅的颈部和体躯都覆盖有厚厚的羽毛，羽毛上油脂的含量较高，羽毛不仅能够有效防水，而且保温性能非常好，能有效防止体热散发和减缓冷空气对机体的侵袭。成年鹅耐寒性强，在冬季仍能下水游泳，露天过夜。鹅在梳理羽毛时，常用喙压迫尾脂腺，挤出分泌物，涂在羽毛上面，使羽毛不被水所浸湿，形成了防水御寒的特征。一般鹅在0℃左右低温下，仍能在水中活

动；在-4℃寒冷地区也能正常生长；在10℃左右的环境温度下，可保持较高的产蛋率。

同时，饲养中发现，狮头鹅由于祖居南方，悠久的驯化历史与南方炎热环境的相互适应，使其羽毛生长缓慢，羽绒稀薄，雏鹅与青年鹅尤其明显，相对于北方的地方品种鹅，耐寒性稍差。

（四）合群性

狮头鹅都具有良好的合群性，其祖先在野生状态下都是群居生活和成群结队飞行，这种本性由于对品种的生存和繁衍有利，在驯化过程中得以保留下来。经过训练的狮头鹅在放牧条件下可成群远行数里而不乱，因此，在鹅生产中大群集约化饲养是可行的（彩图2-17）。

处于繁殖季节的公鹅性情比较暴躁，相互之间会出现争斗现象（彩图2-18），直至建立一个等级次序。不同群的公鹅相遇后会为等级次序而打斗，因此在成年种用鹅群管理中应尽可能减少调群，当不同群体到运动场或水池活动时也应防止混群。

（五）警觉性

相对于其他家禽来说，鹅胆量较大，一旦有陌生人接近鹅群，群内的公鹅会颈部前伸、靠近地面，鸣叫着向人攻击。鹅的警觉性很高，夜间一旦有异常的动静，它就会发出尖厉的鸣叫声。因此，有人养鹅作守夜用，有人训练了"警用鹅"。但正是因为鹅警觉性高，所以也易受惊吓。因此，养鹅场及周围环境应保持安静，严禁生人和犬、猫、黄鼠狼、老鼠等动物进入，避免引起应激反应。

（六）杂食性

鹅是杂食性禽类，其祖先生活在河、湖之滨，主要以水生和陆生植物为食。鹅喜欢采食植物性饲料，但在生产中配制饲料时必须添加适量的动物性原料，有助于改善鹅的健康和生产性能。鹅消化粗纤维的能力比较强，有报道认为鹅能够消化饲料中30%左右的粗纤维。放牧鹅群以觅食大量青绿饲料为主，所谓"青草换肥鹅"，因而饲养成本低，饲料利用率高，更适合我国人多地少、粮食比较紧张的国情。在冬季缺少青绿饲料的时期，可以将农作物秸秆粉碎后作为填充饲料；将玉米带籽粒青贮后可以作为冬季和早春种鹅的饲料；也可以把玉米进行青贮，使用效果都比较理想。只要保证每天约 250g 的精饲料，就能够保证种鹅良好的繁殖性能。

（七）就巢性

狮头鹅是禽类大家庭的一员，而就巢性（又称为抱窝性）是禽类在进化过程中形成的一种繁衍后代的本能，其表现是母禽伏卧在有多枚种蛋的窝内，用体温使蛋的温度保持在 37.8℃左右，直至雏禽出壳。狮头鹅产蛋量低，就巢性很强（彩图 2-19），在就巢期间卵巢和输卵管萎缩，产蛋停止，采食量也明显下降。每次就巢的时间可持续 10d，个别可长达 1 个月左右。母鹅抱窝时，公鹅通常会在旁边守卫，其生殖系统也处于退化休眠状态。

（八）迟钝性

狮头鹅体型硕大，身体相对笨拙，行动迟钝，觅食能力较差。饲养中发现，初生狮头鹅、朗德鹅及狮头鹅与朗德鹅的杂交鹅同等条件下饲养，狮头鹅明显不如另外两种鹅雏活跃，也不能快速找到饮水和饲料位置。各个阶段的狮头鹅都不如其他中、小型鹅种灵活，机警，善觅食。

（九）季节性

狮头鹅繁殖具有明显的季节性。传统养殖模式下，狮头鹅秋末冬初开始产蛋（9 月底至 10 月初），12 月和翌年 1 月达到产蛋高峰，随后逐渐下降，到 4 月逐渐停产换羽，进入休产期。整个休产期，5—8 月完全停产。狮头鹅繁殖的季节性导致鹅雏供应的季节性和商品肉鹅生产的季节性，制约了产业的快速发展。目前，狮头鹅反季节繁殖养殖技术已经成功，如果把正反季节结合起来，就可以实现全年均衡繁殖，实现肉鹅养殖等后续产业链上的生产全年均衡。

二、生理特征

狮头鹅正常体温 40.0～41.3℃，心率 120～200 次/min，呼吸频率15～20次/min，血红蛋白浓度 149 g/L，红细胞数 2.71×10^{12} 个/ L，白细胞数 $(26.67 \pm 2.63) \times 10^{9}$ 个/ L（其中，嗜碱性粒细胞 1.5%、嗜酸性粒细胞

3.5%、异嗜性粒细胞 34%、淋巴细胞 57%、单核细胞 4%)。

三、生产周期特征

(一)生长发育阶段

狮头鹅(彩图 2-20 至彩图 2-23)的生长发育阶段,肉鹅可分为雏鹅期、小鹅期(生长期)、中鹅期(育肥期);种鹅可分为雏鹅期、小鹅期(生长期)、中鹅期、后备期(限饲期)、产蛋期和休产期(限饲期)。其中前三个阶段日龄基本相同。

(二)性成熟和体成熟

狮头鹅的性成熟时间,公鹅约 180 日龄,母鹅 160 日龄;而体成熟时间公鹅约 230 日龄,母鹅 210 日龄。在传统养殖条件下,160 日龄母鹅开始产蛋,而此日龄的公鹅精子发育尚未完全成熟,这样会造成母鹅受精率低、蛋的个头小、质量轻。在实际生产中,为了提高种蛋合格率和受精率,往往采用公、母鹅分别控制饲料、人工强制换羽等方法,使母鹅在 230 日龄左右开产,此时公鹅和母鹅同时达到体成熟和性成熟。控制饲料和人工强制换羽等措施的实施需要结合种鹅的发育、健康、防疫、天气、营养、管理等一系列情况进行,是饲养狮头鹅种鹅的关键环节,同时需要管理者具有丰富的实践经验。这也是狮头鹅在主产区以外地区很难推广饲养的重要因素之一。

第三节　生产性能

狮头鹅是世界大型鹅种之一,是中国最大体型的鹅种,其生产性能以生长和产肉最为出色;肥肝性能也有不错的表现,但该品种一直没有进行肥肝性能的专门化选育;产蛋性能较差,有明显的季节性繁殖和就巢性。

一、肉用性能

(一)70 日龄产肉性能

生产季节初期,出壳的雏鹅生长较快,随生产季节延长,雏鹅生长相应地变慢，上市适龄也延缓。据汕头市白沙禽畜原种研究所 2000 年 11 月至 2002 年 5 月 5 批雏鹅饲养试验测定，狮头鹅肉用鹅（70 日龄）产肉性能见表 2-2。

表 2-2 狮头鹅肉用鹅（70 日龄）产肉性能

性别	活重（g）	净增重（g）	屠宰率（%）	半净膛率（%）	全净膛率（%）	料重比
公	6 500	6 365	83	80	71	2.7
母	6 000	5 880	86	82	72	2.9
平均	6 250	6 122.5	85	81	71.5	2.8

雏鹅换羽与年龄和饲养管理等条件有直接关系。在正常的饲养条件下，雏鹅 25～30 日龄长出尾羽；35～40 日龄，肩及腿长出羽毛；50～55 日龄，长出主翼羽；70～85 日龄，全身羽毛长齐。此后 5～10d 即开始第二次换羽，全身除主翼羽外全部换掉，换羽期 30～40d，120～140 日龄第二次换羽完成。随后，如饲喂产蛋期精饲料，母鹅经 30～40d 舍饲后即开始产蛋。雏鹅换羽还与其种蛋所处产蛋期有关，一般产蛋前期种蛋孵出雏鹅换羽较早，产蛋后期的种蛋孵出的雏鹅换羽较迟。

（二）成年鹅（2 岁）产肉性能

我国养鹅主产区群众均有食用老鹅（成年鹅）的习惯，狮头鹅产区群众更是喜欢食用多年的老鹅，特别是老公鹅。成年狮头鹅产肉性能见表 2-3。

表 2-3 成年狮头鹅产肉性能

性别	体重（g）	屠体重（g）	屠宰率（%）	半净膛重（g）	全净膛重（g）	骨肉比
公	8 300	7 435	89.53	7 112.5	6 562.5	0.41
母	7 250	6 395	88.17	5 905	5 330	0.518
平均	7 775	6 915	88.85	6 508.8	5 946.3	0.464

（三）成年鹅（2 岁）肌肉主要营养成分

狮头鹅肉属于高蛋白低脂肪的健康食品，其营养成分见表 2-4。

表 2-4　狮头鹅肌肉主要营养成分

成分	水分（%）	干物质（%）	蛋白质（%）	脂肪（%）	灰分（%）	热量（MJ/kg）
含量	73.3	26.7	21.1	3.5	1.2	4.95

二、繁殖性能

（一）性成熟和产蛋周期

在良好的饲养条件下，母鹅开产日龄为 150～180 日龄。但产区农户习惯用放牧、饲喂青饲料等粗饲方法控制种鹅性成熟，使开产日龄延至 220～250 日龄。传统饲养模式下，母鹅产蛋季节为每年 9 月至翌年 4 月。5 月进入放牧粗饲期，母鹅停产并进行换羽。产蛋季节中，母鹅产蛋 3～4 窝，每窝 6～10 枚。第一个产蛋年度，母鹅年产蛋约 26 枚，2 年以上母鹅年产蛋 30 枚左右。据个体测定，最高产个体年产蛋可达 45 枚。第一个产蛋年度母鹅的蛋重比 2 年以上母鹅的蛋重轻，平均蛋重分别为 176.3g 和 210g。蛋壳为乳白色。

公鹅在 120 日龄以后有交配能力，但用作种用的公鹅应控制在 200 日龄以上让其开始配种。

（二）母鹅就巢性

母鹅就巢性强，每产一窝蛋就巢一次。母鹅就巢自然孵蛋期间，可全天不进食，只每天出巢饮水一次。采用母鹅自然孵化时，母鹅就巢期为25～30d，如因就巢母鹅不足，使用已经孵过蛋的母鹅继续孵蛋，则就巢期也相应延长。采用人工孵化时，母鹅就巢期会相对缩短。这种情况下，生产上常采用人工醒抱的方法，可大大缩短母鹅就巢时间，从而提高母鹅的产蛋量。狮头鹅群体中有少量母鹅无就巢性或就巢性弱，占总母鹅数的 5% 以下。

（三）公母配比

在产蛋季节，种鹅采用大群自然交配的情况下，鹅群中的公母比例为 1∶（5～6）。种鹅交配多在水中进行，也可在陆上完成，还可以在陆地上在人工辅助下进行交配。此外，还可采用人工授精的方法进行配种。种公鹅利用年限为4～5年；母鹅旺产期为2～4年，利用年限5～6年，个别优秀母鹅可使用9～10年。

（四）种鹅繁殖性能

狮头鹅种鹅的繁殖性能见表2-5。

表 2-5 狮头鹅种鹅繁殖性能

指标	开产日龄	种蛋受精率（%）	受精蛋孵化率（%）	雏鹅成活率（%）	第二年年产蛋量（枚）	蛋重（g）	蛋壳颜色	就巢性
数值或描述	220～250	85	90.2	96	34～36	210	乳白色	强

（五）蛋品质量

1. 蛋重 狮头鹅的蛋较重，通常依母鹅的产蛋年及产蛋期不同产蛋期而有所变化（表2-6）。

表 2-6 不同产蛋年和产蛋期狮头鹅蛋重变化（g）

产蛋期	第一产蛋年	第二产蛋年	第三产蛋年	第四产蛋年	平均蛋重
第一个产蛋期	212	221	220	210	216
第二个产蛋期	222	232	227	219	225
第三个产蛋期	220	228	225	213	222
第四个产蛋期	215	223	224	211	218
平均蛋重	217	226	224	213	220

注：上述数据取自3群种鹅，每群每个产蛋期随机抽样10枚蛋，取其平均值。

2. 蛋形指数 2004年10月30日在10群第二个产蛋年第一个产蛋期种鹅中，每群随机抽取10枚蛋（共100枚）测种蛋的纵径与横径，计算其平均值，狮头鹅蛋形指数为1.46左右。

三、肥肝性能

狮头鹅体型硕大，肥肝性能较好。据测定，肥肝平均重为538g，最大肥肝重 1 400g，肝料比 1：40。但是，狮头鹅从来没有经过肥肝性能的专门化选育，群体中个体差异很大，平均肝重不高，同时，肝料比与朗德鹅等肥肝专用品种相比差距很大，暂时不适合用其进行肥肝生产。当地屠宰企业有在屠宰前填饲育肥 1～2d 生产"粉肝"的习惯，一般"粉肝"可达 500g 以上。从表 2-7 可以看出，狮头鹅平均肥肝重是我国鹅种中最好的，但与朗德鹅差距明显。

表 2-7　几种鹅的肥肝性能比较

品种	测定数量（只）	肥肝重（g）		肝料比	测定单位与年度
		平均	最大		
狮头鹅	67	538.0	1 400	1：40.0	北京农业大学等，1982—1986 年
溆浦鹅	73	488.7	929	1：34.4	北京农业大学、湖南农学院，1982 年
朗德鹅	500	869	1 600	1：24.5	山东外贸科研所，1988 年
四川白鹅	51	344.0	520	1：42.0	北京农业大学，1985 年
浙东白鹅	40	391.8	600	1：40.0	浙江省畜牧兽医研究所，1982 年
永康灰鹅	91	478.3	884	1：40.1	永康县农业局，1985 年

第四节　品种标准

汕头市高度重视狮头鹅品种及其饲养技术的标准化工作，先后组织专业的单位制定了与狮头鹅相关的标准 6 个，有力地推动了狮头鹅生产的标准化进程。

一、品种标准

2001 年，汕头市白沙禽畜原种研究所根据多年来积累的经验和数据，制定了广东省第一个农业地方标准《狮头鹅》（DNB 440500/T 01－2001）并由汕头市质量技术监督局颁布。2010—2011 年，汕头市白沙禽畜原种研究所又组织技术力量，对 2008 年前制定的狮头鹅品种标准进行了修订并由汕头市质量技术监督局颁布，标准名称为《狮头鹅》（DB 440500/T 01－2010）。

二、品种标准相关技术规程

为了推进狮头鹅养殖和孵化的标准化进程，汕头市白沙禽畜原种研究所于 2002—2004 年制订了《狮头鹅（肉用鹅）饲养》（DNB 440500/T 35－2002）、

《狮头鹅（种鹅）饲养》（DNB 440500/T 53—2003）和《狮头鹅种蛋机电孵化技术操作规程》（DNB 440500/T 89—2004）3 个农业地方标准（见本书附录）。2008 年由汕头市动物防疫监督所负责起草了《狮头鹅免疫技术规范》（DB 440500/T 144—2008）和《狮头鹅健康养殖技术规程》（DB 440500/T 167—2008）。由于生产的发展和对狮头鹅研究的深入，原有标准已经不适应生产实际需要。2010—2011 年，汕头市白沙禽畜原种研究所又组织技术力量，对 2008 年前制定的 3 个标准进行修订，并由汕头市质量技术监督局颁布。经修订后的 3 个标准分别为《狮头鹅（肉用鹅）饲养》（DB 440500/T 35—2011）、《狮头鹅（种鹅）饲养》（DB 440500/T 53—2011）和《狮头鹅种蛋机电孵化技术操作规程》（DB 440500/T 89—2011）。

随着狮头鹅产业快速发展以及对狮头鹅研究的不断深入，2019 年，汕头市白沙禽畜原种研究所对 2011 年颁布的《狮头鹅（肉用鹅）饲养技术规范》）和《狮头鹅（种鹅）饲养技术规范》两个标准进行修订并由汕头市质量技术监督局颁布实施，标准号分别为 DB 4405/T 35—2019 和 DB 4405/T 53—2019。

第三章
品 种 保 护

第一节 保种概况

一、基本条件

(一) 存在问题

狮头鹅原产地潮汕地区经济发达,海陆交通便利,对外交流广泛,这曾经对狮头鹅的形成起到了积极作用。但是,对已经形成独特体型外貌和生产性能及适应性的狮头鹅,这个外部环境却成为不利因素。在21世纪初,狮头鹅品种显现出了许多问题。

1. 品种纯化率不高　由于历史及地缘因素影响,外地(特别是澄海、诏安等县)杂种狮头鹅大量流进饶平,导致狮头鹅杂种偏多。根据对浮滨、樟溪、钱东、联饶、高堂、黄冈6镇调查,2001年,6镇存栏母鹅32 000只,其中原种母鹅21 850只,纯种率只有68.2%。

2. 原种种鹅场规模小　2001年全县饲养狮头鹅母鹅300只以上的专业场只有12个,规模最大的场也只有800多只种鹅,这就制约了原种狮头鹅的迅速扩群。

3. 加快品种资源开发利用　品种资源开发利用不足,品系选育进展迟缓,制约了狮头鹅产业的发展,狮头鹅饲养一度局限在饶平、汕头澄海等狭小范围。

4. 加大保种和开发支持力度　国家各级政府对狮头鹅保种和开发利用支持力度较小,品种繁育技术、饲料营养、疫病防控技术等配套生产技术脱节,种群扩展受到限制，制约了狮头鹅产业的发展。

（二）有利条件

近年来，随着我国特别是潮汕地区社会发展，国家对狮头鹅产业发展越来越重视，狮头鹅产业出现了欣欣向荣的景象，这对狮头鹅保种具有促进作用。

1. 建立国家级保种场　狮头鹅一直是广东省重点保护的地方品种资源。2001 年，狮头鹅重新被列入国家级畜禽遗传资源保护品种名录。2008 年，汕头市白沙禽畜原种研究所被列为我国唯一的狮头鹅国家级保种场。广东立兴农业开发有限公司自 2011 年开始，在浮滨镇收集符合狮头鹅典型特征的个体建立狮头鹅原种繁育场；到 2014 年，前后收集了 900 只狮头鹅种鹅，并饲养繁育，提纯复壮；2014 年成为广东省狮头鹅保种场；2017 年成为国家级狮头鹅保种场。

2. 保种场加入国家水禽产业技术体系　汕头市白沙禽畜原种研究所于2011 年加入国家水禽产业技术体系，成为体系汕头综合试验站建设依托单位，每年有国家经费支持。试验站的工作重心就是保护和利用好狮头鹅这一国宝级鹅种。

3. 主产区稳定发展　以汕头澄海和饶平县国家级狮头鹅保种场为中心，形成了汕头澄海和潮州饶平的纯种狮头鹅主产区，并辐射揭阳市和潮汕地区以外的广东省其他地区。主产区狮头鹅种鹅养殖数量逐年扩大，单个种鹅场养殖规模也不断扩大（最大规模 2 万只种鹅），是狮头鹅天然的基因库，有效地保护了狮头鹅这一品种资源。

二、保种场

（一）汕头澄海保种场

汕头市白沙禽畜原种研究所（前身为广东省澄海种鹅场）位于广东省汕头市澄海区凤翔街道白沙埔，始建于 1952 年，系全民所有制正科级科研事业单位（公益 2 类），主要承担国家畜禽品种资源保护，以及从事禽畜良种培育、引进、推广和技术培训、示范等工作。全所面积 68hm²，现有职工 92 人，各类专业技术人员 22 名，畜牧兽医科技人员 17 名（其中高级职称 9 名、中级职称 5 名，初级职称 3 名），均为大专以上学历。拥有种鹅场、育种鹅场、试验场、种鸡场、蛋鸡场、孵化厂、饲料厂、饲料营养分析室、兽医工作室等机构和一批家禽科研、生产现代化设施设备，为承担国家保种任务和开展家禽科研工作创造了优越的工作环境。

汕头市白沙禽畜原种研究所是国家级狮头鹅品种资源保种场，国家水禽产业技术体系汕头综合试验站，广东省家禽产业技术体系示范基地、广东省区域性畜禽良种中心，以及省、市两级农业现代化示范区、汕头市农村科普示范基地等机构的依托单位，存栏原种狮头鹅2 000只，另外还饲养有狮头鹅、马冈鹅、四川白鹅及SB21配套系等国内多个著名品种及配套系种鹅10 000只。

汕头市白沙禽畜原种研究所几十年来一直致力于狮头鹅的保种及开发利用工作，在水禽科研工作中获得了多项科研成果，"SB21肉用鹅配套系的培育"等20多个项目获得省、市级科技进步奖和农技推广奖；"一种鹅人工授精装置"和"水禽人工授精保定装置"2项发明获得了国家实用新型专利，专利号分别为ZL2014 2 0040389.8和ZL2014 2 0040387.9。此外还制定及修订了《狮头鹅》等4个广东省农业地方标准。目前研究所在鹅的保种工作及研究技术水平方面处于全国领先地位。

狮头鹅保种场占地面积2.5hm^2，水面面积1.0hm^2。种鹅舍1 800m^2，存栏原种种鹅2 000只。种鹅场自1957年经农业部注册，建立广东省澄海种鹅场以来，一直承担着国家对狮头鹅的保种工作。

汕头市白沙禽畜原种研究所另有狮头鹅育种场1个，占地面积3.5hm^2，水面面积1.2hm^2。种鹅舍2 500m^2，存栏种鹅3 000只，向社会提供种鹅雏6万只/年。

此外，研究所还配套试验鹅场1个，专门用于狮头鹅的营养需要水平研究、生长性能测定及疫病防控等试验。

目前，保种场种群规模5 000只，保种核心种群1 500只，专门化保种群体30个父本家系。

（二）潮州市饶平县保种场

饶平县浮滨镇是狮头鹅的原产地，该镇及周围一些镇群众祖祖辈辈都有养殖狮头鹅的传统。广东立兴农业开发有限公司自2011年开始，在浮滨镇收集符合狮头鹅典型特征的个体建立狮头鹅原种繁育场。到2014年，共收集了900只狮头鹅种鹅进行饲养和繁育，提纯复壮。2014年成为广东省狮头鹅保种场，2017年成为国家级狮头鹅保种场。"饶平浮滨狮头鹅保种场"位于狮头鹅原产地广东省潮州市饶平县浮滨镇柘林村，有独立的生产区、生活区和办公区，配套设施齐全，符合国家级畜禽遗传资源保种场的基本条件。防疫条件符合《中华人民共和国动物防疫法》等有关规定。保种场内有基础群种鹅1 260只，其中保种核心群 360 只、单父本家系 60 个、其他繁育群种鹅3 000多只。

第二节　保种目标

一、遗传资源基本情况

狮头鹅是我国唯一的大型鹅种，也是世界最大型鹅种之一，是国家畜禽品种资源重点保护的品种之一，目前在汕头和潮州各有一个国家级保种场进行保护。

狮头鹅是我国著名的地方品种，发源于潮汕地区。狮头鹅作为潮汕地区最具代表性的畜禽品种，其品种优势也曾"显赫一时"，但由于受饲养水平不高、保种育种意识缺乏、养殖规模小、近亲繁殖等因素的影响，狮头鹅的饲养水平基本停留在几十年前的水平，有些性状甚至出现退化现象。经过两个国家级保种场对狮头鹅进行收集扩繁、提纯复壮，保留其优良性状后，目前狮头鹅的保种和开发利用形成了良性循环。既有狮头鹅原种的保护，又有品种内品系的选育和杂交利用。狮头鹅主产区已经建立了健全的狮头鹅肉鹅良种繁育体系，向社会提供良种及先进饲养技术，促进狮头鹅养殖业向现代化、良种化、标准化发展，实现产业化经营，切实提高狮头鹅的品种优势及市场竞争力。

二、实施方案

以资源场保种和产区保种相结合的方式，建设祖代繁育场和父母代扩繁场，向广大种鹅专业户提供正宗的父母代种雏，并以此为基础向广大农户提供正宗的商品代种苗。通过资源保护场建设，开发利用狮头鹅品种资源，扩大生产规模，保护品种资源。

（一）建立品种资源场

狮头鹅种质保护的主要任务和目的是在对该鹅种进行调查、收集和整理的基础上，建立品种资源场。

（二）科学保种

应用需要群体小、技术难度较低、保种效果良好、比较适合我国保存禽种多样性的家系等量随机选配法，保护狮头鹅的优良性状，并将群体遗传漂变降低到最低程度。同时，建立狮头鹅的扩繁场，满足社会需求，形成保种与开发的良性循环；建立保种场与主产区/示范区保护体系，有效保护狮头鹅基因资源。

（三）明确保种目标

保护目标就是针对狮头鹅的种质特性，确定重点保护性状，包括狮头鹅各项特征特性，采取科学措施，保护这些性状的遗传多样性尽量不丢失，其中体型、生长速度及繁殖性能等性状的遗传多样性是重点保护性状。为防止近交退化，要求群体近交系数控制在 0.1 以下，以保持狮头鹅整个品种特殊的基因库，达到以下 4 个目标：①群体近交系数不上升，至少缓慢上升；②性状的遗传力保持稳定；③种群的优良基因不丢失；④生产性能水平保持稳定。

（四）具体保护性状

1. 羽色、肤色　原种狮头鹅颈部与背部有像鬃状的棕色羽毛带，背、翼和尾羽为棕色，胸羽浅棕色，腹羽多为白色或灰白色。皮肤与胫骨均呈米黄色。

2. 外貌特征　①体型特征：原种狮头鹅体型极大，成年公鹅体重可达10～12kg，母鹅 8.5～10.5kg。趾为橘红色（俗称"蜡样脚"），稍带少量黑色斑；②头部特征：原种狮头鹅头部极像狮头。前额肉瘤极其发达，呈扁平状，留种 2 年以上的成熟公鹅左右颊侧各有 1 对大、小对称的黑色肉瘤，与前额肉瘤合称为"五瘤"。喙短阔、色黑，睑皮松弛、有皱纹，眼睑黄色，无白眉。胸宽深，背平宽。原种狮头鹅最明显的外貌特征可用"五瘤蜡样脚"来表述。

3. 繁殖性能　母鹅开产日龄在 200～240d，年产蛋 28～32 枚，蛋重180～220g。蛋壳乳白色，蛋形指数 1.5 左右，种鹅产蛋季节为每年 9 月至翌年 4 月。公母比例 1：（5～6）的情况下受精率80%，受精蛋孵化率85%，雏鹅出壳重 130～150g，种鹅利用年限为 4～5 年，盛产期为第 2～4 年。

4. 生长性能　生长速度快，雏鹅饲养 70d，公鹅平均体重 6.4kg、母鹅 5.8kg，料重比 2.1∶1（需添加青饲料），成活率 96％以上。

此外，狮头鹅还具有卓越的产肝性能。研究结果表明，饲养 70d，再经强制育肥 28～32d，平均肥肝重 630g，最大可达 1 630g。

三、保种效果监测

保护效果的监测措施：每世代均鉴定和测量保种群种鹅的有关外貌体尺、生产性能，统计分析比较每世代保种鹅群数量性状的变化，计算近交系数、遗传漂移的情况。对保种效果实时监测，并根据情况进行适当调整。同时，建立狮头鹅的保种资料库，详细记录每代保种鹅群的外貌特征、生产性能、遗传多样性等有关数据资料，建立资料数据库。每年均对数据资料进行统计与分析，撰写保种状况报告，上报有关部门。

四、开发利用

狮头鹅是世界大型鹅种之一，是我国唯一的大型鹅种，具有良好的产肉性能和一定的肥肝生产性能，对亚热带海洋性气候具有高度适应性。狮头鹅目前的开发利用主要体现在以下 3 个方面。

（一）新品系培育

目前，利用狮头鹅纯种群体，按照专门化品系选育技术，开展高繁殖性能品系和高生长发育速度品系的选育以及白羽系的选育，形成配套系，用于生产。

（二）杂交利用

狮头鹅作为父本广泛应用于与其他高繁殖性能品种的杂交上，对商品代肉鹅生长速度具有很大的提升作用。

（三）杂交合成新的品种/品系

狮头鹅与其他品种杂交后，后代会获得狮头鹅高生长发育和大体型的基因，如果融入另一品种高繁殖性能基因，经不断选育，可以形成两种性状兼顾的新品种/品系。

第三节 保种技术措施

一、保种计划

狮头鹅的品种保护一直以来都受到主产区和原产地政府的高度重视。为使狮头鹅遗传资源得到有效保护，保持、优化原种狮头鹅优良特性，扩大原种狮头鹅的发展规模，根据粤农办〔2002〕18 号文件通知，饶平县农业局于 2002年向广东省农业厅申请对原种狮头鹅品种资源实行保护，并提出具体的保护方案。该方案的主要内容是计划在浮滨、樟溪、钱东、高堂、联饶、黄冈 6 镇建立保护区，同时在黄冈镇建立资源场 1 个，通过对狮头鹅进行定向选育，确保全县拥有 10 万只具有原种狮头鹅大型鹅特性和"五瘤蜡样脚"外貌特征的种鹅群体。汕头市在 20 世纪 50 年代全国农业展览会上把狮头鹅作为优良品种展出，备受农业部重视。因此，广东省农业厅于 1957 年在澄海建立"广东省澄海种鹅场"（即"汕头市白沙禽畜原种研究所"的前身），1959 年经农业部注册。该场建立后，收集不同来源的狮头鹅，经长期观察，对狮头鹅进行选育和提纯复壮，形成具独特外貌特征和稳定遗传性能的"澄海系狮头鹅"。2017 年以前，狮头鹅的品种资源保护任务由汕头市白沙禽畜原种研究所承担。2001年调查显示，据不完全统计，汕头市辖区狮头鹅存栏种鹅约 147.5 万只，其中公鹅约 23 万只、母鹅约 124.5 万只、澄海市存栏狮头鹅种鹅约 48 万只；另外，潮州市辖区的饶平县和潮安县也有广泛饲养，其中，饶平县种鹅存栏约5.12 万只、商品鹅约为 163.2 万只、潮安县种鹅存栏约 4 万只、商品鹅约为60 万只。2017 年农业部批准设立饶平国家级狮头鹅保种场，使狮头鹅的故乡也有了自己的国家级保种单位，原有狮头鹅保护计划得以有序展开。

二、建立品种资源保护场

2008 年，汕头市白沙禽畜原种研究所重新被国家列为狮头鹅保种场，并在资金上给予一定的扶持。研究所对狮头鹅保种场进行改建和修缮，进一步完善保种场地及设备设施。汕头市白沙禽畜原种研究所国家级狮头鹅品种资源保种场现存栏原种狮头鹅种鹅 1 800 只，2018 年存栏种鹅数达到 5 000 只，保持狮头鹅保种家系 60 个。

2017 年，广东立兴农业开发有限公司下属狮头鹅种鹅场被农业部批准为国家级狮头鹅保种场。该场自 2011 年起开始收集整理和繁育纯种狮头鹅，2014 年成为广东省狮头鹅保种合格单位。鹅场面积 7.33hm²，有核心保种家系 60 个、核心保种群种鹅 1 200 只、扩繁群 4 000 只。

按照农业农村部品种资源保护要求，两个国家级狮头鹅保种场有序开展系统的保种工作。

三、建立保种基础群和家系群

1. 建立多父本家系　汕头市国家级保种场建立 30 个多父本家系，保种核心群种鹅 1 350 只，并进行生产性能群体记录。饶平县的国家级保种场建立 60 个单父本家系，保种核心群种鹅 1 250 只。两个保种场均建立 5 000 只以上的扩繁种群，保障核心保种场有后备鹅群。

2. 应用系谱孵化技术繁育　每个家系种鹅所产的种蛋均编号，分家系入孵，出雏时分开，并记录在谱系孵化登记表中。

3. 家系公母鹅数量　每个家系在育雏、育成阶段随机选留公鹅 20～30 只，母鹅 100 只作保种后备鹅。

4. 系谱建立与组配计划　每个世代在 210 日龄左右，组建新的家系，在后备群中随机选留，多余后备鹅进入基础繁育群。在组建新家系时编制配种计划表，按随机方式组建；并认真核对系谱，在每一家系中严格避免全同胞或半同胞组配。

5. 家系补救措施　在家系特别是公鹅出现缺失时，或保种群经监测出现基因漂移等情况，将在普通繁育群中选择后备种鹅递补。

6. 建立完善的卫生防疫和饲养管理体系　根据保种区和产区家禽流行病的特点，制订合理的免疫程序并严格执行，重点是做好种鹅的禽流感、小鹅瘟、禽霍乱和鹅副黏病毒病的预防；实时监测其他细菌性疾病并防治；做好保种场的日常环境消毒、隔离等卫生管理；建立规范化的饲养管理规程，保持饲养管理稳定。

7. 保种群的世代间隔　充分发挥鹅可以多年使用的特性，保持 4 年一个世代。

8. 建立基础繁育群　繁育群将分成 5 个小群饲养，每群 50 只左右。繁育群随机组建，随机交配。每年更新 30% 种鹅，且种鹅雏均来源于家系后代。

四、监测狮头鹅的种质特性

按照《狮头鹅》品种标准，遵照品种资源调查的要求，开展保种群和核心产区狮头鹅品种资源调查。鉴定狮头鹅的外貌特征，测定成年鹅的体重和体尺（体斜长、胸宽、胸深、龙骨长、骨盆宽、胫长、半潜水长）、早期生长速度、产蛋性能等。

健全狮头鹅的保种行政技术保障体系。在农业农村部、广东省农业厅的支持下，以华南农业大学动物科学学院、广东省畜牧技术推广总站和广东海洋大学为技术指导，品种资源场负责种鹅日常饲养和保种方案的实施，负责建立狮头鹅品种资料库，确保保护目标的实现。

第四节　种质特性研究

一、家鹅起源和狮头鹅遗传多样性研究

起源、进化历程和遗传多样性是动物遗传育种与繁殖研究的基础内容，通过对其评估分析，可以了解特定动物品种的遗传结构、起源进化、生活背景、濒危的原因等，提出品种保护措施。家鹅起源进化和遗传多样性，通常是多个品种结合进行并加入其野生祖先灰雁和鸿雁。

王继文（2003）测定了15个中国家鹅品种、2个欧洲家鹅品种96个个体线粒体DNA控制区部分序列（1 042个碱基）。17个家鹅品种96条控制区序列和GeneBank中相关序列分析结果证实，广东汕头地区（狮头鹅）是中国鸿雁家鹅的主要驯养驯化地之一。

瞿浩（2003）测定了中国鸿雁家鹅7个品种45个个体和灰雁家鹅3个品种16个个体共61条线粒体DNA控制区Ⅲ长度为423个碱基的部分序列。序列多态性分析表明，有6种单倍型，鸿雁家鹅和灰雁家鹅无共享单倍型，同时表明狮头鹅除具有鸿雁家鹅的所有单倍型外，还有两种独有单倍型。结果证实狮头鹅的原产地广东汕头是中国鸿雁家鹅的驯化中心之一，并且狮头鹅曾在早期发生过较大规模迁移。李建华等（2007）通过直接测序法检测了包括狮头鹅在内的6个家鹅品种ND4基因的遗传多态性，并分析了其遗传结构，结果共检测到4种单倍型，在狮头鹅的5个样品中仅发现Hap3（ACCATTAAATTTCGGC）1种单倍型。

屠云洁等（2007）采用磁珠富集法筛选的19对微卫星引物和从GeneBank搜索到的12个微卫星引物检测广东4个地方鹅品种的遗传多样性。利用等位基因频率计算各群体的平均遗传杂合度（H）、多态信息含量（PIC）和群体间的遗传距离（DA），分析其遗传多样性。结果表明，狮头鹅的平均遗传杂合度（H）为0.672 7，平均多态信息含量（PIC）为0.378，聚类分析将狮头鹅与乌鬃鹅聚为一类。

段宝法等（2006）通过筛选31个多态性较好的微卫星标记，检测了广东省狮头鹅、乌鬃鹅、阳江鹅、马冈鹅4个品种家鹅的遗传变异性。利用等位基因频率计算各群体的遗传参数、群体间的遗传距离（DA），并采用邻近法（NJ）和类平均法（UMPGA）进行聚类。结果表明，广东省4个品种家鹅群体的平均杂合度为0.652，其中狮头鹅的平均杂合度和平均多态信息含量分别为0.673、0.378，以群体间的遗传距离（DA）得到的类平均法（UPGMA）和临近法（NJ）的聚类结果都表明这四种鹅聚为两类，狮头鹅和乌鬃鹅聚为一类，阳江鹅和马冈鹅聚为一类。

李慧芳等（2005）对我国6个受重点保护的地方鹅品种资源（四川白鹅、狮头鹅、豁眼鹅、雁鹅、伊犁鹅和皖西白鹅）的遗传多样性进行了微卫星标记研究。结果表明，6个品种的平均杂合度都较高，最高的是四川白鹅(0.641 5)，最低的是雁鹅（0.501 0），表明各鹅种的杂合度和遗传多样性水平都较高。在此研究中，狮头鹅的平均杂合度和平均多态信息含量分别为0.553 4、0.357 4；并且发现狮头鹅与四川白鹅的标准遗传距离（DS）最远为0.800 7，是遗传距离最远的两个鹅种。

郝家胜等（2000）用40个102寡核苷酸随机引物对中国鹅的5个品种——狮头鹅、皖西白鹅、太湖鹅、浙东白鹅和四川白鹅进行了随机扩增多态DNA（RAPD）分析。结果表明，用筛选出的14个引物共扩增出174个DNA片段，其中的48个（占28.2%）在5个品种间表现为多态性。品种内的DNA多态性片段狮头鹅5个个体间分别检测到11、14、10、17和8个DNA多态性片段，分别占其总片段数的16.3%、14.1%、9.4%、18.7%和11.6%；品种内的遗传距离指数狮头鹅为0.030 1～0.046 8，平均0.035 9。

以上研究表明，狮头鹅长期以来独处潮汕地区，囿于地理隔绝，与其他省市的鹅种遗传距离较大，与近邻广东省内的家鹅遗传距离较近。狮头鹅多态性

信息含量和平均杂合度为中等水平，有较好的遗传多样性。

二、候选基因研究

（一）繁殖相关基因

狮头鹅就巢性较强，年产蛋仅 35 枚左右，严重制约了狮头鹅养殖规模的扩大及品种对产业影响价值的发挥。禽类就巢现象的产生和抱性的诱发是由物种的遗传特性决定的，同时也是多种激素综合作用的结果，其中催乳素（PRL）是引起家禽就巢行为发生和维持的关键激素。血管活性肠肽（VIP）又名舒血管肠肽，是一种重要的生物活性肽，属胰高血糖素——胰泌素家族成员。Lea 等研究证明，VIP 能促进禽类 PRL 分泌。随后，Halawani 等证明，VIP 是家禽 PRL 的释放因子，具有刺激和调节 PRL 释放的作用。因此，VIP 是禽类就巢行为的决定因素。研究表明，VIP 在狮头鹅下丘脑垂体和卵巢中均有表达，不同组织 VIP 表达量不同，并且随着狮头鹅繁殖周期的变化，其表达量也随之改变；下丘脑就巢期 VIP 的表达量显著高于产蛋期和休产期（$P<0.05$），而垂体产蛋期 VIP 的表达量较其他繁殖周期高（$P<0.01$），见表3-1。研究还发现，狮头鹅就巢期血清 PRL 质量浓度高达 30ng/mL，远远高于其他繁殖阶段（$P<0.01$）。在众多家禽品种中，血浆 PRL 浓度升高抑制其繁殖活动和触发家禽换羽停产，提示血浆中高水平的 PRL 是家禽就巢发生和维持的主要原因。刘毅在浙东白鹅上也得出相似的研究结论。随着下丘脑 VIP 的表达量和血浆 PRL 浓度的上升，了 GnRH 和 LH/FSH 分泌受到抑制，产蛋停止，卵巢和输卵管开始退化，家禽开始就巢。

表 3-1　VIP 于狮头鹅不同繁殖周期在下丘脑—垂体—性腺轴中的表达

组织	产蛋期	就巢期	休产期
下丘脑	0.462 ± 0.134^{Ab}	0.915 ± 0.223^{Aa}	0.338 ± 0.089^{Ab}
垂体	3.901 ± 0.835^{Aa}	1.014 ± 0.207^{Bc}	1.399 ± 0.312^{Bb}
卵巢	0.748 ± 0.136^{a}	0.372 ± 0.064^{b}	0.555 ± 0.097^{ab}

注：同行不同大小写字母分别表示差异达到显著水平（$P<0.01$ 或 $P<0.05$）。

浙江省农业科学院利用产蛋和就巢浙东白鹅的下丘脑进行高通量测序，与产蛋组相比发现，就巢组中有 38 个上调的 miRNA 和 14 个下调的 miRNA；

并从就巢组和产蛋组中鉴定出 114 种和 94 种新 miRNA。靶基因预测结果显示，*PRLR* 为所列出的 miRNA4、miRNA6、miRNA10、miRNA11 的靶基因，*GHR* 为 miRNA8 的靶基因。在对新 miRNA 的所有靶基因进行 GO 分析发现，6.4% 的靶基因与繁殖相关。这些转录组信息都成为鹅繁殖调控基因表达、功能基因组研究的重要信息公共平台，为狮头鹅繁殖调控相关基因研究提供参考资料。

（二）鹅羽毛生长和颜色控制的分子机制

上海市农业科学院利用高通量测序技术，对白羽和灰羽狮头鹅的毛囊进行转录组测序、拼接、注释、基因表达差异分析和差异基因富集分析，为以后研究鹅羽毛颜色相关的关键功能基因和羽毛颜色的决定分子机制提供大量的 EST 序列。本次测序共获得 160 703 054 条原始序列，平均长度为 2 844.82 个碱基，Q30 为 90.41%。除去接头和低质量序列，获得 159 619 658 条高质量序列，占原始序列的 99.15%。通过基因表达差异分析，共 2 298 个序列在白羽和灰羽狮头鹅毛囊的表达存在显著差异，将差异基因进行富集分析，结果显示大量的差异基因与羽毛生长发育和羽色决定相关的通路密切相关。在转录组测序的基础上，采用 RT-PCR 及 RACE 等方法成功克隆了 *SLC24A5*、*MLPH*、*MC1R*、*TYR*、*KIT* 和 *ASIP* 等与鹅羽毛生长和颜色相关的基因。

在转录组研究的基础上，笔者研究了 *VDR*、*IGF-Ⅰ* 和 *Wnt2b* 3 个与鹅羽绒发育相关的关键功能基因的 SNP 位点及其在不同品种的分布，结果见表 3-2 至表 3-4。

表 3-2　鹅 *VDR* 编码区 SNP 位点及其在不同品种鹅中的分布

编号	突变位点	编码区域	朗德鹅 （LD）	罗曼鹅 （L）	狮头鹅 （T）	皖西白鹅 （W）	浙东白鹅 （Z）
SNP1	T16618C	coding1	LD	L			
SNP2	C16707G	coding1	LD	L	T		
SNP3	16747G 插入/缺失	coding1			T		
SNP4	C17969G	coding2			T		
SNP5	C17985T	coding2			T		
SNP6	A18006G	coding2				W	Z
SNP7	C18100A	coding2			T		Z

（续）

编号	突变位点	编码区域	朗德鹅 (LD)	罗曼鹅 (L)	狮头鹅 (T)	皖西白鹅 (W)	浙东白鹅 (Z)
SNP8	G18246T	coding2	LD	L	T	W	Z
SNP9	A18272T	coding2	LD	L			
SNP10	G18317A	coding2	LD	L			
SNP11	A18320G	coding2	LD	L	T	W	Z
SNP12	G18335A	coding2	LD	L			
SNP13	C31022T	coding4	LD	L			
SNP14	T31048C	coding4	LD	L	T		Z
SNP15	C31273T	coding4	LD		T	W	Z
SNP16	G31274A	coding4				W	Z
SNP17	31277T 插入/缺失	coding4			T	W	Z
SNP18	G31468C	coding5			T		
SNP19	C31519T	coding5		L			
SNP20	C31533T	coding5	LD			W	Z
SNP21	G31559C	coding5				W	Z
SNP22	G31575A	coding5	LD		T		Z
SNP23	A31611G	coding5	LD	L			Z

表 3-3　鹅*IGF-Ⅰ*基因编码区 SNP 位点及其在不同品种鹅中的分布

序列	突变位点	编码区域	朗德鹅 (LD)	罗曼鹅 (L)	狮头鹅 (T)	皖西白鹅 (W)	浙东白鹅 (Z)
SNP1	41197T 插入/缺失	coding3	LD	L	T	W	
SNP2	G40886T	coding3					Z
SNP3	C51241T	coding4	LD				
SNP4	51214A 插入/缺失	coding4		L	T	W	Z
SNP5	C51239T	coding4		L			Z

表 3-4　鹅*Wnt2b* 编码区 SNP 位点及其在不同品种鹅中的分布

序列	突变位点	编码区域	朗德鹅 (LD)	罗曼鹅 (L)	狮头鹅 (T)	皖西白鹅 (W)	浙东白鹅 (Z)
SNP1	G92A	coding1	LD				Z
SNP2	G262A	coding1	LD			W	Z

（续）

序列	突变位点	编码区域	朗德鹅 (LD)	罗曼鹅 (L)	狮头鹅 (T)	皖西白鹅 (W)	浙东白鹅 (Z)
SNP3	A265G	coding1	LD			W	Z
SNP4	G271A	coding1	LD			W	Z
SNP5	C279T	coding1	LD				
SNP6	C317T	coding1	LD				
SNP7	T324C	coding1	LD		T	W	
SNP8	G395T	coding1			T	W	Z
SNP9	A482G	coding1			T	W	
SNP10	G493A	coding1			T	W	Z
SNP11	A505C	coding1	LD		T	W	Z
SNP12	G564A	coding1			T	W	Z
SNP13	C590T	coding1	LD			W	Z
SNP14	G608A	coding1	LD				
SNP15	G627T	coding1			T		
SNP16	G629A	coding1	LD		T		
SNP17	T1887C	coding2	LD			W	Z
SNP18	C1893T	coding2	LD	L	T	W	
SNP19	G1926T	coding2	LD	L		W	
SNP20	A2298G	coding2	LD	L			
SNP21	T1887C	coding2	LD			W	Z
SNP22	C1893T	coding2	LD	L	T	W	
SNP23	G1926T	coding2	LD	L		W	
SNP24	A2298G	coding2	LD	L			
SNP25	T3792C	coding4	LD			W	Z
SNP26	G3797A	coding4	LD			W	Z
SNP27	T3808C	coding4	LD			W	Z
SNP28	G3872A	coding4	LD		T	W	Z
SNP29	C3967T	coding4			T	W	Z
SNP30	C4011G	coding4	LD	L	T	W	Z
SNP31	G4021A	coding4	LD		T	W	Z
SNP32	A4145G	coding4	LD	L			

（续）

序列	突变位点	编码区域	朗德鹅 （LD）	罗曼鹅 （L）	狮头鹅 （T）	皖西白鹅 （W）	浙东白鹅 （Z）
SNP33	G4150A	coding4		L			
SNP34	A4235G	coding4	LD		T	W	Z

狮头鹅遗传特性方面，应着重研究其生长发育、繁殖调控和肥肝形成相关基因或分子标记，以便于用这些信息开展新品系培育和品种保护。同时，狮头鹅对亚热带季风气候的良好适应性和耐粗饲方面也值得深入研究。

第四章
品 种 繁 育

第一节　生殖生理

一、生殖器官

狮头鹅生殖器官的功能是产生生殖细胞（公鹅产生精子、母鹅产生卵子），分泌激素，繁殖后代。公鹅和母鹅生殖器官有很大的区别。

（一）公鹅生殖器官

公鹅生殖器官包括睾丸、附睾、输精管和阴茎。公鹅的生殖系统在非繁殖期处于萎缩状态。

1. 睾丸　有2个，左右对称，以睾丸系膜悬挂于同侧肾脏前叶的前下方，呈豆状，其左侧比右侧稍大。睾丸大小、重量、颜色随品种、年龄和性活动的时期不同有很大变化。未成年公鹅睾丸很小，仅绿豆至黄豆大小，一般为淡黄色；公鹅性成熟时，睾丸已接近正常大小，配种季节睾丸最大，可达鸽蛋大，这时由于内有大量精子而使颜色呈乳白色。睾丸外被结缔组织形成的白膜所包围，但没有隔膜和小叶，其内主要由大量的精细管所构成。精子即在精细管里面形成，精细管相互汇合，最后形成若干输出管，从睾丸的附着缘走出而连接于附睾。睾丸的精细管之间分布有成群的间质细胞，雄性激素即由它分泌。雄性激素可控制其第二性征的发育、雄性活动表现、交媾动作等。

2. 附睾　鹅的附睾较小，呈长纺锤形，位于睾丸背内侧缘，且被悬挂睾丸的系膜所遮盖。睾丸的输出小管不是局限在附睾的尖端，而是沿着附睾的全长发出，无法区分附睾的头、体和尾部。

3. 输精管　是一对弯曲的细管，与输尿管平行，向后逐渐变粗。其末端变直后膨大的部分称脉管体，精子可在此贮存，并由脉管体所分泌的液体所稀释。输精管入泄殖腔后变直，呈乳头突起，称为射精管，位于输尿管外侧。禽类没有副性腺。

4. 阴茎　鹅的阴茎具有伸缩性，螺旋状扭曲，由左右 2 条纤维淋巴体构成阴茎基底部和阴茎体。左边纤维淋巴体比右边大。勃起时，左右淋巴体闭合形成 1 条射精沟，从阴茎底部上方的 2 个输精管乳头排出的精液，沿射精沟流至阴茎顶端射出。繁殖期勃起的阴茎见图 4-1。

图 4-1　公鹅阴茎（勃起）
1. 泄殖腔口　2. 输精沟　3. 阴茎游离部
4. 排状突起颗粒　5. 阴茎基部

（二）母鹅生殖系统

母鹅生殖系统由卵巢和输卵管组成（图 4-2）。母鹅生殖器官仅左侧发育正常，右侧在孵化期间停止发育。

狮头鹅通过公母两性交配而繁衍后代，属卵生，卵子由卵巢陆续排出至输卵管内逐渐形成内含营养物质的带壳蛋。受精蛋产出体外后经抱孵或人工孵化而发育成新个体。母鹅的生殖器官包括卵巢和输卵管，位于腹腔左侧。右侧的一般在出壳时已退化，仅留痕迹。

1. 卵巢　位于腹腔左肾前端，由富有血管的髓质和含有无数卵泡的皮质两部分构成。卵细胞在卵泡里发育生长。孵出 24h 内的雏鹅卵巢很小，呈乳白色，后来由于血管增生而呈红褐色，此后由于卵巢的结缔组织相对减少，卵泡和包于其中的卵细胞增大，肉眼可在卵巢表面见到大量卵泡。到产蛋期，卵细胞内卵黄颗粒开始沉积，以供未来胚胎发育需要，最后成为成熟卵泡。卵细胞因含有大量卵黄颗粒而统称为卵黄。卵黄外面包有一层薄的卵黄膜，透过卵黄膜可见一个白色斑点，这是卵细胞的细胞核和细胞质所在之处，即胚珠，受精后的胚胎发育从这里开始。母鹅的卵巢含有许多直径 1～45mm 的卵泡，卵泡由卵黄和卵母细胞组成。最早的真性卵黄物质约在鹅 3 月龄时进入卵母细胞。在接近性成熟时，未成熟的卵子迅速生长，在 10～15d 内达到成熟。卵黄物质以同心圆的层次沉积，每 24h 形成一层深色卵黄和一层淡色卵黄。胚珠随

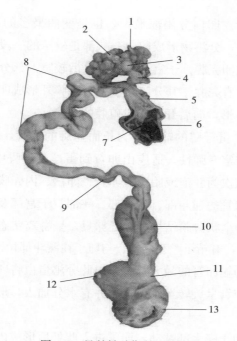

图 4-2　母鹅繁殖期的生殖系统
1. 卵巢基　2. 发育中的卵泡　3. 成熟卵泡　4. 排卵后的卵泡　5. 漏斗部颈部　6. 漏斗部
7. 漏斗部入口　8. 蛋白分泌部　9. 峡部　10. 子宫部　11. 阴道部
12. 退化的右侧输卵管　13. 泄殖腔

卵黄的增大而移向卵黄表面，移行的通道为淡色卵黄填充，形成卵黄心的颈，卵黄心被淡色卵黄所填充。卵泡的生长和成熟是由垂体分泌的促卵泡素引起的。

　　卵巢除排卵外，还能分泌雌激素、孕酮和雄性激素。雌激素对卵泡生长发育及对排卵激素的释放起一定作用，还可刺激输卵管生长，使耻骨开张，肛门增大，以利于产蛋。此外，雌激素还有提高血液中脂肪、钙、磷含量的作用，利于体组织脂肪沉积。母鹅排卵后不产生黄体，但仍产生孕酮。应用大剂量孕酮可以引起卵泡萎缩，也能导致换羽。卵巢分泌的雄性激素量虽不多，但同雌性激素的协同作用可以促进蛋白分泌。

　　2. 输卵管　鹅仅左侧输卵管发育完全，是一条长而弯曲的管道。雏鹅输卵管较细，产蛋母鹅增大变宽。输卵管依靠系膜悬挂在腹腔背侧偏左，腹侧还有一游离的系膜。输卵管分为漏斗部、蛋白分泌部、峡部、子宫部和阴道部5个部分。漏斗部是输卵管的起始端，中央有一宽的输卵管腹腔口，其边缘薄而呈伞状为输卵管伞。卵白分泌部最长，也是变曲最多的部分，黏膜形成纵褶，内含丰富胸腺体，分泌物形成卵白。峡部是较窄的一段，此部分泌一种角蛋白，主要用于形成卵壳膜。子宫部是峡部之后较宽的部分，卵在此部停留的时间最长。黏膜里含有壳腺，其分泌物沉积于壳膜外形成卵壳。阴道部是输卵管的末端，弯曲成 S 形，向后开口于泄殖腔的左侧。

3. 蛋的形成　产蛋母鹅的输卵管为长而盘旋的导管，占据腹腔左侧的大部，管壁密布血管，富有弹性，适应由卵黄到蛋形成过程中的巨大直径变化。蛋的构造由内到外依次为胚泡或胎盘、卵黄、卵白、内壳膜和蛋壳。蛋的形成过程要经由组成输卵管的漏斗部、膨大部、峡部、子宫部及阴道部。

（1）漏斗部　为伞状薄膜结构，靠近卵巢，呈游离状态，功能为接收卵巢排卵。根部有管状腺，有精子贮存其中，与卵子在漏斗部相遇即发生受精作用。

（2）膨大部　为输卵管的最大部分，由此分泌蛋白将卵黄包裹。卵子离开膨大部之后，沿输卵管呈旋转运动下行，并有水分加入，形成卵带和浓度不同的蛋白层。

（3）峡部　借助于膨大部蠕动，卵子进入此处后形成内、外层蛋壳膜，二膜互相粘连，仅在蛋的大头端分开，形成气室，逐渐成为椭圆形软蛋。

（4）子宫部　也称蛋壳腺，为袋状厚实肌肉组织，蛋在其中停留 24～48h，形成蛋壳，其间并有水分和盐类加入蛋白中。蛋壳的色素在产蛋前 5h 形成。临产时分泌一层胶护膜，使蛋润滑以利于产出，并保护蛋免受微生物侵袭。

（5）阴道部　为子宫部到泄殖腔的通道，相当于哺乳动物的子宫颈，其功能与蛋的排出有关。靠近子宫部处有阴道腺，是贮存精子的主要部位，精子可在其中贮存 10～14d 或更长时间。

输卵管的长度随禽种而异。产蛋母鹅的输卵管长 100～130cm。蛋在输卵管内的全部滞留时间为 24～27h。

二、繁殖行为

（一）就巢行为

就巢性（也称抱窝性）是禽类在进化过程中形成的一种繁衍后代的本能，其表现是母禽伏卧在有多枚种蛋的窝内，用体温使蛋的温度保持在 37.8℃ 左右，直至雏禽出壳。我国的大多数鹅种都保持了抱窝的习性，狮头鹅的抱窝性很强。狮头鹅在抱窝期间卵巢和输卵管萎缩，产蛋停止，采食量也明显下降。每次抱窝的时间可持续 10d，个别可长达 1 个月左右。抱窝性强的鹅产蛋量必然减少。因此，要在生产中提高鹅的产蛋量就必须通过各种形式消除或降低鹅的抱窝习性。

狮头鹅主产区和原产地地处亚热带海洋性气候，其繁殖季节从夏至过后白昼不断变短的 9 月开始，持续至翌年白昼时间逐渐变长的 4 月，其产蛋高峰发生在白昼最短的 12 月、1 月和 2 月，雏鹅的孵化就相应地发生在冬、春季，而非繁殖季节则是出现在夏季和秋季。狮头鹅和其他就巢性强、产蛋量低的鹅种一样，母鹅每产 7～8 枚蛋后就表现出就巢孵化行为，因而在一个繁殖季节内表现出 3～4 个产蛋高峰。这可能是狮头鹅为了自身抵抗热应激而保护自己的一种长期进化结果。

狮头鹅的这些季节性繁殖活动是外界光照变化通过影响垂体促性腺激素和催乳素的分泌而实现的，生殖激素的特定分泌模式决定了不同的繁殖季节性模式。狮头鹅所表现的与其他鹅种的产蛋季节性和连续性差异，本质上是相似的，仅可能是对光照全年变化差异的反应，以及光照变化差异导致的内分泌调控差异的反应。

（二）求偶行为

性成熟的公鹅到繁殖季节时，为了取悦母鹅，在室外运动场的水池游泳时花样增多，侧泳、仰泳、侧洗和翻洗，频频潜水，延长潜水距离，在深水区站立展翅，甚至贴水面飞翔等，以吸引母鹅。

公鹅波单独关在小圈时显得较安静，但是一旦放出，就频频求爱。求爱表现为颈自前伸，紧贴地面，头颈不停地做弧形运动，同时急促地发出"哦、哦"的叫声。求爱的对象不限于母鹅，在公鹅之间也有发生，还常常咬住不放，互相取悦。如果公、母比例不协调，常发现几只公鹅争配一只母鹅的现象，往往是处于优势地位的公鹅得以成功，也有因干扰过甚而失败的。

（三）交配行为

一般情况下，鹅的交配在水中完成。交配前，公鹅在水中游泳追逐母鹅，追上后绕着母鹅转圈，并用头不断地向母鹅做点水动作，若母鹅也向公鹅点水，表示愿意与此公鹅相爱，不再游动，公鹅爬上母鹅背，用喙叼啄母鹅颈部

羽毛，母鹅将尾羽向一侧偏转，做出接受交配的动作，公鹅伸出生殖器官并插入母鹅泄殖腔及阴道部内，这时公母鹅均安静，待公鹅射精后，公、母鹅分离，阴茎仍露在外，经几分钟后才缩回泄殖腔内。

交配成功后，公鹅扎1～2个猛子后游离鹅群休息。在游离过程中，尽量绕过其他公鹅，此时不论强弱均受其他公鹅的叨啄。母鹅则连续3～4次用头向背部撩水，扇翅2～3次，左右摇尾3～5次后上岸休息。公鹅性欲旺盛而母鹅拒绝交配时，若公鹅叨啄其头颈羽毛，母鹅游动逃离，一直向前游动，逃避公鹅，表示母鹅拒绝公鹅的求爱和交配。

（四）产蛋行为

母鹅临产时会发出3～4s响亮的"咯"的鸣叫声。临产前母鹅多在陆地运动场观望产蛋舍，在向舍内走时，大多数鹅边衔草边找窝。找到原窝便蹲在窝内，同时再观望四周，以证实此窝是否为原窝。刚蹲下，母鹅常会转身，如窝内草少或草不平，常站起并用喙和脚把草拨匀，直到感觉舒适后方安静地伏下。伏下后鹅还用喙拨动身体四周的草，以使腹部不漏在外。如果窝内有蛋，则鹅会将蛋用喙拨于腹下。如窝已被前一产蛋鹅离窝时用草覆盖，则鹅先用喙将草拨开，然后伏于窝中。伏下后大多数鹅将头埋于右侧翅膀中安静地休息，也有少数鹅将头埋于左侧或两边交替。如伏下时间过久，鹅会站起调整一下姿势，继续静伏，直至产蛋。产前伏窝时间为10～50min。

母鹅临产蛋时，精神十分集中，对周围环境反应迟钝，随后，呼吸越来越急促，整个身体轻微起伏。在出现努责前几分钟，腹部起伏次数在50～60次/min。此时，大多数母鹅的肛门口离草面在5cm以上。产蛋开始时，泄殖腔括约肌和尾部竖毛肌收缩，腹部开始抽缩，肛门微动呈努责，呼吸变慢沉，尾毛抬起，整个身体呈明显起伏状。每次努责由短到长，努责间歇变短，在见蛋前每次努责时间一般由8～10s再增至15s，而间歇时间则由5s减至2s。约5min后泄殖腔外翻，又过20～30s后见蛋冒头，冒头后鹅一阵努责，蛋约露出1/3，几秒后，鹅再努责，如仍未产出，蛋将随着泄殖腔的收缩而缩回，但此时仍能见到外露的蛋。再经努责，即产出一半，缩回，再努责，蛋即产出约3/5，此时蛋滞留在这一位置。鹅稍作休息几秒后继续努责，蛋即产出。蛋产出后，鹅即由产蛋瞬间的卧姿恢复为站势，体态也逐渐放松，由于产蛋而外翻的泄殖腔也因括约肌的收缩而逐渐恢复原状。

①狮头鹅大群配种容易引起公鹅之间争夺母鹅，如果公母比例不当会导致受精率下降，因此在生产中适宜小群配种。

②母鹅喜欢在安静阴暗及干燥处筑巢产蛋，并且有固定窝位产蛋的习惯，必须经常更换干垫草。在生产中应按最集中产蛋时间的鹅的数量准备足够的产蛋窝，以避免母鹅争窝和产窝外蛋。

③鹅伏窝时，往往用喙或脚将身下垫草拨开，如下面垫料过薄，则易露出地面，这样产下的蛋，不仅容易接触地面弄脏，也易使蛋骤冷，因而应将窝内的草垫厚，并应在草下放一层干净的细沙。

④产蛋鹅舍应保持安静，防止陌生人进入或者鹅赶鹅，饲养员快速跑动对正在产蛋的鹅会产生应激。

（五）打斗行为

繁殖季节鹅常发生打斗行为。鹅群内打斗主要发生在繁殖季节，这种打斗行为与合群时相同，但打斗较为激烈，一般历时 10～15min。配种期不随意调动公母鹅，当遇到不配种的公鹅，或是某试验小组里的公母鹅配合力不强等情况时，不得已要换公鹅，必须提前 10 多天进行调整，让公鹅与母鹅群有一个熟悉、认知的过程，建立起良好关系之后，才能拣拾种蛋，获得较高的受精率。

第二节　配种方法

一、配种技术

（一）配种年龄

适时配种才能发挥种鹅的最佳效益。公鹅配种年龄过早，不仅影响自身的生长发育，而且受精率低；母鹅配种年龄过早，种蛋合格率低，雏鹅品质差。狮头鹅性成熟较迟，公鹅一般在 8～9 月龄、母鹅在 7～8 月龄达到性成熟。狮头鹅的适龄配种期一般控制在 8 月龄左右可以获得良好效果。

（二）配种比例

公母配种比例直接影响种蛋的受精率。配种的比例随鹅品种、年龄、配种方法、季节及饲养管理条件不同而有差别。狮头鹅为大型品种，公母鹅比例一般按 1：（3～4）。在生产实践中，公母鹅比例要根据种蛋受精率进行调整；若水源条件好，春、夏、秋初可以多配；若水源条件差，秋、冬季则适当少配；青年公鹅和老年公鹅可少配；体质强壮的适龄公鹅可多配；饲养管理条件良好、种鹅性欲旺盛时，可适当提高配种比例。

（三）配种时间

在一天中，早晨和傍晚是种鹅交配的高峰期。据测定，鹅早晨交配次数占全天的 39.8%，下午占 37.4%，合计达 77.2%。健康种公鹅上午能配种 3～5 次。因此，在种鹅群的繁殖季节，要充分利用早晨开舍放水和傍晚收牧放水的有利时机，使母鹅获得配种机会，提高种蛋受精率。公母鹅在水面和陆地均可进行自然交配，但公母鹅喜在水面嬉戏、求偶，并容易交配成功。因此，种鹅舍应设水面活动场，每天至少给种鹅放水配种 2 次。

（四）配种方法

1. 自然配种　指在母鹅群中，放入一定数量的公鹅让其自由交配的方法。自然配种可分为以下 4 种。

①大群配种：在一大群母鹅中，按公母配比放入一定数量的公鹅进行配种。这种方法多在农村种鹅群或种鹅繁殖场采用。

②小群配种：只用 1 只公鹅与几只母鹅组成一个配种小群进行配种。母鹅的具体数量，按不同品种类型 1 只公鹅应配多少只母鹅来决定。这种方法多在育种场中采用。

③个体单配：公母鹅分别养于个体笼或栏内。配种时，1 只公鹅与 1 只母鹅配对配种，定时轮换。这种方法有利于克服鹅的固定配偶习性，可以提高配种比例和受精率。人工授精实际上也属于这种情况。

④同雌异雄轮配法：为了多获得父系家系和进行后裔测验，可采用同雌异雄轮配法。具体方法是：先放入第 1 只种公鹅，让其配种 2 周后捉出。在第 3 周周末（即第 21 天下午），用准备放入配种的第 2 只公鹅的精液对原群中的每只母鹅输精 1 次。在第 24 天下午将第 2 只公鹅放入原群中自由交配。采用这样的同雌异雄配种后，前 3 周的种蛋孵化所得的雏鹅为第 1 只种公鹅的后代。第 4 周前 3d 的蛋不作孵化用，自第 4 天起即为第二只种公鹅的后代。这样在

短期间隔内就可以在同一配种期获得两只公鹅的后代。如果不采取这种轮配方法，第1只公鹅取出后，第2只公鹅至少要间隔2周才放入鹅群中配种，所产种蛋孵出的雏鹅才算第2只公鹅的后代，因为公鹅的精子在母鹅输卵管内存活和保持一定受精能力的时间一般为2周左右。

2. 人工辅助配种 公鹅体型大，母鹅体型小，在没有水源的情况下公母鹅在陆地上交配，自然交配有困难，需要人工辅助使其顺利完成交配。在利用大型鹅种作父本进行杂交改良时，常常需要采取这种配种方法以提高受精率。人工辅助配种的操作，各地大同小异，先把公母鹅放在一起，让它们彼此熟悉，并进行配种训练，待建立起交配的条件反射后，当公鹅看到人把母鹅按压在地上，母鹅腹部触地，头朝操作人员，尾部朝外时，公鹅就会前来爬跨母鹅配种。也可以操作人员蹲在母鹅左侧，双手抓母鹅的两腿保定住，公鹅爬跨到母鹅背上，用喙啄住母鹅头顶羽毛，尾部向前下方紧压，母鹅尾部向上翘，当公鹅双翅张开外展时，阴茎就插入母鹅阴道部并射精，公鹅射精后立即离开，此时操作人员应迅速将母鹅泄殖腔朝上，并在周围轻轻压一下，促使精液往阴道部内流。人工辅助配种能有效地提高种蛋受精率。

3. 人工授精 即通过人工采集精液和给母鹅人工输精配种的技术。鹅的人工授精是一项先进的繁殖技术，同时又是育种工作中扩大优秀基因影响和组合优良基因的重要手段。我国养鹅均为地面平养，且鹅对捕捉的应激很强，加之其人工授精技术不够完善，生产实践中基本未采用。但随着鹅饲养方法的不断进步以及该技术的完善，人工授精技术也会有用武之地，特别是在育种过程中，人工授精技术具有重要作用。

（五）利用年限

母鹅的产蛋量在开产后的前3年逐年提高。到第4年后开始下降。通常第2年的母鹅比第1年的多产蛋15%～25%。第3～4年一般仍可维持第2年的产蛋水平。特别是种蛋质量，第2～4年高于第1年，对提高孵化率和雏鹅质量极为有利，所以种母鹅可以利用3～4年。

（六）繁育群结构

鹅群结构与生产方式有很大关系。规模养鹅，鹅群一般采用全进全出的饲养方式，一到淘汰的年龄即全群淘汰。实际生产中，为了充分发挥鹅的繁殖潜

力，保持种蛋较高的受精率，公鹅一般使用2年后淘汰，母鹅则可每年淘汰一部分低产、老化或伤残者，保持适当的年龄结构。一般鹅群中1岁母鹅占30%，2岁母鹅占35%，3岁母鹅占25%，4岁母鹅占10%。

二、人工授精

（一）目的和意义

人工授精是在公母鹅配种过程中，不让其自行交配，将公母鹅分开饲养，通过人工按摩采集公鹅精液，然后借助输精器将精液输送到母鹅的阴道部内，让其受精。应用鹅的人工授精技术，能克服对水源等生态环境的依赖，克服不同品种、公母体重悬殊、择偶性等造成的交配困难，减少公鹅的饲养量，提高种蛋受精率，节省成本，提高生产水平，具有相对于自然交配的优越性，并且在育种中运用该技术能加速育种进程。另外，将人工授精技术应用于狮头鹅品种资源保护和反季节生产也具有重要的作用。

在育种实践中，人工授精可避免公母鹅体型差异过大所引起的配种困难，广泛应用于杂交育种；提升优秀种公鹅利用效率，迅速提高优秀基因在群体中的比率，加快育种进程；在育种上可缩短后裔测定时间，加快育种进程。

在生产实践中，人工授精便于减少公鹅饲养数量，每只公鹅每次所采得的精液可为10～15只母鹅授精，减少饲养公鹅的成本，提高经济效益；母鹅采用笼养，有利于采用家系选择，提高产蛋数；在无水池的环境下，同样可以获得较高的受精率；可使每只母鹅皆有受精的机会，防止漏配，提高种蛋受精率；鹅在繁殖季节的早期与末期自然交配受精率较低，可调整采精的频率或增加授精次数，以提高受精率。如能进行精液冷冻保存，以优质精液授精，效果更佳。此外，人工授精还可以减少自然交配时生殖器官疾病的传播。

（二）技术环节

人工授精技术主要包括采精和输精两个环节。

1. 采精　采精过程中，按摩采精法中以背腹式效果较好。具体操作：采精操作人员左手掌心向下，大拇指和其余4指分开，稍弯曲，手掌面紧贴公鹅背部，从翅膀基部向尾部方向有节奏地反复按摩。1～2s按摩1次，4～5次后，左手按摩稍用力挤压公鹅的尾根部。与此同时，用右手拇指和食指有节奏地按摩腹部后面的柔软部，并逐渐按摩和挤压公鹅泄殖腔环的两侧。此处的刺激可使富含血管体的淋巴窦产出淋巴液流入阴茎，使阴茎勃起并外翻伸出。当阴茎充分勃起时，一定要注意挤压泄殖腔环的背侧，这样会使排精沟完全闭锁，精液就沿着排精沟流向阴茎末端，用集精杯按在泄殖腔下方，收集到洁净的精液。需要注意的是，集精杯不要紧贴泄殖腔，应与阴茎伸出的方向一致，以防阴茎受伤和精液污染。采精需 20～30s。品种及个体间有些差异。按摩采精时最好 2～3 人协作，各司其职，既保证公鹅安全，又采到清洁的精液。按摩采精成功的关键在于刺激部位的准确（尾根部和坐骨部）和按摩的频率，这需要在实践中不断总结才能熟练。

2. 输精　输精通常安排在多数母鹅产完蛋后进行，一般在上午 8—9 时。将母鹅保定于输精台或专门的保定器上（彩图 4-1），尾巴朝上，腹部朝向输精者。输精者左手压下尾羽，拇指张开肛门，右手持输精管插入泄殖腔左下方阴道部口至 5～7cm 处注入精液（图 4-3）。采出的精液一般用灭菌生理盐水按 1∶1 比例稀释，并在半小时内输完。输精剂量为每只鹅每次 0.1mL，间隔 5d 输精 1 次。

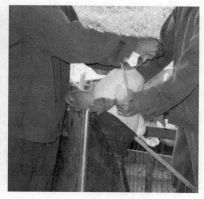

a   b

图 4-3　人工授精
a. 母鹅保定器　b. 输精操作

鹅人工授精操作过程中动作应轻缓，以避免损伤种鹅的生殖道。鹅群刚开产时，部分尚未产蛋母鹅不必进行输精，输精前可采用"连续两日腹部摸蛋"法，将产蛋母鹅分开饲养和输精。人工授精前禁止种鹅下水，避免羽毛沾湿造成操作困难和污染精液，也应暂停供给饮水和饲料，以免种鹅消化不良。注意做好鹅舍内外的清洁工作，为种鹅提供良好的生活环境，同时也应严格实施各项防疫措施，保证种鹅健康。

我国养鹅多为地面平养，鹅对捕捉的应激很强，加之人工授精技术尚不够成熟，故在生产实践中采用较少。随着鹅饲养方法的不断进步以及该技术的完善，人工授精技术会逐渐被采用。特别是育种过程中，尝试使用人工授精技术不仅能有效提高种蛋受精率，也便于在育种中建立单父本家系和实现准确的系谱记录，进行高效、准确的选育工作。我国水禽的人工授精技术起步较晚，应加强这方面的研究，使这项技术在我国水禽业的产业化建设中发挥应有作用。

狮头鹅人工授精技术至目前已十分成功和成熟，其中在 SB21 肉用鹅配套系父母代生产中，全年种蛋受精率能保持在 88% 以上。目前 SB21 肉用鹅配套系父母代生产全部采用人工授精技术；狮头鹅反季节生产中，通过对比试验，同一时期，人工授精比自然交配受精率高 8% 以上。

（三）参数

汕头市白沙禽畜原种研究所试验表明，狮头鹅公鹅精液的外观呈乳白色、无杂质，公鹅射精量 0.2～0.8mL，平均每只公鹅射精量为 0.38mL，每毫升混合精液的精子数为 6.4 亿个；精子活力范围 8～9 级，平均为 8.6 级；2～3d 采 1 次，公母比例达到 1：（10～15）。狮头鹅精液按 1：（1～2）稀释，种鹅输精间隔时间为 5～6d 进行输精效果较好，种蛋受精率能达到 88%～90%。公鹅利用率比自然交配提高 81.8%～172.7%；种蛋平均受精率比自然交配提高 5%～7%。

第三节　胚胎发育

一、胚胎发育过程

① "樱桃珠"：孵化 3～3.5d，可以看到卵黄囊血管区，其形状似樱桃。

② "蚊虫珠"：孵化 4.5～5d，胚胎头尾分明，内脏器官开始形成，尿囊增大至肉眼可见。卵黄由于蛋白水分的渗入而明显扩大。照蛋时可见胚胎及伸展的卵黄囊血管，形状似一只蚊子。

③ "起珠"：孵化 7d，胚胎眼珠内黑色素大量沉积，四肢开始发育，可以看到黑色的眼点。

④ "双珠"：孵化 8d，胚胎身体增大，可以看到两个小圆团，形似电话

筒，一是头部，一是弯曲的躯干部。

⑤ "合拢"：孵化 14～16d，胚胎体躯长出羽毛，尿囊在蛋的小头合拢，整个蛋布满血管。抽检照蛋时，合拢不及时，要适当调高孵化温度，反之则调低。

⑥ "封门"：孵化 22～24d，胚胎蛋白全部输入羊膜囊中，照蛋时小头看不到发亮的部分；二照时，观察"封门"速度过慢时，适当调高孵化温度，反之则调低。

⑦ "斜口"：孵化 24～26d，胚胎转身，气室倾斜。

⑧ "闪毛"：孵化 27～28d，颈部和翅部突入气室内，看到胚胎黑影在气室内闪动。

二、看胚施温

根据胚胎发育要求，对孵化温度适当调整，即看胚施温。一般胚胎发育缓慢可适当调高孵化温度 0.2～0.5℃，发育过快则相应调低。

第四节 人工孵化的关键技术

一、孵化厂建设与管理

（一）孵化厂建设要求

1. 场址选择 孵化厂要建在地势较高、交通方便、水电资源充足的地方，周围环境要清静优雅、空气新鲜（场区周围最好是绿树成荫）。孵化厂应是一个相对独立的场所，必须有利于卫生和疾病防控，离主要交通干线、市中心、居民区、水源地 1km 以上，同时考虑当地主导风向。更要远离震动较大、粉尘严重的工矿区，以及养禽场、屠宰场、电镀厂、农药厂和化工厂等污染严重的企业，以防震伤胚胎或使胚胎中毒、感染疾病。

2. 孵化厂的规划 孵化厂的规模应根据种鹅规模及未来发展计划而定，同时要充分调研商品肉鹅养殖的发展趋势和鹅雏的市场销售情况。应根据每批入孵种蛋的最高数量，来确定出雏室和雏鹅存放室、贮蛋室、收蛋室、洗涤室、孵化车间等需要的面积，以此作为建场的依据。

孵化厂建筑物四周应有安全围墙，其环境、建筑、设施卫生应符合动物防疫条件要求，并取得动物防疫条件合格证。全场应设置必要的防鸟防虫设施。

孵化厂还需要建设孵化废弃物和各种垃圾的无害化处理设施。

孵化厂的布局必须严格按照"种蛋→种蛋消毒→种蛋保存→种蛋处置（分级码盘等）→孵化→移盘→出雏→雏鹅处理（分级鉴别、预防接种等）→雏鹅存放"的生产流程进行规划。由"种蛋"到"出雏"，较小的孵化厂可采用长条流程布局；大型孵化厂，则应以孵化室、出雏室为中心，根据生产流程确定孵化厂的布局，安排其他各室的位置和面积，以减少运输距离和工作人员在各室之间不必要的往来，提高建筑物的利用率，有效改善孵化效果。

3. 孵化厂的建设要求　屋顶要铺防水材料以防漏雨，最好下面再铺一层隔热保温材料，夏季能有效防止室内高热；冬季便于保温，天花板不产生冷凝水滴。孵化厂的天花板、墙壁、地面最好用防火、防潮、既便于冲洗又便于消毒的材料来建造。地面和天花板的距离 3.4～3.8m。地面要平整光洁，便于清洁和消毒管理。在适当的地方设下水道，以便冲洗室内。

孵化室和出雏室最好是无柱结构，这样能使孵化机固定在合适的位置上，便于工作，也便于通风。

孵化室应坐北朝南。门高 2.4m，宽 1.2～1.5m，以便于搬运种蛋和运送雏鹅出入。门以密封性好的推拉门为宜。窗为长方形，要能随意开关。南面（向阳面）窗的面积可适当大些，以利采光和保温。窗的上、下面都要留活扇，以根据情况调节室内通风量，保持室内空气的清洁度。窗与地面的距离 1.4～1.5m。北墙上部应留小窗，距地面 1.7～1.9m。孵化室和出雏室之间应建移盘室，这样一方面便于移盘，另一方面能在孵化室和出雏室间起到缓冲作用，便于孵化室的操作管理和卫生防疫。有的孵化室和出雏室仅一门之隔，且门又不密封，出雏室污浊的气体很容易污染孵化室。尤其是出雏时，将出雏车或出雏盘放在孵化室，更容易对孵化室造成严重污染。

安装孵化机时，孵化机之间的距离应在 0.8m 以上，孵化机与墙壁之间的距离应不小于 1.1m（以不妨碍码盘和照蛋为原则），孵化器顶部距离天花板的高度应为 1～1.5m。

4. 孵化厂的通风系统　通风换气系统的设计和安装不仅要考虑为室内提供新鲜空气，排出二氧化碳、硫化氢及其他有害气体，同时还要把温度和湿度协调好，不能顾此失彼。孵化流程上的各室，最好各室单独通风，将废气排出室外。至少孵化室/车间与出雏室应各设一套单独通风系统，温度、湿度及通风的相关技术参数见表4-1、表4-2。为减少空气污染，出雏室的废气排出之前，应先通过带有消毒剂的水箱后再排出室外。否则带菌的绒毛污染空气散布孵化车间和其他各处，会造成大面积严重污染。据试验，通过有消毒液的水箱过滤后，可消灭气体中99％的病原微生物，大幅度提高空气的纯洁度，进而提高孵化率和雏鹅品质。

孵化厂的洗涤室内以负压通风为宜，其余各室均以正压通风为宜。

表4-1　孵化厂各室每千枚蛋空气流量

室外温度 （℃）	种蛋处置室 （m³/min）	孵化室 （m³/min）	出雏室 （m³/min）	雏鹅存放室 （m³/min）
−12.2	0.06	0.20	0.43	0.86
4.4	0.06	0.23	0.48	1.14
21.2	0.06	0.28	0.51	1.42
37.8	0.06	0.34	0.71	1.70

表4-2　孵化厂各室的温度、湿度及通风技术参数

室别	温度（℃）	相对湿度（％）	通风
孵化室、出雏室	24～26	70～75	最好用机械通风
雏鹅处理室	22～25	60	有机械通风设备
种蛋处置兼预热	10～24	50～65	人感到舒适
种蛋贮存室	10～18	75～80	无特殊要求
种蛋消毒室	24～26	75～80	有强力排风扇
公母鉴别室	22～26	55～60	人感到舒适

（二）孵化厂管理

孵化厂的经营管理水平、生产技术、规模直接影响着经济效益。

①控制种蛋来源。种蛋应来自健康、高产的鹅群，种蛋的孵化品质将直接影响孵化率、健雏率。

②应选择先进的孵化设备和用具，如佛山市任氏机械科技有限公司的鹅蛋孵化机及其配套设备，具有节能减排、稳定高效、操作简单等特点。

③降低雏鹅成本。影响成本的因素主要有种蛋破损率、管理水平、工作效率、工资水平、孵化机的利用率、孵化率、孵化厂规模、水电费、维修费以及

市场需求等。务必加强管理，有效生产，降低生产成本，增加效益。

④要按照孵化程序的科学要求进行过程管理，并结合目标考核管理，保证过程科学合理不出差错，目标令人满意。

二、种蛋入孵前准备

（一）种蛋收集

勤收种蛋可尽量保持胚胎发育的一致性，便于同步出雏，提高孵化率。尽快收蛋和消毒，可避免壳外细菌因蛋温下降所形成的负压经壳孔被吸入蛋内，进而影响孵化率。

产蛋期种鹅一般采用圈养和放养相结合的方式，圈内设产蛋箱，产蛋箱内要放入足够的清洁、干燥、吸湿能力强的垫料，如刨花、稻壳、花生壳、甘蔗渣、稻草、干草等。母鹅产蛋一般集中在午夜到黎明前，但部分鹅产蛋不规律。舍饲种鹅，一般每天集蛋 3 次，即 6：00—7：00、9：00—10：00、下午关鹅入舍前。种鹅产于水中的蛋（俗称天公蛋、水蛋）不宜孵化用。收集的种蛋应放入适合鹅蛋规格的塑料蛋盘内，以便于搬运和码蛋。

（二）种蛋选择

蛋品质对孵化率及雏鹅质量有很大影响，是孵化厂经营的关键技术环节之一。因此，孵化前应按照种蛋的要求严格选择。

1. 外观检查法

（1）蛋重选择　鹅蛋的最佳蛋重，不同品种间存在一定的差异。蛋重对孵化率、出壳重及生产性能等方面存在影响。一般来说，蛋重与孵化时间呈正相关，与雏鹅早期生长速度密切相关，中等大小的蛋孵化率比过大或过小的蛋要高，而青年母鹅初产蛋的孵化率、出壳重、雏鹅生长速度及活力均较低。因此，按蛋重分级孵化可提高孵化率及鹅群均匀性。

（2）蛋形选择　蛋形具有遗传性，入孵时应剔除畸形蛋，以减少下一代的畸形蛋率。过长、过圆以及葫芦形、腰鼓形、两端或一端尖形的异形蛋都不能作孵化用。

蛋形指数（纵径/横径）能衡量蛋的形状，鹅蛋的最佳蛋形指数为 1.4～1.5，蛋形指数与孵化率、健雏率密切相关（表 4-3）。

表 4-3　鹅蛋蛋形指数与孵化率、健雏率

蛋形指数	受精蛋孵化率（%）	健雏率（%）
1.39 以下	66.7	95.3
1.4～1.5	88.7	100
1.51～1.6	78.0	98.7
1.61 以上	37.5	91.7

　　同时，蛋形指数与孵化时间（表 4-4）及出壳重密切相关。蛋形指数低，如在 1.39 以下，出雏较早；蛋形指数高，如在 1.61 以上，则出雏较迟。

表 4-4　蛋形指数与不同时间的出雏率

蛋形指数	出雏时间			
	30d	31.0d	31.5d	32d 以上
1.39 以下	40.6	50	9.4	0
1.4～1.5	26.6	59.6	13.8	0
1.51～1.6	12.8	61.5	25.6	0
1.61 以上		50	30.6	19.4

　　（3）蛋壳选择　用作种蛋的蛋壳必须细致均匀，厚薄适度。鹅蛋的壳厚应为 $400～500\mu m$。蛋壳过厚或质地过于坚硬（俗称钢皮蛋）的种蛋，孵化时受热缓慢，水分不易蒸发，气体交换不畅，雏鹅破壳困难。蛋壳过薄或钙质沉淀不均匀，孵化过程中水分过度蒸发，失重过多，会造成胚胎代谢障碍。蛋壳表面粗糙、皱纹、裂痕的蛋孵化率较低，也不适宜作种蛋。

　　2. 听音法　在挑蛋入库时，要手、眼、耳并用，两手各拿 2～3 枚蛋，转动手指，使蛋之间轻轻碰击，听音辨蛋，俗称"摇蛋"。正常蛋声音清脆，破蛋声音嘶哑。

　　3. 照检法　超过 2 周的蛋为陈蛋，受精率、孵化率、健雏率均较低。用光照检是常用而有效的方法，应以气室小、蛋黄清晰、蛋白浓度均匀、蛋内无异物为标准，不选有裂纹、血斑和肉斑蛋、陈蛋，以及蛋黄颜色呈灰白色、暗黑色或蛋黄上浮、散黄、贴黄等的蛋。

　　（1）壳色　鲜蛋壳色纯正，附有石灰质颗粒，没有光泽；陈蛋蛋壳不清新，常有光泽。

　　（2）气室　鲜蛋气室小，高度一般不超过 5mm，陈蛋气室较大。

（3）蛋黄　鲜蛋蛋黄阴影不清晰，居于蛋的中心位置。陈蛋由于蛋白质的液化，蛋黄靠近蛋壳，阴影较为明显，稍稍晃动，飘忽不定，存放时间过长，蛋黄膜破裂变成散黄蛋，透视时蛋黄呈不规则阴影。

（三）种蛋保存

1. 入库及蛋库要求

（1）入库　种蛋入库应按场、区、棚舍、产蛋日期分开排放整齐，对库存期及数量要记录清楚。后入库的蛋应码在原有蛋的上方。

（2）蛋库要求　在蛋库内应装有准确的高低温度计，以检查温度变化范围。保持环境清洁、空气新鲜。贮蛋室和接触种蛋的蛋盘、蛋架等要保持清洁，蛋盘要有缝隙，不要把种蛋装在不透气的箱子内。贮蛋室内的空气一定要保持清新。可在库房安装风扇，以利于空气循环。保持库内温度、湿度均匀，并注意避免气流直接吹向种蛋。禁用气体加热器在蛋库升温，因为它会耗氧并产生废气。为避免降低蛋库湿度，宜用制冷机降温而不采用空调机降温。

2. 贮存期

种蛋保存时间与温度关系密切。在环境温度低于 18℃ 以下，保存时间在 6d 内时，孵化率较高；反之，孵化率则低。鹅蛋允许的贮存期为 10d，最好控制在 3～5d，不宜超过 7d，7d 后必须翻蛋，每天翻蛋 1～2 次。孵化率会随着贮存期的延长而逐渐下降，孵化率的下降并不是因为胚胎发育受到了影响，而是因为随着贮存期的延长蛋失重增加，而蛋失重与胚胎死亡率呈正相关。较长的贮存期会延长孵化时间，降低孵化率、健雏率。因此，贮存期较长的种蛋应提前入孵，以便与同批入孵的其他蛋同步出壳。

3. 贮存的温度与湿度

受精蛋在蛋的形成过程中已开始发育，产出体外后胚胎暂时停止发育，在一定条件下又开始发育，胚胎发育的临界温度为 23.9℃。超过这个温度，胚胎从休眠状态中苏醒过来继续发育，但发育不完全、不稳定，胚胎容易早期死亡。如果种蛋长时间保存在温度较低的环境中，易引起胚胎生活力下降，以致死亡，种蛋保存的适宜温度为 13～16℃。

种蛋内的水分通过气孔向外蒸发，蒸发速度与蛋库的相对湿度呈反比，为尽量减少蛋失重，应保持蛋库相对湿度为 75%～85%，湿度过高霉菌容易生长。

4. 贮存位置

鹅蛋的贮存及孵化位置应以平放为宜，也可大头朝上稍倾斜存放。不同的贮存及孵化位置会影响孵化率（表 4-5）。

表 4-5　鹅蛋孵化摆放方式与孵化率的关系（％）

组别	受精蛋孵化率
平放	92.6
大头向上倾斜	90.0
大头向上竖放	84.2

（四）种蛋包装和运输

1. 种蛋包装　种蛋引进及外销需要长途运输，如果保护不当，往往引起破损和系带松弛、气室破裂等，致使孵化率下降。

种蛋的包装工具可用蛋箱，也可用厚纸箱或竹筐。纸箱内用硬纸片做成方格，每格平放一枚蛋，两层之间用纸片隔开。用竹筐装蛋，在四周应放上一层垫料，蛋与蛋之间的空隙用垫料塞满，垫料可用锯末、稻草、糠壳、刨花等。另外，应在纸箱或竹筐上标明"种蛋""系别""勿倒置""防雨""防震""防压"等。

2. 种蛋运输　种蛋应做到平稳地运到目的地，冬季注意防冻，夏季注意防热，尽量防止种蛋的日晒雨淋。不管采用何种方式运输种蛋，到达目的地后均应尽快开箱检查，剔除破蛋，尽快入孵。

三、现代机器孵化管理

（一）种蛋入孵

1. 入孵前的准备

（1）制订孵化计划　孵化前，根据孵化与出雏能力、种蛋数量以及雏鹅销售等具体情况，制订孵化计划，填入孵化工作日程计划表，非特殊情况不能随意更改计划，以便孵化工作顺利进行。

制订计划时，尽量把费力、费时的工作（如入孵、照蛋、移盘、出雏等）错开。一般每 3d 入孵一批，采用分组作业（码盘、入孵、照蛋，移盘、出雏，雏鹅公母鉴别等作业组），工作效率较高。以下午 4 时后入孵为好，这样大批出雏的时间在白天，方便后续工作。

（2）准备孵化用品　孵化用品应准备齐全，包括照蛋灯、温度计、消毒药品、记录表格和易损坏电器元件、电动机等。

（3）验表试机　孵化前须对孵化器进行校正、检验各机件的性能，将隐患消灭在入孵前。

验表指孵化用的温度计和水银电接点温度计要用标准温度计校正。方法是将上述温度计与标准温度计插入38℃温水中观察温差，反贴上温差标记。如孵化用温度计比标准温度计低0.5℃，则贴上"＋0.5℃"。记录孵化温度时，将所观察到的温度加上0.5℃。

试机运转主要是听风扇叶是否碰擦侧壁或孵化架，叶片螺丝是否松动；蜗轮蜗杆转蛋装置的限位螺栓的螺丝是否拧紧；如为手动转蛋系统的孵化器，应手摇转蛋杆，观察蛋盘架转动角度是否为55°。上述检查未发现异常后，即可接通电源，扳动电热开关，供温、供湿，然后分别接通或断开控温（控湿）警铃等系统的触点，看接触是否严紧。接着调节控温（控湿）的水银电接点温度计至所需度数（如控温表37.8℃，控湿表65％）。待达到所需温度、湿度，看是否能自动切断电源或水源，然后开机门并关闭电热开关，使孵化器降温。再关机门，开电热开关，反复测试数次。最后开警铃开关，将控温水银电接点温度计调至39℃，报警水银电接点温度计调至38.5℃，观察孵化器内温度超过38.5℃时，报警器是否能自动报警。经过上述检查均无异常，方可正式入孵。新式的孵化机，可由厂家完成安装和调试。

（4）孵化器消毒　对孵化器进行彻底清洗和消毒。孵化器消毒方法：取出蛋车及蛋盘，用水冲洗机壳内外壁及底部，再用新洁尔灭擦洗孵化器内外表面（注意不能用高压水枪冲洗机壳内壁，避免水溅到控制元件上，导致机器故障）。洗净后，将已冲洗干净的蛋车及蛋盘送入机内，再用熏蒸法消毒孵化器，每立方米用福尔马林42mL、高锰酸钾21g，在温度24℃、湿度75％以上的条件下，密闭熏蒸1h，然后开机门和进出气孔通风1h左右，驱除甲醛气体后，方可进行下一批入孵。

2. 种蛋消毒　在孵化前对种蛋进行严格的消毒处理，可保证孵出健康的雏鹅，提高雏鹅成活率，增加鹅场的经济效益。

种蛋的消毒方法很多，可根据方便、实用、保证效果的原则进行选择。下面列举一些常用的种蛋消毒方法，供参考。

（1）福尔马林熏蒸消毒法　将种蛋放入消毒室内，按每立方米空间用福尔马林28mL、高锰酸钾14g的量准备药物。消毒前先将室内温度调节到20～24℃、相对湿度调节到75％～80％；再把称好的高锰酸钾预先放在一个陶瓷或玻璃容器内（容器大小为福尔马林用量的 10 倍以上），将容器放在室内中央，然后按用量加入福尔马林，随即关闭门窗，密闭熏蒸 1～1.5h 即可。消毒完毕后打开门窗，24h 后便可入孵。

（2）新洁尔灭消毒法　先按 5 份新洁尔灭原液加 95 份水的比例配成 5% 的溶液，使用时再加温水配成 0.02%～0.1% 的溶液，用该溶液喷洒或浸洗种蛋。蛋面药液干后即可入孵。

（3）漂白粉消毒法　将种蛋浸入含有效氯 1.5% 的漂白粉溶液中 3min，取出放入种蛋盘内晾干后入孵。此法需在通风处进行。

（4）高锰酸钾消毒法　将高锰酸钾配成 0.01%～0.05% 的水溶液（水溶液呈浅紫红色），置入大盆内，水温保持在 40℃ 左右，然后将种蛋放入盆内浸泡 3min，并洗去蛋壳上的污物，取出晾干后即可入孵。

（5）碘液消毒法　入孵前将种蛋放入 0.1% 的碘液内浸泡 0.5min，取出洗净污物。此法可杀灭蛋壳上的杂菌和白痢杆菌。

（6）抗生素药液浸泡消毒法　抗生素药液浸泡种蛋不仅能杀灭蛋壳表面细菌，还能杀灭蛋壳内经蛋传递的鸡白痢、伤寒、副伤寒、大肠杆菌病等疾病的病原体。在水盆内先放入 25kg 25～30℃ 的温水，然后加入 40 万 IU 的青霉素和 100 万 IU 链霉素各 20 支，溶解后浸泡种蛋片刻，晾干后入孵，可提高孵化率 3.3%、健雏率 4.6%、成活率 4.5%。

（7）维生素、碘、蛋氨酸处理种蛋法　试验表明，用维生素 A、维生素 D_3 或维生素 B_{12} 等溶液浸泡种蛋 5～10min 能提高种蛋孵化率 5%～10%。用碘处理种蛋一般可提高孵化率 16%，在缺碘地区效果更为显著。具体方法：用 60mg 碘化钾和 28g 碘溶于 10mg 水中，溶解后加入水至 400mL，水温 40℃，浸泡 5min 后取出晾干入孵；蛋氨酸处理方法是在入孵 12h、24h、48h 后的 3 个不同时期分别把种蛋放在 1%～1.5%、水温 16～18℃ 蛋氨酸溶液中浸泡 5min，然后继续入孵，可提高孵化率 5% 以上。

3. 种蛋预热　种蛋在上机前预热可提高孵化率，因将冷蛋直接放入孵化器会降低孵化温度，影响鹅胚的发育。将冷蛋直接放入孵化器，还会在蛋上凝结水珠，影响入孵消毒效果。预热还可使胚胎有一个复苏的过程，降低温度变化对胚胎的影响。种蛋预热方法：入孵前，将种蛋在 22～25℃ 环境中放置 4～9h 或 12～18h。在 36～38℃ 环境中预热 6～8h 虽然能提高孵化率，但会增加设备和开支，生产上很少采用。

4. 码盘 将已预热的种蛋码在孵化蛋盘上称为码盘。鹅蛋码盘时应平放，这样可提高"合拢"率。因为蛋大，大头向上时尿囊从绒毛膜大头生长至小头距离长，使一些弱胚的尿囊绒毛膜发育达不到小头，而平放缩短了尿囊绒毛膜发育距离。同样道理，鹅蛋平放有利蛋白通过浆羊膜道进入羊膜腔，故"封门"胚蛋比例比大头向上垂直放置高。将码好蛋的孵化蛋盘装在有活动轮子的孵化盘车上，挂上明显标记（注明码盘时间、品种、数量、入孵时间、批次和入孵台号等）。整批孵化时，可将孵化盘车直接推入孵化器（无底架车式孵化器）中，若分批入孵，新蛋孵化盘与老蛋孵化盘应交错插放。这样新、老蛋可相互调温，使孵化器里的温度较均匀，同时还能使孵化架重量平衡。为避免差错，不同批次的种蛋要做好标记。

（二）孵化期管理

1. 鹅蛋的孵化条件 种蛋经过孵化成为雏鹅，需要依赖外界环境条件提供适宜的温度、湿度、通风、翻蛋、凉蛋等才能完成。由于胚胎发育过程中不同阶段物质代谢不同，所需要的孵化条件也不完全相同，为使胚胎正常发育，取得良好的孵化效果，必须提供最适宜的孵化条件。

（1）温度 是鹅胚胎发育最主要的因素，它决定胚胎的生长、发育和生活力。在孵化过程中，胚胎发育对温度的变化非常敏感，适宜的孵化温度是鹅胚胎正常生长发育的保证，正确掌握和运用孵化温度是提高孵化率和健雏率的首要条件。

孵化过程中给温标准受多种因素影响，如地域、孵化器类型、品种、蛋壳质量、蛋重、保存时间、入孵蛋数量等，为此应结合实际情况，在给温范围内灵活掌握运用。小型鹅种给温应稍低于中、大型鹅种；夏季室温较高时，孵化温度应低于冬、春季节等。胚胎发育对孵化温度有一定的适应能力，但鹅胚对稍高于或低于适宜的温度范围很敏感，超过给温范围会影响胚胎的正常发育。温度偏高，胚胎发育加快，孵化期缩短，出壳雏鹅体质弱；温度偏低，胚胎生长发育速度减慢，孵化期延长。高温对胚胎的致死界限较窄，危险性较大，如果胚蛋温度达到 42℃，经 2~3h 就可以造成胚胎死亡；低温对胚胎的致死界限较宽，危险性相对较小。

由于鹅蛋的脂肪含量和热量水平比鸡蛋、鸭蛋高，所以孵化温度应比鸡蛋、鸭蛋低。孵化初期，胚胎的物质代谢处于初级阶段，产热较少，又无体温调节能力，需要比较稳定和稍高的温度，以刺激糖类代谢，促进胚胎发育。温度过高，易使心脏和血管过度疲劳而出血，出现死亡。孵化中期，随着胚胎发育，体内产热逐渐增加，孵化温度应适当降低；孵化后期，胚胎产生大量体热，这时可以利用胚胎的自温进行摊床孵化，如果在出雏前不降低孵化温度，体热散发困难，有害代谢产物积聚，会导致胚胎死亡。孵化期内孵化温度总的要求是前高后低，在孵化的中、后期严防超温。立体孵化器常采用以下两种施温方案。

①恒温孵化（分批入孵）：在种蛋来源不充足的情况下，通常采用恒温孵化。一般孵化器内有 3～4 批种蛋，充分利用胚胎的代谢热作为热源，以满足不同胚龄种蛋对温度的需要，既可减少"自温"超温，又可节约能源。入孵时，新老蛋的位置交错放置，这样老蛋多余的代谢热被新蛋吸收，解决了同一温度条件下新蛋温度偏低、老蛋温度偏高的矛盾，从而提高孵化率。一般机内空气温度控制在 37.8℃（表 4-6）。

表 4-6　鹅蛋恒温孵化施温参考

胚　龄（d）	孵化室内温度（℃）	孵化机内的温度（℃）
1～31	23.9～29.4	37.8
1～31	29.4 以上	37.5

②变温孵化（整批入孵）：适合于种蛋来源充足的情况下采用。由于鹅蛋较大，蛋内脂肪含量较高，在孵化的 14～15d 后，代谢热上升较快，如不调整孵化机内温度，会出现机内局部超温而引起胚胎死亡。变温孵化是根据不同胚龄胚胎发育的情况，采取适宜的孵化温度，施温原则为"前高、中平、后低"，要做到"看胚施温"，灵活掌握，具体可参考表 4-7。

表 4-7　鹅蛋变温孵化施温参考（℃）

品　种	孵化室温度	孵化机内温度				适宜季节
		1～9d	10～16d	17～22d	22d 至出壳	
中小型	23.9～29.4	38.1	37.8	37.5	37.2	冬季、早春
		38.1	37.5	37.2	36.9	春季
	29.4 以上	37.8	37.4	37.0	36.7	夏季
大　型	23.9～29.4	37.8	37.5	37.2	36.9	春季
	29.4 以上	37.8	37.4	37.0	36.7	夏季

（2）相对湿度 湿度是影响鹅蛋孵化率的第二个重要因素。孵化期内，适宜的湿度可调节蛋内水分的蒸发，并与胚胎物质代谢有关，可使胚蛋受热均匀，出壳时湿度使蛋壳中的碳酸钙变为碳酸氢钙，蛋壳变脆，利于雏鹅啄壳、破壳。湿度过高，阻碍蛋内水分正常蒸发，胚胎发育迟缓，出雏期延迟，雏鹅肚子大，生活力差，成活率低；若湿度不够，蛋内水分蒸发过快，易引起胚胎与壳膜粘连，出壳困难，孵出的雏鹅瘦小，绒毛枯短。

孵化的不同阶段对湿度的要求不同，基本的控制原则是"两头高，中间低"。孵化初期胚胎要产生羊水和尿囊液，湿度要求较高；孵化中期胚胎要排出羊水和尿囊液，湿度应低些；孵化后期为使有适当的水分与空气中的二氧化碳作用产生碳酸，使蛋壳中的碳酸钙转变为碳酸氢钙而变脆，有利于胚胎破壳而出，并防止雏鹅绒毛与蛋壳粘连，要求较高的湿度。因此，鹅蛋孵化的第1～9天，相对湿度可控制在60%～65%；第10～26天为50%～55%；第27～31天为65%～70%；孵化后期如湿度不够，还可向蛋面上喷洒温水。若采用分批孵化，孵化器内有不同胚龄的胚蛋，相对湿度应控制在50%～60%，出雏期间增加到65%～70%。

（3）通气 胚胎在发育过程中，需要不断地进行气体交换，吸收氧气，排出二氧化碳和水分，孵化过程中通风换气，可以不断地为胚胎提供需要的氧气，及时排出二氧化碳，保证胚胎气体代谢和生理功能的正常进行，还可起到均匀机内温度、驱散余热等作用。

胚胎对氧气的需要是随着胚龄的增大而增加的，胚龄越大，对氧气的需求量越大，二氧化碳的排出量也越大。早期胚胎主要通过卵黄囊血管从卵黄中获得氧气；胚胎发育到中期，气体代谢依靠尿囊进行，通过气室气孔直接利用空气中的氧气；孵化后期，胚胎开始从尿囊呼吸转为肺呼吸，耗氧量和二氧化碳排出量大量增加。一般来说，胚胎周围空气中二氧化碳含量不得超过0.5%。若孵化机内二氧化碳含量超过1%，孵化率会下降15%，如不及时通风换气，畸形、死胚会急剧增加。

（4）翻蛋 又称为转蛋，是人工孵化获得高孵化率的必要条件之一。由于蛋黄脂肪含量高，比重轻，总是漂浮在蛋的上部，胚胎又浮在蛋黄的上部，如果长时间放置不动，就会与壳膜粘连，影响胚胎发育，在孵化期间，必须定时翻蛋。通过翻蛋，可防止胚胎粘连，减少死亡率，提高孵化率；翻蛋能促进胚胎运动，保持胎位正常，改善羊膜血液循环，增加卵黄囊血管和尿囊血管与蛋黄和蛋白的接触面积，利于胚胎吸收营养；翻蛋还可促使机内不同部位的胚胎受热和通风更加均匀，促进胚胎吸入氧气和排出废气，利于胚胎发育；翻蛋还可减缓羊水损失，使胚胎在湿润环境下顺利啄壳、出雏。和其他鹅蛋孵化要求一样，狮头鹅蛋需要接近180°的大角度翻蛋。

（5）凉蛋　对鹅蛋有着特殊的生物学意义，是鹅蛋孵化的关键技术之一。首先，鹅蛋比鸡蛋大，其单位重量所具有的表面积相对较小，散热能力比鸡蛋弱，加上鹅蛋脂肪含量高，孵化16～17d以后脂肪代谢能力增强，因此，产生的生理代谢热较多。如果多余的热量不能及时散出去，蛋的温度就会升高，影响胚胎发育，甚至造成胚胎死亡。其次，鹅胚从尿囊绒毛膜呼吸转为肺呼吸时，需氧量比鸡胚高3倍。在孵化后期采取凉蛋措施有助于胚胎吸收氧气，排出二氧化碳，促进气体代谢，及时散热，提高孵化率。第三，外界温度的变化对胚胎也有刺激和锻炼作用，可提高胚胎生活力。

2. 孵化过程的操作技术

（1）温度调节　孵化器控温系统，在入孵前已经校正。检验并试机运转正常，一般不要随意变更。刚入孵时，打开机门可引起热量散失以及种蛋和孵化盘吸热，因此孵化器里温度暂时降低是正常现象。待蛋温、盘温与孵化器里的温度相同时，孵化器温度就会恢复正常。这个过程历时数小时（少则3～4h，多则6～8h）。即使暂时性停电或修理引起机温下降，一般也不必调整孵化机温度，在正常情况下机温偏低或偏高0.5～1℃时，才进行调整，并密切关注温度变化情况。

在孵化过程中，一般每隔0.5h通过观察窗里面的温度计观察一次温度，每2h记录一次温度。有经验的孵化员，还经常用手触摸胚蛋或将胚蛋放在眼皮上测温，必要时还可照蛋，以了解胚胎发育情况和孵化给温是否合适。

（2）相对湿度调节　孵化器观察窗内挂干湿球温度计，每2h观察记录1次，并换算出机内的相对湿度。要注意包裹湿度计棉纱的清洁，适时加入蒸馏水。

相对湿度的调节，是通过放置水盘，控制水温、水位或确定湿度计温度来实现的。湿度偏低时，可增加水盘扩大蒸发面积，提高水温和降低水位（水分蒸发快），加快蒸发速度。还可在孵化室地面洒水，改善环境湿度，必要时可用温水直接喷洒胚蛋。出雏时，要及时捞去水盘表面的绒毛。采用喷雾供湿的孵化器，要注意水质，水应经过滤或软化后使用，以免堵塞喷头。

（3）翻蛋　机器孵化翻蛋的角度最小应达 90°，最好达到 110°，一般每 2h 翻蛋 1 次，翻蛋频率要视具体情况而定。手动转蛋要稳、轻、慢；自动转蛋应先按动转蛋开关的按钮，待转到一侧 55° 自动停止后，再将转蛋开关扳至"自动"位置，以后会按照设定自动转蛋。但遇切断电源时，要重复上述操作，这样自动转蛋才能起作用。

（4）照蛋　要稳、准、快，尽量缩短时间，有条件时可提高室温。抽放盘时，有意识地对角倒盘（即左上角与右下角孵化盘对调，右上角与左下角孵化盘对调），以调节孵化器内温度。放盘时，孵化盘要固定牢，照蛋完毕后再全部检查一遍，以免转蛋时滑出。最后统计无精蛋、死精蛋及破蛋数，登记入表，计算受精率。

（5）凉蛋　通常鹅蛋孵化至 16d 时开始凉蛋，每天凉蛋 2～3 次，每次多则 30～40min，少则 15～20min。如果是整批入孵的蛋，采用机内凉蛋，关闭供温电路，停止给温，打开机门，让风机继续运行，达到凉蛋目的后继续孵化；如果是分批入孵不同日龄种蛋，采用机外凉蛋，将胚龄大的蛋取出孵化机，在室温下凉蛋。温度可用眼皮测试，将蛋放在眼皮上，感觉不发烫又不发凉即可放入机内。夏季凉蛋时蛋温不易下降，可将 25～30℃ 的温水喷在蛋面上，表面见有露珠即可，以达到降温和增加蛋壳通透性的目的。凉蛋的次数和每次凉蛋的时间根据季节、室温和胚胎发育程度而定，视具体情况灵活运用。如胚胎发育较慢时，可推迟 1～2d 凉蛋，或者减少凉蛋次数和每次凉蛋时间；如发育过快，则可提前凉蛋或增加凉蛋次数和时间。

（6）移盘（落盘）　鹅胚孵至 28d 时，将胚蛋从孵化器的孵化盘移到出雏器的出雏盘，称移盘或落盘。鹅蛋孵满 27d 再移盘较为合适。具体掌握在约 10% 鹅胚啄壳时进行移盘。

落盘前 12h 使出雏器开机升温，等待温湿度稳定。移盘时，如有条件应提高室温，动作要轻、稳、快，尽量减少碰破胚蛋，缩短胚蛋在机外的时间。最上层出雏盘加铁丝网罩，以防雏鹅窜出。目前国内多采用手工拣蛋移盘（每只手各拿 3 枚蛋平放在出雏盘里）。

出雏期间，用纸遮住观察窗，使出雏器里保持黑暗，这样出壳的雏鹅安静，不致因骚动踩破未出壳的胚蛋，影响出雏效果。

（7）雏鹅消毒　雏鹅一般不必消毒，只有出壳期间发生脐炎时，才消毒。可采取如下消毒方法。

①在移盘后，胚蛋有 10% "打嘴" 时，每立方米用福尔马林 14mL 和高锰酸钾 7g，熏蒸 20min，但有 20% 以上 "打嘴" 时不宜采用。

②第 20～21 天，每立方米用福尔马林 20～30mL 加温水 40mL，置于出雏器底部，使其自然挥发。

③在大部分出壳的雏鹅毛未干时，每立方米用福尔马林 14mL 和高锰酸钾 7g，熏蒸 3min。

（8）拣雏与人工助产

①拣雏：在成批出雏后，每 4h 左右拣雏 1 次。也可以出雏 30%～40% 时拣第一次，60%～70% 时拣第二次，最后再拣一次并 "扫盘"。拣雏时动作要轻、快，尽量避免碰破胚蛋。前后开门的出雏器，不要同时打开，以免温度大幅度下降而推迟出雏。拣出绒毛已干雏鹅的同时，拣出蛋壳，以防蛋壳套在其他胚蛋上闷死雏鹅。大部分出雏后（第二次拣雏后），将已 "打嘴" 的胚蛋并盘集中，放在上层，以促进弱胚出雏。

②人工助产：对已啄壳但无力自行破壳的雏鹅进行人工出壳，称为人工助产。鹅胚胎从啄壳至出雏时间长达 24～38h 时，一般需进行适当助产。鹅一般在大批出雏后，将蛋壳膜已枯黄的胚蛋（说明该胚蛋蛋黄已进入腹腔，脐部已愈合，尿囊绒毛膜已完全干枯萎缩），轻轻剥离粘连处，把头、颈、翅拉出壳外，令其自行挣扎出壳。蛋壳膜湿润发白的胚蛋，不能进行人工助产，因其卵黄囊未完全进入腹腔或脐部未完全愈合，尿囊绒毛膜血管也未完全萎缩干枯，若强行助产，将会使尿囊绒毛膜血管破裂流血，造成雏鹅死亡或成为毫无价值的残弱雏。啄壳后蛋内水分蒸发加速，尿囊绒毛膜很容易干枯贴壳，所以要增加湿度和降低温度。试图通过提高温度来促其出雏，会造成残弱雏增加。

（9）清扫消毒　出雏完毕（一般在第 31 天胚龄的上半天），首先拣出死胎（毛蛋）和残、死雏，并分别登记入表，然后对出雏器、出雏室、洗涤室彻底清扫消毒。

（三）初生雏鹅处理

1. 留种　为培育出健壮、高产的种鹅，保证种鹅的质量，应选择健雏留作种鹅。健雏的选留标准为大小均匀，体重符合品种要求，绒毛整齐，富有光泽，腹部大小适中，脐部收缩良好，眼大有神，行动灵活，抓在手中挣扎有力。淘汰体重较小、有伤残、有杂色羽毛的个体。

2. 性别鉴定

（1）翻肛法　将雏鹅握于左手掌中，用左手的中指和无名指夹住颈部，使其腹部向上，然后用右手的拇指和食指放在泄殖腔两侧，用力轻轻翻开泄殖腔。如果在泄殖腔口见有螺旋形的突起（阴茎的雏形），则为公鹅；如果看不到螺旋形的突起，只有三角瓣形皱褶，则为母鹅。

（2）捏肛法　此法简单，快速，准确率高。具体操作方法是以左手拇指和食指在雏鹅颈前分开，握住雏鹅；右手拇指与食指轻轻将泄殖腔两侧捏住，上下或前后稍一揉搓，感觉有一个似芝麻粒或油菜籽大小的小突起，尖端可以滑动，根端相对固定，即公鹅的阴茎；否则为母鹅。初学时可多捏摸几次，但用力要轻，更不能来回搓动，以免伤其肛门。

（3）顶肛法　左手握住雏鹅，以右手食指和无名指左右夹住雏鹅体侧，中指在其肛门外轻轻往上一顶，如感觉有小突起，则为公鹅。顶肛法比捏肛法难于掌握，但熟练以后速度较快。

（4）外形鉴别法　一般公雏鹅体格较大，身体较长，头较大，颈较长，喙甲较长而阔，眼较圆，腹部稍平贴，站立的姿势比较直；母雏鹅体格稍小，身躯较短圆，头较小，颈较短，喙甲短而窄，眼较长圆，腹部稍下垂，站立的姿势稍斜。

（5）动作鉴别法　若在大母鹅面前试行追赶雏鹅，公雏则低头伸颈发出惊恐鸣声，母雏高昂着头，不断发出叫声。公雏鸣声高、尖、清晰；母雏叫声低、粗、沉浊。

（6）羽毛鉴别法　有色的雏鹅，如灰鹅，公雏羽色总是比母雏稍淡。如意大利白鹅，10日龄内可以根据雏鹅绒羽颜色自别公母。

以上鉴定方法只有前3种准确率较高，可以用于育种工作，后3种仅作为参考。

3. 雏鹅包装运输　随着养鹅业的蓬勃发展，鹅雏运送量增加，为提高运送成活率，在运送鹅雏时要注意以下几点。

（1）分装密度　是影响运雏成败的重要因素。要留有适宜空间，有利于空气流通。要根据气温、雏箱体积、运输方式、运输距离等综合考虑，原则是体大稀、体小密，高温稀、低温密，路远稀、路近密。

（2）保证运送车辆安全卫生　装运鹅雏的工具透气性要好，运送车辆要做到冬暖夏凉，并在装鹅雏前对车辆和笼具消毒、清洁、杀灭病原，安全运送。

（3）运送人员应具备一定的专业知识　能观察雏鹅的精神状态和异常反应，及时采取相应的紧急技术措施。随车携带急救药品，发现问题及时处理，确保鹅雏途中安全。

（4）包装和运输工具要求　如果是短途运输可使用较简单的包装，如纸箱、篾编的竹篮或竹筐等，在底部铺上柔软的垫草或木屑；如果是长途运输，可用纸盒，规格设计为 4 格，每格容鹅量以 15～20 只为宜，纸箱的高度也应按比例增高至 20cm 左右。雏鹅运输的工具如果为竹筐，竹筐的直径为 100～120cm，每筐装雏鹅70～80 只。

（5）注意运输时间的控制　雏鹅的运输以在孵出后 8～12h 到达目的地最好，最迟不得超过 20h。

（6）长途运输的管理　在冬季和早春时节，选择晴暖天气运送，不让贼风吹袭鹅雏，防止着凉感冒。运输途中应注意保温，勤检查雏鹅动态，防止雏鹅打堆受热，绒毛发湿，俗称"出汗"。夏季运输过程中防止日晒雨淋，防止中暑，选择早晚和夜里运送，不顶烈日行车。运输途中不能喂食，如果路途距离较长，设法让雏鹅饮水，可在水中加入多种维生素（每千克水中 1g），以免引起雏鹅脱水而影响成活率。

（7）做好运送和接收的衔接　在运送前与接收方协商好接收的准备工作、接收人员等，鹅雏一到，接收方就立即将鹅雏运走，不在机场、车站等地停留。

（8）做好开食工作　到达目的地后，立即将鹅雏放入育雏室，休息片刻，饲喂葡萄糖加维生素 C 的饮水。饮水后，鹅雏活动数小时，即可开食，饲料用软硬适度的碎粒配合饲料或米饭，饲喂五成饱，过 2～3h，再饲喂第 2 次饲料，供足清洁饮水，让鹅雏自由饮用，能够帮助鹅雏快速恢复体力。

四、孵化效果检测

（一）照蛋检查

照蛋是用光源检查孵化效果的常用方法。通过照蛋，可以知道不同时期的胚胎发育程度，然后与标准对照，及时调整孵化条件，所谓"看胚施温"，提高孵化率。

胚胎发育过程中通常照蛋 2～3 次，有时还要不定期抽检。通常照蛋的日龄安排在第 5、15、24、26、28 天进行，在这些时间胚胎发生明显变化，分别

出现"蚊虫珠""合拢""封门""斜口""闪毛"现象。孵化条件正常时应该有70%～80%的胚胎按时出现上述现象。

（二）蛋重检测

随着胚龄的增加，胚蛋由于水分的蒸发，蛋白、蛋黄等营养物质的消耗，胚蛋的重量按照一定比例减轻，通常孵化第5天胚蛋减重1.5%～2%，第10天减重11%～12.5%，出壳时雏鹅的重量为蛋重的62%～65%。在孵化过程中可以抽样称重测定，根据气室大小的变化和后期胚胎的形态，了解和判断相对湿度是否适宜。

（三）死胚的观察和剖检

对孵化不同日龄检出的死胚进行剖解，分析死亡原因，改进孵化管理。观察胎位是否正常，各组织器官的出现和发育情况，孵化后期还应观察皮肤、内脏是否充血、出血、水肿等，综合判断死亡原因，必要时可将死胚蛋做微生物检验，检查是否感染传染性疾病。

（四）出雏的观察与检查

在正常的孵化条件下，孵化29d可见有啄壳，啄壳后12h可见出雏，一般30d的后半天到31d的前半天是出雏的高峰阶段，满31d出雏基本完成。如孵化条件不正常，出雏时间提早或推迟，出雏高峰不明显，出雏时间较长，有的甚至到31d还有多数未能出壳，应立即查明原因，采取有效措施。

可从雏鹅外形进行检查：如雏鹅的卵黄吸收、脐部愈合情况，绒毛、神态和体型等。健雏脐部吸收良好，绒毛清洁而有光泽，腹部绒毛干燥覆盖脐部，体型匀称，强健有力等，说明孵化条件适宜。弱雏绒毛脏污蓬乱，脐部愈合不良，卵黄吸收不良，腹部较大，站立不稳。大小不整齐，表明孵化条件不正常。

结合出雏情况的观察和雏鹅健康状况的检查，并与孵化记录、孵化成绩一起分析，总结经验，不断提高孵化效果。

（五）孵化指标计算

1. 种蛋合格率　指种母鹅在规定的产蛋期内所产的符合本品种要求的种蛋占产蛋总数的百分比。它可反映种鹅的产蛋性能、饲料营养、饲养管理等情况。公式为：

$$种蛋合格率＝（合格种蛋数/产蛋总数）×100\%$$

2. 种蛋受精率　指受精蛋占入孵蛋的百分比。血圈、血线蛋按受精蛋计算；散黄蛋按无精蛋计算。公式为：

$$种蛋受精率＝（受精蛋数/入孵蛋数）×100\%$$

3. 孵化率（出雏率）　有受精蛋孵化率和入孵蛋孵化率两种。前者以受精蛋为基础，后者以入孵蛋（合格种蛋）为基础。公式分别为：

$$受精蛋孵化率＝（出雏数/受精蛋数）×100\%$$

$$入孵蛋孵化率＝（出雏数/入孵蛋数）×100\%$$

4. 健雏率　健康雏鹅数占出雏数的百分比。公式为：

$$健雏率＝（健雏数/出雏数）×100\%$$

5. 单位种母鹅年提供健雏数　指一只母鹅一个产蛋年内能提供的健雏数。

第五节　提高种鹅繁殖力技术措施

鹅的繁殖力低下是制约鹅业规模化、产业化和全年均衡生产的重要因素之一。提高种鹅繁殖力应该采用综合的技术手段，包括高繁殖性能品种（系）的培育、充分发挥种鹅繁殖潜力的环境条件探索、高效的种蛋孵化技术等。品种（系）培育前面已经介绍，这里从提高种蛋受精率和孵化效率两个方面介绍可以采取的技术措施。

一、提高种蛋受精率

（一）营养与饲养

通过合理的营养调控，控制种鹅性成熟、产蛋量和蛋品质。鹅育成期生长状况，产蛋期的营养供给情况，以及光照制度、限制饲养等饲养方法是否妥当，直接影响鹅繁殖性能发挥。因此，要按照种鹅的生长发育规律及繁殖规律特点，各阶段采取不同的营养需要量进行科学饲养。

（二）投苗与管理

鹅繁殖性能的表现还与投苗季节和管理有很大关系。我国很多地区习惯于

在早春投苗饲养种鹅，因为此时投苗，种鹅产蛋性能表现最佳。管理直接影响种鹅的生长和产蛋。如进行强制换羽，可以缩短种鹅的换羽时间，提高下一个产蛋期开产的整齐度等。按照科学方法，对种鹅进行阶段饲养、给予合理的光照和营养、科学防病和治病，以及尽量减少应激因素的干扰等，是提高繁殖力的重要措施。

（三）采用人工授精

人工授精技术可以使单只公鹅配种的母鹅数量大大增加，从而扩大优秀种公鹅的影响力，充分发挥其繁殖性能潜力。

（四）优选公、母鹅

应在母鹅产蛋前进行优选工作。公鹅应选择体大，毛纯，胸厚，颈、腿粗长，两眼有神，叫声洪亮，行动灵活，具有雄性特征的公鹅；手执公鹅的颈部提起离开地面时，公鹅两脚作游泳样猛烈划动，同时两翅频频拍打。公鹅选择时，特别是要进行阴茎的查看。淘汰阴茎发育不良的公鹅。有条件的种鹅场，还应进行公鹅精液品质检测，淘汰精液品质差的公鹅。母鹅在产蛋前一个月应严格选择定群。母鹅选择的标准为外貌清秀，前躯宽深，臀部宽而丰满，肥瘦适中，颈相对较细长，眼睛有神，两脚距离适中，全身被毛细而实；腹部饱满，触摸柔软而有弹性；肛门羽毛形成钟状；特别检查耻骨端是否柔软而有弹性，耻骨间距应在二指宽以上。

（五）科学搭配公、母鹅比例

根据饲养品种要求，合理搭配公、母鹅。狮头鹅公母比例为 1：（4～5）。若公鹅较多，则不仅浪费饲料，还会互相争斗、争配，影响受精率。如果公鹅过少，产蛋母鹅得不到充分交配，也会影响受精率。

（六）适时更新换代

公鹅的利用年限一般为 2～3 年，不超过 4 年；母鹅一般利用 3～4 年，不超过 5 年。每年在产蛋临近尾声时，要对鹅群进行严格的选择淘汰。同时补充新的公、母鹅。规模化养鹅场，种鹅饲养提倡全进全出制，不提倡不同年龄的种鹅同群饲养。这种情况下，鹅群一般可利用 3 年，然后一次性淘汰。

（七）科学设置洗浴池

鹅是水禽，自然交配时以水面交配受精率最高。一般每只种鹅应有1.0m²的水面运动场，水深度40cm以上，不宜过深。若水面太宽，则鹅群较分散，配种机会减少；若水面太窄，鹅过于集中，会出现争配以及相互干扰的现象，这样都会影响受精率。水源最好是活水，缓慢流动，且水质良好。若水面运动场的水被污染，则将直接影响种蛋受精率，同时间接影响孵化率。鹅的交配多半是在水面上进行，早晚交配频繁。如果是放牧饲养的种鹅，在早上出圈和晚上归宿前，要让鹅群有较长时间的水上运动，为种鹅提供更多的交配机会。舍饲饲养则早晚让鹅群充分自由交配，不要在此时干扰鹅群。

（八）选择休息场地

放牧饲养的种鹅，中午休息时，应尽量让鹅群在靠近水边的树荫处活动，以创造更多的交配机会；晚上休息的场地，应选择平坦避风地面，每只种鹅应有0.5m²的面积。如果面积过小，将影响种鹅的休息而不能保持充沛的精力，使受精率下降。

（九）加强种鹅营养

从出壳至100日龄不宜粗放饲养，特别是前3周。100日龄以后，种鹅进入维持饲养期，要以青粗饲料为主，不宜喂得过肥。产蛋前4周开始改用产蛋日粮，粗蛋白质水平为15%～16%，在整个产蛋期间每天每只种鹅饲喂250g左右精料。种鹅产蛋期的饲料应为全价饲料，保证产蛋所需的能量和蛋白质、维生素、矿物质等。每天饲喂2～4次，同时供应足够的青饲料及饮水。有条件的地方也可放牧，特别是第2年的种鹅应多放牧，以补充青饲料，在运动场上撒一些贝壳、沙砾，让其自由采食，满足种鹅的营养需要。公鹅应早补精料，日粮应含有足够的蛋白质，使其有充沛精力配种，以提高受精率。

（十）控制环境稳定

建立有规律的饲养制度，形成良好的条件反射，排除不必要的意外干扰和

应激。

（十一）防病

严格预防注射和日常卫生保健工作，以增强种鹅体质，减少疾病发生，这也是提高种蛋受精率的重要保证。

二、提高种蛋孵化率

（一）科学分析，及时纠正

科学分析人工孵化孵化率低的原因，及时纠正不正确的方法。鹅蛋人工孵化异常及原因剖析见表4-8。

表4-8　鹅蛋人工孵化异常及原因剖析

异常现象	可能造成的原因
第7～10天验蛋，无精蛋10%～25%或更高	①种鹅群中公鹅过多或过少；②种鹅未完全成熟；③种鹅过老、过肥或有脚病；④种鹅常受惊吓；⑤无水池；⑥配种季节未供应青饲料或饲粮未知生长因子（UGF）；⑦繁殖季节之初产蛋；⑧饲粮或水中加药物；⑨种蛋贮存过久或运输保存不当；⑩饲粮发霉或谷物遭虫害；⑪鹅患有生殖器官疾病
第7～10天验蛋，有环状血丝	①种蛋贮存不当，贮存温度过高；②孵化温度控制不规律
气室脱位	移蛋时动作粗鲁或蛋畸形
蛋黄黏附于蛋壳内膜	贮蛋过久，未予翻动
壳内膜有暗斑	蛋壳上存在污物或有细菌侵入
第7～25天，胚胎死亡超过5%	①饲料成分不当；②高度近亲；③孵化温度不正确；④某期间温度过高或过低；⑤翻蛋不当；⑥饲料中缺乏UGF
孵化期间种蛋渗漏、腐臭及爆裂	①细菌感染；②鹅舍泥泞不净；③产蛋巢箱肮脏；④蛋壳污染粪便；⑤交叉污染；⑥母鹅生殖道细菌感染
过早出雏	孵化温度过高
过迟出雏	①孵化温度过低；②孵化期间凉蛋过久
啄壳未出孵或未啄壳	①孵化期间温度过高或过低；②孵化最后5d内种蛋失温或过热；③出雏机湿度过低使壳膜干化；④出雏机通气不良；⑤出孵前干扰；⑥鹅胚喙离壳较远；⑦鹅胚头部弯向腹部；⑧鹅胚上身受挤，头部无活动余地；⑨蛋壳过硬或虽啄壳但壳膜不破，也有一些鹅胚在孵化时因湿度过高或本身含水量高，造成啄壳时壳已破但胎膜、蛋膜具弹性而不破，致使鹅胚被闷死壳中

（续）

异常现象	可能造成的原因
鹅雏湿黏	孵化或出雏期间湿度不够
脐带过大或脱出	①温度过高；②种蛋过度脱水失重；③细菌感染
雏鹅死亡	①过热或窒息；②病原感染
两腿开叉	出雏机底部过滑
除了开叉腿外，跛脚鹅雏超过5％	①翻蛋不当；②凉蛋时间过久；③遗传缺陷

（二）适当采取补救措施

对发育正常的鹅胚啄壳前死亡可采取如下 3 方面挽救措施。

1. 翻蛋　孵化的前 10d 是胚盘定位关键期，为使胚胎眼点（头部）沿大头壳边发育而利于出壳时喙啄壳，此期翻蛋操作时应注意保持始终平放，翻蛋角度以 180° 为宜。

2. 照蛋　孵化 10d 后照蛋，如发现种胚不见眼点，只在气室周围可见清晰血管，这些种胚至出壳时一般是头部位于气室中央或头部弯向腹部，出壳率极低。对于这些种胚要注意在蛋壳上做好记号，便于出壳时及时抢救。

3. 出壳前助产　一般发育正常、胚位较正的鹅胚出壳较为集中，时间较为一致，有明显的出雏高峰期。一般到 31d 前的 14～18h 内大量出雏，出雏高峰明显，31d 后基本出齐。因此，对鹅助产最适宜的时间是在出雏高峰期的 1～2h 即快满 31d 整的前 5～6h。助产过早，会影响正常出雏以及因大量出血造成死胚、弱雏，或因破壳过早水分蒸发过多形成幼雏粘壳难产；助产过迟，会使大批胎位不正的鹅胚闷死在壳中。助产时稍将鹅胚头上半部蛋壳剥掉，把屈伸于腹部或翅膀下的头部轻拉出来即可。注意清除胚体鼻孔周围的黏液、污物，以免阻塞呼吸。由于种蛋被剥开、水分蒸发较多，可将孵化室的湿度加至 90％以上（暂时性和晚期性的影响不大）。一些被黏结的鹅胚，则可用温水湿润，然后用剪刀、镊子轻轻剪开或挑开黏膜干痂，使其慢慢展开肢体，让其自行断脐脱壳。剥壳时还应小心，不要弄破胎膜表面未收缩完全的大血管，避免鹅胚失血过多，肚脐瘀血死亡。孵化的最后 2 天，湿度应保持在 70％～80％，加大通风量。

第五章
营养需要与常用饲料

第一节　狮头鹅的营养需要

营养需要又称为饲养标准，是根据鹅的品种、性别、年龄、体重、生理状态、饲养方式、生产目的与水平等，科学规定一只鹅每天应给予的能量和各种营养物质的数量。我国是世界上养鹅数量最多的国家，但鹅营养需要研究明显滞后于生产实际。国际上养鹅的国家很少，鹅的营养需要研究比鸡和鸭少得多，我国目前尚无统一的饲养标准。狮头鹅是世界三大大型鹅种之一，2018年养殖量突破了 2 000 万只，在生产实际需要的推动下，华南农业大学和汕头市白沙禽畜原种研究所联合开展了狮头鹅营养需要研究，提出了日粮主要养分需要量推荐标准（表 5-1）。

表 5-1　狮头鹅主要养分需要量

营养成分	0～3 周龄	4～10 周龄
代谢能（MJ/kg）	12.13	11.72～12.55
粗蛋白质（%）	18～20	14～16
赖氨酸（%）	1.05～1.35	1.10
蛋氨酸（%）	0.48	0.60
钙（%）	0.65	0.85
磷（%）	0.6（有效磷）	0.7（有效磷）
粗纤维（%）	—	3～7.5

如果把狮头鹅饲养阶段划分成 3 个阶段，则需要更细致的试验。2011—2014 年，汕头市白沙禽畜原种研究所与华南农业大学合作，分别完成包括狮

头鹅肉鹅能量，粗蛋白质，蛋氨酸，赖氨酸，粗纤维，钙、磷需要量，多种维生素，微量元素等单因子试验，以及狮头鹅肉鹅饲料配方对比试验等一系列研究工作，形成狮头鹅肉鹅营养需要量标准（表5-2）。

表 5-2 狮头鹅商品肉鹅营养需要量

营养成分	0～4 周龄	5～8 周龄	9～10 周龄
粗蛋白质（%）	18.0～20.0	13.5～14.8	13.5～15.0
代谢能（MJ/kg）	12.0～12.50	10.80～11.50	11.00～12.00
粗纤维（%）	4.0～5.0	5.5～6.5	5.0～7.0
钙（%）	0.80～0.90	0.79～0.95	0.80～0.95
可利用磷（%）	0.55～0.70	0.55～0.65	0.55～0.60
赖氨酸（%）	0.74～0.78	0.66～0.70	0.60～0.64
蛋氨酸（%）	0.32～0.36	0.26～0.30	0.29～0.33
维生素 A（IU/kg）	8 800～9 200	8 800～9 200	8 800～9 200
维生素 D_3（IU/kg）	1 850～2 150	1 850～2150	1 850～2 150
胆碱（mg/kg）	1 240～1 300	1 120～1 200	1 000～1 050
锌（mg/kg）	85～87	90～92	75～77
硒（mg/kg）	0.30～0.36	0.33～0.40	0.25～0.29
氯化物（mg/kg）	780～820	780～820	780～820
钠（%）	0.22～0.26	0.22～0.26	0.22～0.26
钾（%）	0.33～0.37	0.62～0.66	0.52～0.56

对维生素和微量元素需要量的研究表明，维生素配方组成如表5-3时，狮头鹅饲料转化率较好。

表 5-3 狮头鹅适宜的维生素配方（饲料转化率较好）

营养成分	0～3 周龄	4～10 周龄
维生素 A（IU/kg）	10 000	15 000
维生素 D_3（IU/kg）	2 000	2 000
胆碱（mg/kg）	1 500	1 000
维生素 B_2（mg/kg）	10	2.5
维生素 B_3（mg/kg）	10	10
维生素 B_{12}（mg/kg）	0.01	10

（续）

营养成分	0～3周龄	4～10周龄
维生素 B_9 （mg/kg）	1	0.4
生物素 （mg/kg）	0.2	0.1
烟酸 （mg/kg）	45	35
维生素 K （mg/kg）	1	1.5
维生素 E （IU/kg）	30	20
维生素 B_1 （mg/kg）	2	2.2
维生素 B_6 （mg/kg）	4	3

微量元素配方组成如表 5-4 时，狮头鹅饲料转化率较好。

表 5-4　狮头鹅两个饲养阶段微量元素添加量 （mg/kg）

饲养阶段	Fe	Mn	Zn	Cu	I	Se
0～3周龄	100	100	80	15	0.7	0.3
4～10周龄	90	90	70	10	0.6	0.3

象草添加试验表明，在实际生产中，日粮中添加象草 35％～40％，可获得较高的经济效益。综上所述，该试验条件下，狮头鹅日粮中添加象草量最高可至 40％。

第二节　常用饲料与日粮

鹅的生长、产蛋、运动、维持生命等均以营养物质为基础，而营养物质主要来源于饲料。饲料中主要的营养物质包括蛋白质、脂肪、糖类、粗纤维、维生素、矿物质等，当然，鹅所需要的重要营养物质还有水和氧气。根据饲料中所含营养物质的不同，可将鹅精饲料原料分为能量饲料、蛋白质饲料、矿物质饲料和维生素补充饲料。

一、能量饲料

能量饲料是水分含量低于 45％，干物质中粗纤维含量低于 18％，粗蛋白质含量低于 20％的饲料。其特点是消化率高，产生的热能多，粗纤维含量为 0.5％～12％，粗蛋白质含量为 8％～13.5％。能量饲料包括禾谷籽实类、糠麸类、块根块茎类及脂肪类饲料，含丰富的碳水化合物或脂肪，在鹅日粮中的主要功能是供给能量。

（一）禾谷籽实类饲料

禾谷籽实类饲料是鹅日粮能量的主要来源，主要包括玉米、小麦、大麦、燕麦、稻谷和高粱等。其干物质的消化率为70%～90%。无氮浸出物含量为70%～80%，粗纤维含量为3%～8%，粗脂肪含量为2%～5%，粗灰分含量为1.5%～4%，粗蛋白质含量为8%～13.5%，必需氨基酸含量少，磷含量为0.31%～0.45%，但多以植酸磷的形式存在，利用率较低，钙含量低于0.1%。一般都缺乏维生素A和维生素D，但多富含B族维生素和维生素E。

1. 玉米　是鹅日粮的主要原料之一，其能量高，代谢能值13.31～13.56MJ/kg，无氮浸出物含量为74%～80%，消化率为90%，粗纤维含量为2%，粗蛋白质含量为7%～9%，缺乏赖氨酸和色氨酸，钙含量为0.02%，磷含量为0.2%～0.3%，且半数以上为植酸磷，粗脂肪为3.5%～4.5%，粉碎后易于腐败变质，富含胡萝卜素，维生素E和维生素B_1。一般在鹅日粮中占40%～70%。含水量控制在14%以下，防止霉变。

2. 小麦　其代谢能值约为玉米的94%，达12.72MJ/kg，粗蛋白质含量为禾谷籽实类之首，达13.9%，赖氨酸和苏氨酸不足，粗纤维含量较高、为1.9%～2.4%，粗脂肪含量为1.7%，B族维生素含量丰富，适口性好，易消化，一般占日粮的10%～30%。患赤霉病和受潮发芽的小麦慎用。

3. 大麦　在鹅日粮中用得较普遍。其代谢能值约为玉米的84%，达11.25MJ/kg，粗蛋白质含量为11%～13%，粗纤维含量为2.0%～4.8%，粗脂肪含量为1.7%～2.1%，赖氨酸含量比玉米约高1倍，为0.42%。此外，大麦中含有β菊聚糖和戊聚糖，难以消化吸收，饲喂效果逊于玉米和小麦，通常在鹅日粮中占5%～25%。

4. 燕麦　仅在我国西北地区种植较多，在鹅日粮中应用很少。其代谢能值是玉米的76%，为9.94MJ/kg，因有硬壳，粗纤维含量约10%，粗蛋白质含量约12%，粗脂肪含量为6.6%，含钙少磷多，镁和胆碱及B族维生素丰富，但缺乏烟酸。一般在鹅日粮中用量占3%～15%。

5. 稻谷　是禾谷籽实类产量之首，在鹅的日粮中应用广泛。其代谢能值是玉米的82%，为11.0MJ/kg，粗蛋白质含量为7.8%，外壳粗硬，粗纤维含量为 8.2%，粗脂肪含量为 1.6%。通常在鹅的日粮中应用 10%～70%。

在生产上常将稻谷去壳成糙大米。其鸡的代谢能值比玉米高 4.7%，达 14.06MJ/kg。粗蛋白质含量为 8.8%，氨基酸组成与玉米类似，但色氨酸比玉米高，为 0.12%，赖氨酸比玉米高 33%，为 0.32%。糙大米完全可以替代玉米或小麦等原料，一般在鹅的日粮中应用 10%～60%。

6. 高粱　在我国西北种植较多，其去皮后的成分和营养价值均与玉米相仿。其代谢能值为玉米的 92%，达 12.3MJ/kg，粗蛋白质含量因品种不同差异较大，为 8%～16%，常作饲料用的为 9%。赖氨酸、胱氨酸含量略低于玉米，亮氨酸、色氨酸含量略高于玉米，钙、磷含量均高于玉米。高粱的种皮中含有单宁，是一种抗营养因子，一般红色的品种含单宁较多，白色或黄色的含单宁较少。因此高粱在鹅日粮中的用量受到限制，通常单宁高的用量应低于 10%，单宁低的可占 15%～30%。

(二) 糠麸类饲料

糠麸类饲料是稻谷制米和小麦制粉后的副产品，其营养特点是代谢能比原谷实类低，粗蛋白质和粗脂肪及粗纤维含量均比原谷实类高。另外，糠麸类饲料具有来源广、质地松软、适口性好、价格较便宜等优点。

1. 米糠　是糙米加工成精米时分离出的种皮、糊粉层和胚及部分胚乳的混合物。其营养价值与出米率有关。其代谢能为 11.24MJ/kg，是玉米的 83.5%，粗蛋白质含量为 12.8%，赖氨酸含量是玉米的 3 倍，近似于小麦和稻谷及糙米的 2.5 倍，蛋氨酸含量比玉米高 38%，粗脂肪含量高达 16.5%，并且不饱和脂肪酸含量较高，极易氧化，腐败变质，不宜久贮，尤其是高温高湿的夏季，极易变质，应慎重。粗纤维含量为 5.7%，影响消化率，应限量使用。米糠富含 B 族维生素和维生素 E，钙少磷多，钙与总磷和有效磷之比分别为 1：20 和 1：1.43。一般在鹅日粮中的用量为 5%～20%。

另外，为了安全有效地利用米糠，常将其经脱脂制成糠粕或糠饼，除了部分粗脂肪和维生素减少外，其他营养成分基本不变，且消化利用率提高。

2. 小麦麸　又称麸皮，是小麦制面粉时分离出的种皮、糊粉层和少量的胚与胚乳的混合物。其营养价值与出面粉率有关。其代谢能值较低，为 6.82MJ/kg，是玉米的 50.8%、小麦的 53.6%。粗蛋白质含量为 15.7%，是玉米的 1.8 倍，赖氨酸、精氨酸含量是玉米的 2.4 倍，色氨酸含量是玉米的

2.8 倍，含硫氨基酸含量与玉米相当。维生素 E 和 B 族维生素较丰富。粗纤维含量为 8.9%，应控制用量。钙少磷多，钙与总磷和有效磷之比分别为 1∶8.4 和 1∶2.2。此外，其比重轻、体积大、适口性好，通常在鹅日粮中的用量为 5%～20%。

3. 次粉 又称为四号粉，是面粉加工时的副产品。其代谢能值是玉米的 93%，为 12.51MJ/kg。粗蛋白质含量是玉米的 1.6～1.7 倍，为 13.6%～15.4%，赖氨酸、精氨酸和色氨酸含量分别是玉米的 2.16 倍、2.18 倍和 2.57 倍，含硫氨基酸与玉米相近。粗脂肪含量为 2.1%，粗纤维含量为 1.5%～2.8%。钙少磷多，适口性好。一般在鹅日粮中的用量为 10%～20%。

（三）块根块茎类

块根块茎类饲料又称多汁饲料，包括甘薯、木薯、胡萝卜、甜菜、马铃薯和南瓜等。其营养价值因种类不同差异较大，其共同特点是新鲜时含水量高，多为 75%～90%。干物质中鸡的代谢能值为 9.20～11.29MJ/kg，粗蛋白质含量为 7%～15%，粗脂肪含量低于 9%，粗纤维含量为 2%～4%，钙磷很少而钾、氯较丰富。维生素因种类不同差别较大，胡萝卜、黄心甘薯、南瓜中含丰富的胡萝卜素，B 族维生素含量较少。新鲜时适口性好，鹅多喜欢采食，但能值低，单独饲喂养分不能满足需要，应补充配合日粮。

（四）脂肪类

脂肪类饲料是油料作物（大豆、油菜籽、向日葵、花生、芝麻等）和动物（猪、禽、鱼等）加工时生产的植物油和动物脂肪。作为饲料原料，植物油优于动物脂肪。代谢能值植物油为 35.02～40.42MJ/kg，动物油为 32.55～39.16MJ/kg。动植物油脂混合使用较好，饱和脂肪酸和不饱和脂肪酸在吸收上有协同协作，其代谢能比两者相加值高。添加油脂可提高适口性和脂溶性维生素的利用率，改善日粮品质。鹅日粮中添加油脂可提高生产性能和饲料利用率。一般在鹅日粮中添加油脂 1%～3%。

二、蛋白质饲料

蛋白质饲料指水分含量低于 45%，干物质中粗纤维含量低于 18%，同时粗蛋白质含量在 20% 以上的植物性和动物性饲料。

（一）植物性蛋白质饲料

植物性蛋白质饲料以豆科作物籽实及其加工副产品为主。常用作鹅饲料的植物蛋白类饲料有豆饼、花生饼、棉籽饼、菜籽饼、芝麻饼、豆粕、菜籽粕、花生粕、棉仁粕、芝麻粕、玉米蛋白粉等。这类饲料的共同特点是蛋白质含量一般为30%～45%，适口性较好，含赖氨酸多，是鹅常用的优良蛋白质饲料。

1. 豆粕（饼）　为优良的传统蛋白质饲料，粗蛋白质含量达40%以上，赖氨酸含量高，除含硫氨基酸外，其他氨基酸都能满足鹅的需要，用量可占日粮的10%～20%。

2. 菜籽粕（饼）　来源较广，粗蛋白质含量可达35%以上。由于菜籽粕（饼）含有黑酸芥素和白芥素，在芥子酶作用下，可分解产生有毒物质，引起鹅的甲状腺肿大，激素分泌减少，生长和繁殖受阻，而且其适口性较差，限制性氨基酸的含量及利用率极低，因此不宜多喂，一般不超过日粮的8%。有条件的地方，使用之前最好经脱毒处理。

3. 花生仁粕（饼）　蛋白质含量与豆粕（饼）类似，适口性好，用量可占日粮的10%～20%。花生粕（饼）的蛋氨酸含量较高。使用时防止花生粕（饼）霉变，否则易发生黄曲霉素中毒。

4. 棉籽粕（饼）　是一种重要的蛋白质资源，含粗蛋白质32%～40%，赖氨酸、色氨酸含量较低，缺乏维生素D、胡萝卜素和钙，富含磷。棉籽粕（饼）因含棉酚，会影响鹅的血液、细胞和繁殖机能，因此，未经蒸煮和处理的棉籽粕（饼）不宜多喂，一般用量不超过日粮的8%。

5. 向日葵仁粕（饼）　因加工工艺不同，其营养成分差异较大，粗蛋白质含量为29%～36.5%，粗脂肪含量为1%～2.9%，粗纤维含量为10.5%～20.4%。向日葵仁饼的钙、磷和B族维生素比豆饼丰富，不含抗营养因子。目前我国向日葵油加工多不去壳，粗纤维含量高，影响其营养成分的利用。因此，在鹅的日粮中使用量应控制在10%～20%。

6. 亚麻仁粕（饼）　又称胡麻仁粕（饼），其粗蛋白质含量为32.2%～34.8%，粗脂肪含量为1.8%～7.8%，粗纤维含量为7.8%～8.2%。粗蛋白质品质不如豆粕（饼）和棉仁粕（饼），赖氨酸和蛋氨酸含量较少，色氨酸含量较高。此外，其含有少量的氢氰酸，能引起中毒；还含有抗维生素 B_6 因子。因此，雏鹅日粮中不宜使用，成年鹅日粮中用量应控制在10%以下。

7. 芝麻粕（饼）　是芝麻榨（浸）油后的副产品。其粗蛋白质含量为39.2%～46%；赖氨酸含量，为0.9%，是豆粕（饼）的40%；蛋氨酸含量较高，为0.9%，是豆粕（饼）的1.5倍。代谢能值为8.95MJ/kg，是豆粕（饼）的85%左右。粗脂肪含量为10.3%，粗纤维含量为7.2%。其优点是不含不良因子，缺点是植酸含量较高，影响钙、锌、镁等元素的利用。如与花生粕（饼）、棉仁粕（饼）混合使用，其氨基酸组成可互补优劣，效果较好。一般雏鹅日粮中用量低于10%，成年鹅则低于18%。

8. 其他加工副产品　这类饲料是禾谷类籽实经提取大量碳水化合物后的剩余物。如玉米蛋白粉，其粗蛋白质含量因加工工艺和提取成分的不同差异较大，为44%～63%。赖氨酸较豆粕（饼）低，为0.71%～0.97%，蛋氨酸较豆粕（饼）高近1倍，为1.04%～1.42%。粗纤维较豆粕（饼）低，为1%～2.1%。代谢能值较玉米高，为13.31～16.23MJ/kg。因此，既可替代部分蛋白质饲料，又可替代部分能量饲料。在鹅的日粮中玉米蛋白粉的用量一般为5%～10%。另外，豆腐渣、酒糟等也是鹅的好饲料。

（二）动物性蛋白质饲料

动物性蛋白质饲料主要有鱼粉、肉骨粉、蚕蛹粉、血粉、酵母蛋白粉、肠衣粉等，蛋白质含量达50%以上，生物学价值高，含有丰富的赖氨酸、蛋氨酸、色氨酸等，同时含有丰富的钙、磷、维生素 B_{12} 和一定量的核黄素、烟酸等，一般用量可占日粮的5%～10%。我国传统养鹅常有"鸭吃荤、鹅吃素"之说，极少使用动物蛋白质饲料。实践证明，鹅并非素食动物而是杂食动物，在日粮中添加少量的动物蛋白质饲料，对于达到日粮中氨基酸的平衡，保证雏鹅的生长发育，提高产蛋率和羽毛生长速度，都有积极作用。

1. 鱼粉　是鹅优良的蛋白质原料，粗蛋白质含量为50%～78%，含有鹅所必需的各种氨基酸，特别是富含赖氨酸和蛋氨酸；钙、磷含量高，比例好，利用率高；含有脂溶性维生素，B族维生素含量丰富。在使用鱼粉时，必须注意3项内容。

①用量不能过多，因为鱼粉中组氨酸含量较多，很容易被分解转化为组胺，能破坏食道膨大部和肌胃黏膜，易造成消化道出血。其用量一般可占日粮的2%～5%。

②鱼粉易被沙门氏菌污染。被污染的鱼粉不能使用，必须经过再次烘炒杀

菌后才能使用。

③鱼粉中的含盐量，特别是国产鱼粉的含盐量较高，因此在日粮中应控制用量，否则，易出现食盐中毒。

2. 蚕蛹粉　粗蛋白质含量达到 50% 以上，含有鹅所必需的各种氨基酸，特别是赖氨酸和蛋氨酸含量较高，还富含脂肪，是十分理想的蛋白质原料，用量可占日粮的 4%～8%。蚕蛹粉容易腐败变质，影响肉蛋品质，需特别注意保存。

3. 肉骨粉　是屠宰场的加工副产品，也是优良的蛋白质原料，能有效地补充谷物饲料中必需赖氨酸的不足，蛋氨酸、色氨酸含量较少，钙、磷含量高，维生素 A、维生素 D、维生素 B_2 缺乏，其蛋白质含量为 20%～55%。由于原料来源以及加工方法的不同，各地生产的肉骨粉营养成分差异很大，使用之前应先了解其营养成分，在鹅日粮中可配 5% 左右。

4. 血粉　蛋白质含量达 80% 左右，含铁较多，但蛋氨酸较少，异亮氨酸含量极低，而且血粉加工过程中高温使蛋白质的消化率降低，赖氨酸受到破坏，因此，血粉蛋白质的利用率较低，适口性差。在有条件的地方可使用喷雾血粉或发酵血粉，一般在鹅日粮中用量占 1%～3%。

5. 酵母蛋白粉　是利用味精厂、啤酒厂等废液，经接种酵母菌等发酵而制成的单细胞蛋白饲料。蛋白质含量高达 50%～70%，酵母菌含量每克达 180 亿～220 亿个，活菌率达 78%；氨基酸总和达 51.4%（豆粕 50.2%），赖氨酸、蛋氨酸、色氨酸 3 种主要限制性氨基酸含量均高于豆粕；富含维生素、各种微量元素及促生长因子，尤其是 B 族维生素含量较高；蛋白质利用率高，安全性好，是一种优质高效的活性蛋白质饲料，在鹅日粮中可配 5%～10%。

（三）氨基酸饲料

氨基酸饲料按国际饲料分类法属于蛋白质饲料，在我国，生产上通常称为氨基酸添加剂。目前生产的饲料级氨基酸有蛋氨酸、赖氨酸、色氨酸、苏氨酸、谷氨酸、甘氨酸等，其中蛋氨酸、赖氨酸最易缺乏，因此在养鹅日粮中常常添加。

三、矿物质饲料

鹅维持生命和生长繁殖的新陈代谢需要多种矿物质元素，上述常用的粗饲料、青绿饲料、能量饲料、蛋白质饲料中虽然均含有矿物质，但其含量仍不能满足鹅的正常代谢需要，因此通常在鹅的日粮中加入贝壳粉、石粉、骨粉、磷酸氢钙等矿物质饲料。

（一）钙、磷饲料

1. 石粉　是石灰岩开采磨碎的石灰石粉，主要成分为碳酸钙（$CaCO_3$），钙含量高于35%，经济实用。在鹅日粮中用量一般占1%～7%。

2. 贝壳粉　是贝、蚌、蛤、螺等软体动物的外壳加工制成，主要成分是碳酸钙，钙含量32%～35%。在鹅的日粮中用量为1%～7%。

3. 蛋壳粉　主要由蛋品加工厂收集的蛋壳经消毒灭菌粉碎而成。钙含量30%～40%。使用蛋壳粉作钙源时，必须注意质量，严防感染传染病。

4. 碳酸钙　又称双飞粉，钙含量为38%～40%，常作为鹅日粮钙源，用量为1%～7%。

5. 骨粉　是动物骨骼经热压、蒸制、脱脂、脱胶、干燥、粉碎加工制成。钙含量为29%，磷含量为13.0%～15.0%，钙、磷比约为2∶1，是钙、磷较平衡的矿物质饲料。在鹅日粮中用量为1%～2%。需特别注意的是，未经脱脂、脱胶、灭菌的骨粉易腐败变质，并有传播疾病的危险，应慎重使用。

6. 磷酸钙盐　是很好的补充磷和钙的矿物质饲料，常用的有磷酸一氢钙（$CaHPO_4 \cdot 2H_2O$）、磷酸二氢钙 $[Ca(H_2PO_4)_2 \cdot H_2O]$、磷酸钙 $[Ca_3(PO_4)_2]$。钙含量分别为23%、15%、38%，磷的含量分别为18%、24%、20%。磷的生物效价，磷酸氢钙最高，达100%；磷酸钙最低，为80%。在鹅的日粮中磷酸盐用量为1%～2%。使用磷酸盐矿物饲料时，应注意含氟量不高于0.2%，否则会引起鹅的氟中毒，以致造成经济损失。

7. 磷酸钠（胺）盐　是补充磷和钠的矿物质饲料，常用的有磷酸氢二钠（Na_2HPO_4）、磷酸二氢钠（NaH_2PO_4）、磷酸氢胺 $[(NH_4)_2HPO_4]$、磷酸二氢胺 $[(NH_4)H_2PO_4]$，磷的含量分别为21%、25%、23%、26%。钠的含量分别为31%、19%。磷酸胺盐不含钠。

（二）食盐

食盐又称氯化钠（$NaCl$），是鹅必需的矿物质饲料，主要补充钠和氯。鹅常用的植物性饲料中钾较多，而钠和氯较少，为使机体内电解质平衡，在日粮

中需补充食盐。在鹅日粮中食盐用量为 $0.25\% \sim 0.4\%$ 即能满足其需要。鹅对食盐较敏感，尤其是雏鹅，过多会引起中毒，应予以避免。

（三）微量元素补充饲料

微量元素补充饲料属矿物质饲料，但在生产上通常以微量元素预混料或添加剂的形式按需要量添加到日粮中。在鹅的日粮中需要补充的微量元素主要有铁、铜、锰、锌、碘、硒、钴等，这类微量元素以盐或氧化物的形式添加到日粮中，在选用时应考虑其组成、元素含量、适口性、可利用率及价格等。

四、维生素补充饲料

以下为常用的维生素产品。

1. 维生素 A 产品主要有维生素 A 油、维生素 A 乙酸酯、维生素 A 棕榈酸酯、维生素 A 丙酸酯、胡萝卜素。

2. 维生素 D 产品主要有维生素 D_2、维生素 D_3。

3. 维生素 E 产品主要有 α-生育酚乙酸酯、α-生育酚。

4. 维生素 K 产品主要有甲萘醌、亚硫酸氢钠甲萘醌、亚硫酸嘧啶甲萘醌、二氢萘醌二乙酸酯、乙酰甲萘醌。

5. 维生素 B_1 产品主要有维生素 B_1 盐酸盐、维生素 B_1 硝酸盐。

6. 维生素 B_2 产品主要有维生素 B_2。

7. 维生素 B_3 产品主要有烟酸和烟酰胺。

8. 泛酸及其钙盐 产品主要有 DL-泛酸钙、D-泛酸钙。

9. 维生素 B_6 产品主要有盐酸吡哆醇、氯化胆碱、叶酸、肌醇。

10. 维生素 B_{12} 产品主要有氰钴胺素、羧钴胺素、硝钴胺素、氯钴胺素、溴钴胺素、硫钴胺素等。

11. 维生素 C 产品主要有 L-抗坏血酸、抗坏血酸钠、抗坏血酸钙、抗坏血酸棕榈酸酯。

12. 生物素 产品主要有 D-生物素、甜菜碱、肉毒碱。

五、饲料添加剂

饲料添加剂常分为两大类，即营养性饲料添加剂和非营养性饲料添加剂，是指除了能量饲料、蛋白质饲料和矿物质饲料组成的基础日粮，满足鹅对主要养分能量、蛋白质、矿物质的需要之外，还必须在日粮中添加的其他多种营养和非营养成分，如氨基酸、维生素、促进生长剂、饲料保存剂及其他类饲料添加剂。

（一）营养性饲料添加剂

营养性饲料添加剂是指用于平衡鹅日粮养分，以补充和增强日粮营养的那些微量添加成分，主要有氨基酸添加剂、维生素添加剂和微量元素添加剂等。微量元素添加剂已在前面矿物质饲料中述及，在此对氨基酸添加剂和维生素添加剂介绍如下。

1. 氨基酸添加剂　目前用于饲料添加剂的氨基酸有赖氨酸、蛋氨酸、色氨酸、苏氨酸、精氨酸、甘氨酸、丙氨酸、谷氨酸等 8 种，其中在鹅日粮中常添加的以蛋氨酸和赖氨酸为主。

（1）蛋氨酸添加剂　是化学合成的蛋氨酸 D 型和 L 型的混合物，一般为白色粉末或片状结晶，易溶于水，纯度为 98%。其 1‰ 水溶液的 pH 为 5.6～6.1。代谢能为 21MJ/kg。雏鹅和产蛋鹅日粮中较易缺乏，应予以添加补充。

蛋氨酸类似物主要有液体羟基蛋氨酸（MHA）和羟基蛋氨酸钙盐（MHA-Ca）两种。前者可在压粒调质时喷入全价配合饲料中，而且是一种天然的黏结剂，适合于大中型颗粒饲料厂；后者为粉末或细小颗粒，使用方便，大中小型饲料厂均可使用。

（2）赖氨酸添加剂　常用的是 L-赖氨酸盐，系白色结晶性粉末，易溶于水。L-赖氨酸盐酸盐的纯度为 98%，其生物活性是 L-赖氨酸含量为 78%，代谢能值为 16.7MJ/kg。通常在基础日粮中的有效赖氨酸只有计算值的 80% 左右。因此，在鹅日粮中添加赖氨酸时，应注意相互间的效价换算。

2. 维生素添加剂　常用于饲料添加剂的维生素有维生素 A、维生素 D、维生素 E、维生素 K 4 种脂溶性维生素和维生素 B_1、维生素 B_2、维生素 B_3、维生素 B_4、维生素 B_5、维生素 B_6、维生素 B_7、维生素 B_{11}、维生素 B_{12} 和维生素 C 10 种水溶性维生素。为了满足不同的使用要求，商品维生素有各种不同规格。单一的维生素制剂，主要是供给生产多种维生素和预混料厂的。按生产用途和生长阶段的营养需要，另外增加的维生素添加剂有维生素 A、维生素 D 油剂或粉剂、强力水溶性维生素添加剂等。在养鹅生产上普遍使用的是复合维生素添加剂。

（1）维生素添加剂的一般作用　科学使用维生素添加剂具有促进生长发育、改善饲料利用率、提高种禽的繁殖性能、增强抗应激能力、改善家禽产品质量等作用。

（2）各种维生素添加剂的特点

①维生素A：市售的维生素A添加剂是维生素A酯化后再添加适量抗氧化剂并经过微胶囊包被的产品，主要有维生素A醋酸酯、维生素A棕榈酸酯和维生素A丙酸酯。常见维生素A添加剂的产品规格有30万IU/g、40万IU/g和50万IU/g等。家禽日粮中维生素A的实际添加量一般为1 500～5 000IU/kg。

②维生素D：商品维生素D为白色粉末，是经包被后的产品，主要有维生素D_2和维生素D_3干燥粉剂、维生素D_3微粒等形式。常见维生素D添加剂产品规格有20万IU/g、30万IU/g、40万IU/g、50万IU/g等。

③维生素E：家禽饲料中应用的维生素E商品形式主要有DL-α-生育酚乙酸酯油剂和其加入适当吸附剂之后制成的粉剂。常见维生素E添加剂中维生素E纯度为50%或25%，其产品规格有30万IU/g、40万IU/g、50万IU/g等。实际生产中，肉仔鸡饲粮中维生素E添加量为20～40IU/kg，产蛋鸡为10～30IU/kg，种鸡为25～40IU/kg。日粮含维生素E 100mg/kg时，可增进机体免疫功能；200mg/kg时，能增进抗应激能力和延长肉品货架期。

④维生素K：饲料添加剂中常用的是维生素K的衍生物，活性成分为甲萘醌，主要有3种形式：亚硫酸氢钠甲萘醌（MSB）微胶囊，含有效成分50%；亚硫酸氢钠甲萘醌复合物（MSBC），晶体粉末，含有效成分25%；亚硫酸二甲嘧啶甲萘醌（MPB），含有效成分50%。

⑤维生素B_1：家禽饲料添加剂中常用的有盐酸硫胺素和硝酸硫胺素。一般盐酸硫胺素或硝酸硫胺素含量为96%～98%，也有稀释为5%的。

⑥维生素B_2：即核黄素，其主要商品形式为核黄素及其酯类，为黄色至橙黄色的结晶性粉末。商品维生素B_2添加剂中核黄素含量有96%、80%、55%和50%等多种剂型。

⑦泛酸：游离的泛酸不稳定，吸湿性极强，所以在实际生产中常用其钙盐。商品制剂为D-泛酸钙或DL-泛酸钙，其活性成分分别为100%和50%。D-泛酸钙的纯度一般为98%，也有稀释至66%或者50%剂型的。

⑧胆碱：商品形式主要为氯化胆碱，白色结晶，有液体和固体两种剂型。

液体一般含氯化胆碱70%，固体一般含氯化胆碱50%或60%。液态氯化胆碱为无色透明液体，而固态粉粒是以70%氯化胆碱水溶液为原料加入脱脂米糠、玉米芯粉等赋形剂而制成，两者吸湿性很强。家禽饲料胆碱的需要量为0.5～3.0g/kg。

⑨维生素 B_3：即尼克酸，有烟酸和烟酰胺两种形式，白色至微黄色结晶粉末。商品尼克酸添加剂活性成分含量为98.0%～99.5%。尼克酸与泛酸之间很容易发生反应，影响活性，因此二者不可直接接触。

⑩维生素 B_6：添加剂商品形式为盐酸吡哆醇，活性成分含量为82.3%。

⑪生物素：添加剂商品形式为D-生物素，纯品干燥后含生物素98%以上，商品形式活性成分含量有1%和2%两种剂型。

⑫叶酸：又称维生素 B_{11}，外观为黄至橙黄色结晶性粉末，酸、碱、氧化剂与还原剂对叶酸均有破坏作用。叶酸产品纯品有效成分在98%以上，商品叶酸添加剂活性含量有1%、3%和4%等多种剂型。

⑬维生素 B_{12}：即氰钴胺素或钴胺素，深红色结晶粉末。商品形式主要有氰钴胺、羟钴胺等，作为饲料添加剂有0.2%、1%和2%等剂型。

⑭维生素C：又称抗坏血酸，白色至黄白色结晶性粉末。商品维生素C添加剂有抗坏血酸、抗坏血酸钠、抗坏血酸钙、抗坏血酸棕榈酸酯和包被抗坏血酸等形式，有100%的结晶、50%的脂质包被产品和97.5%的乙基纤维素包被等产品形式，以及25%、50%等多种剂型。家禽体内可以合成维生素C，一般不会缺乏。但是在应激条件下，需在饲粮中按100～300mg/kg添加。

鹅的维生素需要量在饲养标准中规定的"最低需要量"，是指能防止发生维生素缺乏症所需的日粮含量。在实际生产中，由于环境条件、日粮组成、饲料加工工艺、饲料贮存时间和条件、生产水平、健康状况和维生素本身的稳定程度等因素，维生素的添加剂量必须加上一个足够的安全系数，才能满足各种条件下的需要，保证鹅的健康和高产。

3. 微量元素添加剂　包括铁、锌、铜、锰、碘、硒和钴等。饲料中如果维生素 B_{12} 的含量充足，则钴不需要添加。生产实践中，是将饲料中可能缺乏而必须添加的各种微量元素制成复合微量元素添加剂，以满足动物对微量元素的需要。常用的微量元素添加剂大多为化工产品，使用时应将微量元素添加量换算成微量元素盐类的用量。

（二）非营养性饲料添加剂

非营养性饲料添加剂是指除营养性添加剂以外的那些具有各种特定功效的添加剂。

1. 饲料保存剂　日粮在贮存过程中，常用的饲料保存剂有 2 种，即抗氧化剂和防霉剂。

（1）抗氧化剂　为延缓或防止日粮中脂肪自动氧化引起腐败变质而降低营养价值，需要在日粮中添加抗氧化剂。目前生产上使用的是主要化学合成的抗氧化剂。应用最普遍的有乙氧喹、二丁基羟基甲苯、丁基羟基茴香醚等 3 种。

（2）防霉剂　可以抑制霉菌细胞的生长及其毒素的产生，防止饲料霉变，起到保护鹅群健康的作用。在日粮中应用较多的防霉剂是丙酸及其盐类。其他的有山梨酸、苯甲酸、乙酸、富马酸及其盐类等。

2. 调味剂和着色剂

（1）调味剂　又称食欲增进剂，能改善饲料的适口性，刺激消化液的分泌，诱导鹅群增加采食量，改善饲料利用率，从而起到提高生产性能的作用。调味剂主要有香草醛、肉桂醛、丁香醛、果醛等，常与甜味剂（糖精、糖蜜）和香味剂（乳酸乙酯、乳酸丁酯）等一起合用，效果较好。

（2）着色剂　可以提高鹅产品的商品价值。在日粮中添加加丽素红和加丽素黄等着色剂，可使鹅皮肤和蛋黄色泽变黄。

饲料添加剂种类繁多，在养鹅生产实际中应根据不同品种、生长阶段、生产目的、日粮组成、饲养水平、饲养方式及环境条件等因素，灵活选择适合的饲料添加剂，降低成本，提高效益。

3. 绿色饲料添加剂

（1）益生素　又称益生菌或微生态制剂等，是指由许多有益微生物及其代谢产物构成的可以直接饲喂动物的活菌制剂。在鹅养殖中的作用主要是提高生长速度和防治疾病，减少死亡。目前已确认适宜作益生素的菌种主要有乳酸杆菌、链球菌、芽孢杆菌、双歧杆菌以及酵母菌等。养鹅生产使用的益生素多为复合菌种。

（2）酶制剂　酶是活细胞所产生的一类具有特殊催化功能的蛋白质，是促进生化反应的高效物质。酶制剂是一种以酶为主要功能因子的饲料添加剂。根据饲用酶制剂中所含酶的种类可分为饲用单一酶制剂（只含有一种酶）和饲用复合酶制剂（含有多种功效酶）等，二者相比更为常用的是复合酶制剂。

饲用酶制剂所含的酶种大致可分为两类，一类是鹅消化道可以合成和分泌，但因某种原因需要补充和强化的酶种，称为消化性酶，如淀粉酶、蛋白酶等；另一类是鹅自身通常不能合成与分泌，但饲料中又有其相应底物存在（多为抗营养因子），而需要添加的酶种，称为非消化性酶，如木聚糖酶、果胶酶、甘露聚糖酶、β-葡聚糖酶、纤维素酶、植酸酶等。

饲用酶制剂可以补充内源消化酶的不足，消除饲料中的抗营养因子，从而提高饲料利用率，减少环境污染，提高经济效益。饲用酶制剂是微生物发酵的天然产物，无任何毒副作用，是"绿色"添加剂。

4. 寡糖类　又称寡聚糖、低聚糖，是相对于单糖和多糖而言的，是指少量的单糖通过几种糖苷键连接而成的碳水化合物。寡聚糖的基本功能：①促进鹅的后肠有益菌增殖，提高鹅的健康水平，起微生态调节剂功能；②通过促进有害菌的排泄、免疫佐剂和激活鹅的特异性免疫等途径，增强其整体免疫力，防止疾病发生，起免疫增强剂功能。

5. 生物活性肽　近几年来，许多具有生物活性的肽类从各种动植物和微生物中被分离出来，这些肽类可以是小到只有两个氨基酸的二肽，也可以是复杂的长链或环状多肽，且多半经过糖苷化、磷酸化衍生。它们具有调节免疫活性、激素活性，抗菌、抗病毒及调节风味、增进食欲等功能。可替代部分抗生素，促进机体生长。生物活性肽是比合成氨基酸更好的低蛋白饲料补充剂。

6. 糖萜素　是由糖类、配糖体和有机酸组成的天然活性物质，是以山茶科植物中糖类和三萜皂苷类为主体研制而成的生物活性物质，化学性质稳定，水溶性强，耐高温，具有提高机体免疫功能和抗病促生长作用。

浙江大学与宁波联合集团共同组建宁波联合生物技术公司，开始生产与推广，取得较好的效果。它是纯天然植物的提取物，不含任何化学合成成分，因而不产生环境污染和毒副作用。在生产中，有助于克服滥用抗生素所带来的耐药性和药物残留问题。

7. 酸化剂　这里说的酸化剂实际指有机酸。有机酸可补充胃酸不足，改善饲料消化率，阻止和降低病原微生物的侵入和繁殖，防止雏鹅腹泻，改进生产性能，降低死亡率。目前生产上常用的是复合有机酸，含有柠檬酸、延胡索酸等。

六、狮头鹅日粮配制

(一) 配制要求

为了保证狮头鹅能够正常生长发育，并充分发挥其遗传潜力，应根据狮头鹅不同生理阶段的营养需要特点配制饲料。配制时应注意解决好如下几方面问题。

①选用的饲料原料应来源充足、质量稳定可靠，符合国家饲料卫生标准。

②饲料适口性好、营养成分稳定、易于储存。

③应注意鹅的饲养方式、生活环境、食物来源结构与营养特性、生产性能特点。如果鹅采用放牧方式饲养，应充分考虑放牧获得食物的营养特性来配制其饲料，以提高饲喂效果，降低饲养成本。

④应使用国家法规允许使用的饲料添加剂品种，禁止使用违禁药物。在生长后期肉鹅饲料中，应禁止使用任何药物性饲料添加剂，以确保肉鹅产品安全。

⑤无论人工配制饲料，还是采用机械加工，最终的饲料产品都应混合均匀。

⑥应根据鹅的年龄、生理阶段、生产性能及气候条件等因素确定鹅的采食量和营养需要量，根据采食量确定配合饲料的适宜营养浓度。

⑦根据地区性饲料资源特点，选择优质饲料原料。科学的配合饲料生产技术是高品质与高经济效益的有机结合，饲料产品既要满足鹅的营养需要，又要尽可能地降低饲料成本，追求最大收益。因此，在选用原料时，应具有易操作性。要求饲料原料的品质稳定，数量充足，价格适宜，具有地方资源优势。

(二) 配制原则

要进行鹅的日粮配制，首先必须了解日粮配制的原则。

1. 科学性 结合生产实践，选择适当的饲养标准，满足鹅的营养需要。有些指标还可借鉴肉鸭和肉鸡的标准，在生产实际中做适当调整。需要强调的是，饲养标准中的指标，并非生产实际中鹅群发挥最佳水平的需要量，如微量元素和维生素等，必须根据生产实际适当添加。

2. 多样化 饲料要力求多样化，不同饲料种类的营养成分不同，多种原料可起到营养互补的作用，以提高饲料利用率。

3. 适口性　日粮的适口性直接影响鹅的采食量。适口性不好，采食量小，不能满足鹅的营养需要。日粮原料的选择不但要满足鹅的需求，而且要与鹅的消化生理特点相适应。

4. 均匀性　日粮配合必须均匀一致，否则达不到预期目标，造成浪费或不足，甚至会导致某些微量添加物因采食过多或过少而使鹅出现中毒现象或缺乏症。

5. 经济实用性　应充分利用本地资源，就地取材，降低日粮成本。同时根据市场原料价格的变化，及时对日粮配方进行相应的调整。

6. 安全性　按照设计的日粮配方配制的配合饲料要符合国家饲料卫生质量标准。选用日粮原料时，应控制一些有毒有害物质，如细菌总数、霉菌总数、重金属等，不能超标。

7. 灵活性　日粮配方可根据饲养效果、饲养管理经验、生产季节和养鹅户的生产水平进行适当调整，但调整的幅度不宜过大，一般控制在 10% 以下。

（三）典型日粮配方

表 5-5 是狮头鹅肉鹅三个阶段的饲料配方。

表 5-5　狮头鹅日粮参考配方

原　　料		0~4 周龄	5~8 周龄	9~10 周龄
饲料	玉米（%）	60	63	75
	麦麸（%）	16.7	21.2	10.2
	豆粕（%）	21	13.5	13
	鱼粉（%）	0	0	0
	骨粉（%）	1.2	1.2	1
	壳粉（%）	0.3	0.4	0.2
	磷酸氢钙（%）	0.6	0.5	0.4
	食盐（%）	0.2	0.2	0.2
添加剂	多种维生素（g/t）	200	200	200
	微量元素添加剂（g/t）	500	500	500
	蛋氨酸（g/t）	800	500	800
	赖氨酸（g/t）	100	1 000	800

表 5-6 是加拿大营养学者提供的肉鹅日粮经验配方，表 5-7 是种鹅日粮配方，可以借鉴。

表 5-6　肉鹅育雏、生长和育肥日粮经验配方

原料	育雏期		生长期（小鹅）		育肥期（中鹅）	
	配方 1	配方 2	配方 1	配方 2	配方 1	配方 2
玉米（g/kg）	434	218	548	548	621	—
小麦（g/kg）	—	242	—	100	—	695
大麦（g/kg）	100	100	103	50	100	100
次麦粉（g/kg）	50	50	50	50	50	50
小麦粗粉（g/kg）	50	50	50	50	50	50
脱水苜蓿（g/kg）	20	20	20	20	—	—
豆粕（48%）（g/kg）	310	284	215	220	142	70
石灰粉（g/kg）	11	11	9.5	9.5	12	12
磷酸钙（g/kg）	13	13	12.5	12.5	12	11
盐（g/kg）	2	2	2	2	2	2
预混料	10	10	10	10	10	10
蛋氨酸（g/kg）	0.5	0.63	0.5	0.88	0.5	0.88
计算分析值						
粗蛋白质（%）	21.8	21.9	17.9	18.1	15.1	15.2
可消化蛋白（%）	19.6	19.6	16.1	16.3	13.2	14.1
粗纤维（%）	3.8	3.9	3.3	3.5	3.3	3.5
代谢能（MJ/kg）	11.60	11.62	12.10	12.32	12.31	12.06
钙（%）	0.8	0.81	0.70	0.71	0.76	0.75
有效磷（%）	0.4	0.44	0.37	0.39	0.35	0.35
钠（%）	0.18	0.17	0.18	0.18	0.18	0.18
蛋氨酸（%）	0.40	0.40	0.35	0.39	0.31	0.32
蛋氨酸+胱氨酸（%）	0.85	0.85	0.72	0.80	0.65	0.66
赖氨酸（%）	1.22	1.21	0.89	0.91	0.68	0.68

表 5-7 种鹅维持期和产蛋期日粮配方

原料	维持期	产蛋期	
		配方 1	配方 2
玉米（g/kg）	547	295	567
小麦（g/kg）	—	287	—
大麦（g/kg）	100	100	100
次麦粉（g/kg）	50	50	50
小麦粗粉（g/kg）	—	50	50
小麦麸（g/kg）	200	—	—
脱水苜蓿（g/kg）	20	20	20
肉粉（50%）（g/kg）	—	—	20
鱼粉（60%）（g/kg）	—	—	20
豆粕（48%）（g/kg）	45	130	113
石灰粉（g/kg）	18	46	45
磷酸钙（g/kg）	7	7	—
盐（g/kg）	3	3	3
蛋氨酸（g/kg）	10	10	10
预混料（g/kg）	0.6	1.0	0.63
计算分析值			
粗蛋白质（%）	12.4	15.7	15.7
可消化蛋白（%）	10.8	14.0	14.0
粗纤维（%）	5.2	3.8	3.6
代谢能（MJ/kg）	11.10	11.55	11.78
钙（%）	0.9	2.05	2.10
有效磷（%）	0.32	0.35	0.35
钠（%）	0.18	0.19	0.19
蛋氨酸（%）	0.26	0.35	0.35
蛋氨酸+胱氨酸（%）	0.51	0.57	0.58
赖氨酸（%）	0.54	0.76	0.78

　　由于养鹅模式中一般包括一定的放牧时间，所以在选择饲养方案时必须考虑是否有放牧条件及牧草情况。鹅的食欲很好，可以从采食的大量劣质饲草中获得近乎正常水平的营养，这时牧草的数量和质量就显得非常重要，鹅可以采食不同质量的青饲料，包括三叶草、混播牧草、谷物、青贮玉米等。由于鹅的

产蛋率较低，其产蛋期营养需要仅约高于维持期。一般在产蛋期前 2～3 周开始使用专门的产蛋期种鹅日粮。

第三节　种草养鹅

一、影响牧草生产的主要因素

对全年均衡生产肉鹅和种鹅生产来说，青饲料的生产要做到全年的均衡供应。以下几个方面是决定青饲料生产的主要因素。

1. 鹅的养殖方式和养殖计划　养殖方式和养殖计划对全年的青饲料生产起决定性作用，如是养殖肉鹅还是养殖种鹅，是否采取全进全出的饲养方式，何时开始养殖第 1 批雏鹅，饲养数量、品种等。

2. 确定适宜的载鹅量　适宜的载鹅量对提高种草养鹅的经济效益影响很大，载鹅量过小，牧草过剩，不能充分发挥牧草的效益；载鹅量过高，牧草不够吃，必然增加精饲料投入，增加饲养成本，养殖效益下降。

3. 选择适宜的牧草品种及种植方式　相对禾本科牧草而言，鹅更喜食豆科牧草和多汁的阔叶牧草。适宜作鹅青饲料的牧草品种有多花黑麦草、杂交狼尾草、苦荬菜、白三叶、菊苣、蕹菜、紫花苜蓿等。种草养鹅在草种选择上要尽可能考虑不同种类牧草的搭配，以利于养分平衡。全年种草养鹅可以安排一定面积的多年生牧草，如白三叶、红三叶、菊苣、紫花苜蓿等。冬春季养鹅可以在早秋播种秋播牧草，如禾本科的多花黑麦草、冬牧 70 黑麦，豆科的紫云英、紫花苜蓿等。杂交狼尾草、苦荬菜、籽粒苋、宁杂 3 号狼尾草等是夏季高温期养鹅的理想青饲料。另外，叶菜类也是较理想的青饲料，各地可因地制宜加以选用。

轮作、套作、混播等牧草高产栽培方式，可提高牧草的光能利用率和生物学产量，保证牧草常年均衡供应。

二、鲜牧草常年供应轮作模式

以长江流域及其以南地区为例，以下是几种主要的种草养鹅的牧草种植方式。

1. 多花黑麦草与杂交狼尾草轮作　10 月上旬播种多花黑麦草，6 月上旬收割完毕，然后播种（栽植种根）杂交狼尾草，10 月上旬收割完毕，然后播种多花黑麦草。多花黑麦草的耐寒性比冬牧 70 黑麦草差，但后期发育优于冬牧 70 黑麦草，所以利用期可比冬牧 70 黑麦草长 1 个月。杂交狼尾草是亚热带和热带的高产牧草品种，产量高于美洲狼尾草，品质优于象草，但冬季难以保种，所以适宜在淮河以南地区种植，淮河以北地区不宜引种。两种牧草轮作，可以获得较高的产量。

2. 紫花苜蓿与饲用玉米套种　10 月上、中旬播种紫花苜蓿，翌年 6 月中旬套种饲用玉米。紫花苜蓿耐寒不耐热，耐旱不耐涝，适宜降水量低于 800mm 的地区种植。由于紫花苜蓿春季产量占全年产量的 60%～70%，7—9 月长势较弱，而饲用玉米生长期较短，适合在夏季生长，与紫花苜蓿套种，既可保持紫花苜蓿的根系，又可提高土壤养分、水分的利用率，提高单位面积牧草的产出量。为了保证高产，紫花苜蓿播种时要进行根瘤菌接种，首播时间必须在秋季进行。饲用玉米可采取育苗的方式，在 6 月中旬紫花苜蓿刈割后移栽，并在 9 月底收割完毕，及时清除，保证紫花苜蓿的再生和越冬。

3. 冬牧 70 黑麦草与俄罗斯饲料菜、苏丹草间作　10 月上、中旬播种冬牧 70 黑麦草，行距为 20cm，每两行预留一行。3 月下旬至 4 月上旬栽植俄罗斯饲料菜。5 月中旬冬牧 70 黑麦草收割完毕，然后播种苏丹草，9 月下旬收割完毕，然后播种冬牧 70 黑麦草。俄罗斯饲料菜属于多年生叶菜类牧草，生长的适宜温度在 15～25℃，冬季降霜后叶片枯萎，夏季高温季节生长不良，多雨高温时易发生腐根病。利用其不耐低温的特点，套种冬牧 70 黑麦草，可在冬春保障牧草的供应。利用其不耐高温的特点，可套种苏丹草。一方面，可用作俄罗斯饲料菜的遮蔽物，减少高温季节阳光的直射，提高俄罗斯饲料菜的越夏率；另一方面，在不影响俄罗斯饲料菜产量的同时，每 666.67m² 增收苏丹草鲜草 3 000～4 000kg。需要注意的是，以上三种牧草都是需水、肥较多的牧草品种，必须保证相应的水肥条件才能获得高产。在种植冬牧 70 黑麦草时，要对土壤进行适度耕翻，并对苏丹草根系进行彻底的清除，以促进俄罗斯饲料菜产生新根，增加产量。种植苏丹草时既可板茬播种，也可育苗移栽。

4. 多花黑麦草或菊苣与苦荬菜轮作　9—10 月播种多花黑麦草（或菊苣），11 月、12 月、翌年 3—6 月利用；翌年 4 月播种苦荬菜或蕹菜，6—10 月利用；9—10 月播种多花黑麦草（菊苣）。

5. 实例　浙江象山县农林局经过多年研究，也提出了我国亚热带地区常年鲜草供应轮作模式。

（1）栽培牧草品种及规模　主播禾本科牧草为墨西哥玉米、一年生黑麦草，豆科牧草为紫花苜蓿。墨西哥玉米为春播，一年生黑麦草为秋播。根据牧草的不同用途（饲养品种和规模）确定牧草播种面积和辅助牧草品种及搭配。一般情况下，饲养 100 只种鹅需要种草 3 333～5 333m²，饲养 100 只肉鹅需要种植 667～1 333m²。

辅助牧草品种栽培主要是弥补主播品种交替阶段留下的空隙，以及丰富牧草品种类型，提高饲草的营养均衡性和适口性。

养鹅的辅助牧草品种有杂交苏丹草、杂交狼尾草、苦荬菜、菊苣、籽粒苋和三叶草等，搭配比例为主播牧草的 10％～15％。

（2）播种与收割　春播墨西哥玉米，3 月初播种，5 月可开始收割，至 10 月中旬，共收割 5～8 次，收割时以株高 100cm 为宜，留茬高度 5cm 左右；秋播一年生黑麦草，8 月上旬至 11 月底可播种，9—10 月播种最佳，11 月开始至翌年 6 月均可收割鲜草，当年收割 2 次，翌年收割 3～6 次，株高 40cm 左右刈割，留茬高度 5cm；紫花苜蓿可以秋播和春播，秋播 9—11 月，春播 4—5 月，3—6 月和 9—12 月生长较快，每间隔 20～30d 可以收割 1 次，严冬和盛夏生长缓慢，收割时间间隔较长，以现蕾和初花期收割最佳。

（3）全年供草变化　以上种植模式 3—4 月和 7—8 月为两个产草高峰期，可以适当增加这一时期的养鹅数量；也可以在春季制作青贮料，在秋季制作干草。

三、南方稻田种草养鹅

在我国南方利用稻田套种黑麦草养鹅，取得了良好的生态效益和经济效益。这里以稻田秋播套种多花黑麦草养鹅技术为例，介绍种草和养鹅的巧妙结合。

1. 种草养鹅衔接安排

（1）确定适宜的载鹅比　以黑麦草为主饲养肉鹅，一般 70～90d 即可上市，平均每只鹅食用青草 30～40kg，而稻田套播高产多花黑麦草的鲜草产量一般为每 666.67m² 5 000～7 000kg，适宜的载鹅比为每 666.67m² 养鹅 150 只左右。

（2）搭配种植叶菜类牧草　搭配种植一定面积的叶菜类蔬菜（小青菜、莴苣等），苦荬菜或蕹菜等牧草，以便鹅雏早期食用。一般黑麦草与叶菜类蔬菜或阔叶牧草搭配比例为 10∶1。

（3）适期购鹅雏，分期套养 江苏南部地区稻田套播黑麦草，一般 3 月上中旬开始供草，4 月中下旬牧草生长量最大，因此可在 3 月初大批进鹅雏。为充分利用牧草资源和养鹅设施，可于 2 月上旬按每 666.67m² 50 只配比，购进第一批鹅雏，前 30d 在室内保温饲养，青饲料以叶菜类蔬菜为主；3 月上旬鹅雏可逐步转到室外饲养，饲料以多花黑麦草为主。当第一批鹅雏转到室外饲养时，按每 666.67m² 100 只左右进第二批鹅雏。4 月上中旬黑麦草进入旺盛生长期，供草量增大，此时第一批鹅食草量达到高峰，第二批鹅的食草量也逐步加大，供草高峰与需草高峰吻合。4 月底后，第二批鹅食草量达到高峰，但第一批鹅已出售，此时多花黑麦草生长速度虽开始减缓，但仍能满足鹅的需要。5 月中下旬黑麦草生长量降低，供草能力下降，第二批鹅上市。

2. 稻田套种黑麦草技术

（1）选择优良品种 养鹅用多花黑麦草宜用营养生长期长、抽穗迟、鲜草利用期长、产量高的多花黑麦草品种。如引进品种"特高"和苏畜研 1 号多花黑麦草等。

（2）适期套播 稻田套播宜在水稻收获前 15d 左右，江苏南部地区一般在 10 月中旬。要将种子与细沙土拌匀后撒播，每 666.67m² 播种量 1.5kg。套播后 2～3d，每 666.67m² 施高效有机复合肥 30kg 作基肥。水稻收获时留茬高度应低于 5cm，以防影响鲜草的刈割。排水不畅的田块要及时开沟。翌年 2 月上旬，每 666.67m² 追施尿素 10kg 作返青肥。黑麦草每次刈割后每 666.67m² 均要追施尿素 10～20kg。

（3）适时刈割 3 月上中旬开始刈割，以后每隔 20～30d，黑麦草高 50～80cm 时刈割 1 次。小鹅时，割嫩叶，间隔期短些；大鹅时，间隔期长些。

四、北方地区牧草生产

我国北方地区，冬季天气严寒，春天来得晚，其牧草种植与南方地区有很大区别。

主要栽培品种有杂交狼尾草、苦荬菜、黑麦草；高丹草、苦荬菜、黑麦草。轮作模式有苦荬菜（春）—黑麦草（秋）—杂交狼尾草（春）；高丹草（春）—黑麦草（秋）—苦荬菜（春）；杂交狼尾草（春）—黑麦草（秋）—苦荬菜（春）。

第六章
饲养管理

第一节　饲养管理改善措施

(一) 加强养鹅硬件保障

硬件设施是养鹅的物质基础，是高效生产、疾病防控的基本条件。包括鹅场科学选址和合理规划，鹅舍建设，饮水、喂料、光照、通风、清洁、消毒等设施设备，以及供水、供电、排污等设施建设。要充分借鉴肉鸡、肉鸭养殖中所用的设施设备，根据鹅的生物学特性进行改造，开发出适合规模化养鹅的设备。

(二) 加强营养需要研究，保障科学饲养

鹅营养需要量参数缺乏，饲养标准不完善，饲养标准亟待建立；鹅饲料的代谢能体系尚未建立；青草利用技术、饲喂方法、饲喂量有待进一步研究，以提高利用效率，减少浪费；鹅饲料配制缺乏科学依据，资源浪费严重；专门化/专业化饲料生产厂家少。以上这些都影响种鹅和商品鹅生产性能的发挥。改进方向是加强营养需要研究，精准配制鹅饲料。应按照品种、饲养阶段、生产用途、生产指标进行合理的饲料配制。

(三) 加强牧草与精饲料协同饲喂技术研究

鹅是喜欢采食青饲料的家禽，对青草有一定的消化吸收能力。要采用种养结合生态循环的方式开展规模化养鹅，既满足鹅对青草的喜好，实现健康高效养殖；又充分利用鹅粪肥地种草，实现土地高产和可持续利用。

（四）营养与管理协同

用最适宜的环境温度、合理的光照程序结合限制饲喂，塑造体成熟同步于性成熟的种鹅体型；按照可消化氨基酸需要，细分阶段进行饲喂，添加饲用酶制剂，改善饲料颗粒质量，制订科学的营养浓度和净能饲料评估体系等，提高饲料转化率。

（五）"管"好疾病

要"管"好疾病，需要站在生物安全体系建设的高度，采取生物安全措施，落实"养重于防，防重于治"的原则。"管"好疾病包括 8 个关键点控制：场地建设——场址、地质、地貌、建筑；环境控制——消毒、卫生清洁、绿化、灭鼠杀虫；饮水控制——除害消毒；饲料供给——全价、优质、安全；工作人员——消毒、免疫（防疫）；种畜种禽——优质、健康；养殖设备——清洁、消毒；药物使用——合理选择，科学使用。

第二节 雏鹅饲养管理

一、商品肉鹅生产准备

肉鹅生产是指以生产鹅肉为主要目的所采取的规模化养殖和经营肉用仔鹅的活动，又称肉用仔鹅生产。其实质是依托科学的良种繁育、饲养技术和饲养管理体系，在最短的时间内，以最低的生产成本，获得量多质优和广受消费者喜爱的肉用仔鹅，达到高效、低碳、安全和可持续的肉鹅生产目的。

（一）肉鹅生长发育规律

肉鹅的生长发育有其固有的规律，不同的生长发育阶段，肉鹅各部位的生长发育顺序和速度是不均衡的，只有充分了解和科学认识这些规律，才能够做到精准饲养，提高生产效率。

一般把肉鹅的生产周期人为划分为育雏期、小鹅期和中鹅育肥期。0～4周龄为育雏期，5～8周龄为小鹅期，9～10周龄为中鹅育肥期。肉鹅在育雏期生长速度快，3周龄的体重为初生重的 10 倍左右，肌肉可达 89.4%。但是，雏鹅体温调节机能和抗病能力较差，对营养和温度等外界条件的影响反应强烈，需要做好保温和监护工作。中雏期，肉鹅体重持续增加，此阶段骨骼和腿肌快速发育，很大程度上决定着肉鹅生产的总体效果，该阶段需要加强饲养。育肥期，肉鹅体重增长较为缓慢，胸肌和脂肪快速发育和沉积。应结合饲养条件和环境，根据肉鹅的生长发育规律，制订适应其各个阶段生长发育需求的饲料营养和管理策略，做到科学精准饲养。

（二）肉鹅生产前的准备

在肉鹅生产前，必须周密考虑，合理规划。在生产前就把需要的条件准备好。肉鹅生产涉及鹅雏、饲料、牧草、药品、鹅舍建设、运输、销售等方面的许多环节，必须做好充分准备。

1. 了解市场需求 需要充分了解市场，掌握市场供应和需求情况，理解市场价格波动规律，找准市场定位，制订合理的肉鹅生产计划和策略。

2. 品种选择是关键 品种决定商品肉鹅的生长发育潜力。要选择纯种的狮头鹅鹅雏进行肉鹅生产。饲养狮头鹅纯种种鹅的主要地区是饶平、汕头、揭阳等地。这样的商品鹅早期生长发育快，饲料利用率高，上市体重大，经济效益好。

3. 准备工作充分 饲养鹅舍和用品应提前准备妥当，鹅舍和饲喂工具一律彻底消毒处理，育雏舍还需要准备加温和通风设备，一切垫料均需消毒后备用。应根据饲养规模和各个时期的肉鹅饲养量，提前规划牧草和饲料生产。按饲养规模、品种和季节等备好场地及用具，以及消毒药和疫苗等。

二、雏鹅的特点

（一）生长发育快

育雏期间雏鹅的早期相对生长极为迅速。据四川农业大学家禽育种实验场测定，在放牧饲养条件下，狮头鹅 10 周龄体重可达 6.0kg 以上，是初生重的40 多倍。

（二）体温调节机能差

雏鹅对环境温度的变化缺乏调节能力，对外界环境的适应能力和抗病力也较弱。出壳的雏鹅全身覆盖的绒羽稀薄，保温性能差，自身产生的体热较少。

随着雏鹅日龄的增加，以及羽毛的生长，雏鹅的体温调节机能逐渐增强，从而能够较好地适应外界温度的变化。因此，在雏鹅的培育工作中，必须为雏鹅提供适宜的环境温度，以保证其正常的生长发育。

（三）消化道容积小，消化吸收能力差

在孵化期间胚胎的物质代谢极为简单，其营养物质是利用蛋中的蛋黄和蛋白质，出壳后转变为直接利用饲料中的营养。雏鹅的消化道容积较小，肌胃的收缩能力较差，消化吸收能力较弱，食物通过消化道的时间比雏鸡快。雏鹅新陈代谢旺盛，体温高，呼吸快，早期生长速度快，在饲养管理上应饲喂营养全面、容易消化的全价配合饲料，以满足雏鹅生长发育的需要。雏鹅需水较多，育雏时饮水器或水槽不可断水。

（四）机体抗病力差

雏鹅的抗逆性和抗病力均较弱，容易感染各种疾病。如果饲养密度过大，卫生条件差，易发生各种疾病，损失严重。因此，对雏鹅应加强饲养管理，精心饲养，同时做好防疫工作。

三、育雏前的准备

为了获得理想的育雏效果，必须做好育雏前的各项准备工作。

（一）育雏室的准备

进雏前对育雏室进行全面检查，检查育雏室的门窗、墙壁、地板等是否完好，如有破损，要及时进行修补。室内要灭鼠，并堵塞鼠洞。

（二）保温设备

应准备好育雏用的竹筐、保温伞、红外线灯泡、烟道加温设施或育雏保温成套设备、纸箱、饲料、垫料（稻草、锯末或刨花）、喂料器、饮水槽等。检查育雏室的保温条件，在育雏前1～2d试温。同时还要准备好分群用的挡板或分隔栏等育雏用具。

（三）清洗消毒

育雏室的清洗消毒和环境净化是养鹅场综合防治中重要的卫生消毒措施。应按以下步骤清洗和消毒。

①所有的器具设备应移至舍外进行清洗、消毒，然后存放在清洁场所。

②清除舍内所有的粪便及饲料杂物等。

③使用含有消毒剂的60℃热水，高压清洗舍内所有的梁柱、天花板、墙壁、给料给水设备、风机扇片及遮板、通风口、储放室、工作室及料仓等。

④清洗完毕，使用长效消毒剂消毒鹅舍。

⑤空置鹅舍，不准任何人员、车辆、物品进入，空舍的时间越长越好。育雏舍至少要空置14d。

⑥进雏前72h使用福尔马林熏蒸消毒，紧闭门窗至少12h，进雏前48h打开门窗通风。

（四）环境净化

在进行育雏室内消毒的同时，对育雏室周围道路和生产区出入口等进行环境消毒净化，切断病源。在生产区出入口设一消毒池，以便于饲养管理人员进出消毒。

（五）制订计划

育雏计划应根据所饲养鹅的品种、进雏鹅的数量、时间等确定。首先要根据育雏数量，安排好育雏室的使用面积，也可根据育雏室的大小来确定育雏的数量。建立育雏记录等制度，记录进雏时间、数量、成活率等内容。

四、育雏方式

肉鹅的育雏方式主要有地面育雏、网上育雏、网上育雏与地面育雏相结合和立体笼育4种形式。

（一）地面育雏

地面育雏是使用最久、最普遍的一种方式。一般将雏鹅饲养在铺以3~5cm厚的垫草上，最好是在水泥地面上，或者是在地势高燥的地方饲养。这种饲养方式适合鹅的生活习性，可增加雏鹅的运动量，减少雏鹅啄羽现象发生。但这种饲养需要大量的垫料，并且容易引起舍内潮湿，因此，一定要保持舍内通风良好。3～5d 过后，应逐渐增加雏鹅在舍外的活动时间，以保持舍内垫草干燥。

（二）网上育雏

网上育雏是将雏鹅饲养在离地 50～60cm 高的铁丝网或竹板网上〔网眼（1.1～1.25）cm×（1.1～1.25）cm〕。此种饲养方式优于地面饲养，雏鹅的成活率较高。在同等热源的情况下，网上温度比地面温度高 6～8℃，而且温度均匀，适宜雏鹅生长，又可防止雏鹅打堆、踩伤、压死等现象；同时减少雏鹅与粪便接触的机会，改善雏鹅的卫生条件，从而提高成活率；网上饲养的密度可高于地面饲养；不用垫料，节约劳力，降低饲养成本。其缺点是一次性投资较地面育雏大。网上育雏在寒冷的冬季为防止雏鹅腹部受寒，需要在网面上雏鹅休息处铺纤维布或纸。

图 6-1　地面育雏（厚垫料）（左）与网上育雏（右）

（三）网上育雏与地面育雏相结合

雏鹅出壳后往往需要较高的育雏温度，网上育雏容易满足雏鹅对温度的需求，成活率较高，但雏鹅在网上饲养 4～5d 后，在保证营养供给的情况下，往往会发生啄羽等现象，这是由于此时这种饲养方式不适合鹅的生活习性所致。如果雏鹅在网上饲养 4～5d 转入地面育雏，则可避免雏鹅发生啄羽等现象。

（四）立体笼育

网上育雏可以进行立体饲养，结合育雏规模和条件，设置 2～3 层网，将

雏鹅放入分层育雏笼中育雏。这种方法比平面育雏能更有效、经济地利用鹅舍和热能，节省垫料，节省鹅舍空间，干净卫生，生产效率较高。

五、给温方式

给温育雏常见的有保温伞、红外线灯、煤炉、烟道等给温方式。这种方式要求条件较高，需要消耗一定的能源，育雏费用较高，但育雏效果好，育雏数量多，劳动效率高，适合于规模化养鹅生产的需要。

（一）伞形育雏器育雏

用木板、纤维板或铁皮、铝皮等材料制成的伞状罩，直径 1.2～1.5m，高 0.65～0.70m。伞最好做成夹层，中间填充玻璃纤维等隔热材料，以利保温。伞内热源可采用电热丝、电热板或红外线灯等。伞离地面的高度一般为 10cm 左右，雏鹅可自由选择其适合的温度，但随着雏鹅日龄的增长，应调整高度。此种育雏方式耗电多，成本较高。每个保温伞下可饲养雏鹅 100～150 只。使用此类育雏器及其他加热设备时，要注意饮水器和饲料盘不能直接放在热源下方或太靠近热源，以免"水火不容"，造成水分过度蒸发，湿度增加，饲料霉变，细菌滋生。饮水器和饲料盘应交替排列，以利雏鹅采食。

（二）红外线灯育雏

无论是地面育雏或是网上育雏，都可用红外线灯加温，红外线灯可直接吊在地面或育雏网的上方。红外线灯的功率为 250W，每个灯下可饲养雏鹅 100 只左右，灯离地面或网面的高度一般为 10～15cm。此法简便，随着雏鹅日龄的增加，随时调整红外线灯的高度，以防损坏红外线灯。利用红外线灯加温，室内干净，空气好，保温稳定，垫草干燥，管理方便，节省人工，但耗电量大，灯泡易损坏，成本较高，不能在经常停电的地区使用。

（三）地下烟道或火炕式育雏

炕面与地面平行或稍高，另设烧火间。此法提供的育雏温度稳定，由于雏鹅接触温暖的地面，地面干燥，室内无霉气，结构简单，成本低。由于地面不同部位的温度不同，雏鹅可根据其需要进行自由选择。用烧火的火力和时间来控制炕面温度，育雏效果较好。

（四）烟道式育雏

由火炉和烟道组成，火炉设在室外，烟道通过育雏室内，利用烟道散发的热量来提高育雏室内的温度。烟道式育雏保温性能良好，育雏量多，育雏效果好，适合于专业饲养场使用。在使用时，应随时防止烟道漏烟。

无论采用哪种保温方式育雏，都要注意育雏室内温度的相对稳定，切不可忽高忽低。随日龄增加，温度要逐渐下降，直到完全脱温为止。

六、雏鹅饲喂

（一）开水

开水指出壳后 12～24h 有 2/3 雏鹅欲吃食时的第 1 次饮水。把少量的雏鹅喙多次按入水盘中饮水（可用 5%～10% 葡萄糖水，复合 B 族维生素糖水或清洁饮用水），引导其他雏鹅跟着饮水，水温 25℃为宜。

（二）开食

开食指雏鹅第一次采食饲料。可次将配合饲料混上切细嫩青绿饲料撒在塑料布上或小料槽内，引诱雏鹅自由吃食。经长途运输的雏鹅入舍后应先开水，开水完成后让雏鹅休息一会儿再开食。

（三）饲喂

雏鹅 1～3 日龄吃料较少，每天饲喂 6～8 次；4～10 日龄每天饲喂 8 次，10～20 日龄每天饲喂 6 次；20 日龄后每天饲喂 4 次（以上包括夜间饲喂 1 次）。雏鹅饲料应满足其生长发育需要，精饲料与青饲料的比例 10 日龄前为 1∶2（先饲喂精饲料，后青饲料或混合饲喂），10 日龄后 1∶4（先饲喂青饲料，后精饲料或混合饲喂）。

七、雏鹅管理

（一）温度

采用"看鹅施温"方法，即根据雏鹅的活动情况判断温度是否适宜。当雏鹅表现活泼好动，羽毛光顺，食欲良好，饮水正常，休息时安静无声或者偶尔发出悠闲的叫声，体态自然、分布均匀并不扎堆时，表明雏鹅所处的环境温度是适宜的，保持现状即可。如果雏鹅密集成堆地挤在热源附近或某一角落，羽毛竖立，缩头闭目，不活泼，夜间睡眠不稳，常常发出连续的叽叽尖叫声，这表明温度偏低，应立即驱散集堆雏鹅，迅速升温保暖。若是雏鹅远离热源，张口喘气，两翅张开，频频喝水，吃料减少，则表明温度偏高。育雏推荐温度见表 6-1。

表 6-1　雏鹅温度要求（℃）

年龄	育雏圈中心温度	育雏圈边界温度	育雏舍温度
1～4 日龄	32～30	25	20
5～7 日龄	30～28	23	18
2 周龄	28～25	22	15
3 周龄	25～21	20	15
4 周龄	>15	15	15
5 周龄	>15	15	15
6 周龄	根据天气情况来决定是否停止加温		

（二）密度

雏鹅生长发育极为迅速，随着日龄增长，体格增大，活动面积也增大。因此，在育雏期间应注意及时调整饲养密度，并按雏鹅体质强弱、个体大小，及时分群饲养，有利于提高群体的整齐度。实践证明，雏鹅的饲养密度与雏鹅的运动、室内空气的新鲜程度以及室内温度有密切关系。密度过大，雏鹅生长发育受阻，甚至出现啄羽等恶癖；密度过小，则降低育雏室的利用率。狮头鹅属于大型鹅种，建议饲养密度为 1 周龄 12～15 只/m²、2 周龄 8～10 只/m²、3 周龄 5～8 只/m²、4 周龄 4～5 只/m²。

（三）光照管理

第 1 周 24h 光照；第 2 周 18h 光照；第 3 周 16h 光照；第 4～13 周自然光照。雏鹅孵出后，前几天视力较弱，光照度应强一些。一般每 15m² 鹅舍第 1 周内用 1 个 40W 灯泡，第 2 周开始可以换成 25W 灯泡，并注意鹅舍内整晚都要有灯光，以防雏鹅聚堆积压，窒息死亡。

（四）湿度

潮湿对雏鹅的健康和生长发育有很大影响。在低温高湿情况下，雏鹅体热散发过多而感到寒冷，易引起感冒和下痢、打堆，增加僵鹅、残次鹅和死亡数，这是导致育雏成活率下降的主要原因。高温高湿时，雏鹅体热的散发受到抑制，体热的积累造成物质代谢和食欲下降，抵抗力减弱，同时引起病原微生物大量繁殖，是发病率增加的主要原因。因此，育雏期间，在保温的同时要随时注意通风换气，防止饮水外溢，经常打扫卫生，保持舍内干燥。育雏期间湿度的控制一般以前期 60％～65％、后期 65％～70％为宜。

（五）通风

通风与温度、湿度三者之间应互相兼顾，在控制好温度的同时，调整好通风。随着雏鹅日龄的增加，呼出的二氧化碳、排泄的粪便以及垫草中的氨气增多，若不及时通风换气，将严重影响雏鹅的健康和生长。过量的氨气引起呼吸器官疾病，降低饲料利用率。舍内氨气浓度保持在 $10mL/m^3$ 以下，二氧化碳保持在 0.2％以下为宜。一般控制在人进入鹅舍时不觉得闷气，没有刺眼、刺鼻的臭味为宜。

（六）分群

在对雏鹅进行选择后，将弱雏和健雏分群饲养，有利于雏鹅的生长发育，便于管理。在育雏过程中，发现食欲不振、行动迟缓、体质瘦弱的雏鹅，应及时剔除，单独饲喂，再加上精细管理，便可提高育雏期成活率。在饲养过程中，也应该根据鹅群的生长发育情况，及时按大小、强弱分群饲养。特别是发病鹅群或群体中发病的部分，必须与其他鹅群分开隔离饲养，精心管理，提高出栏率和整齐度。

（七）运动

育雏室内外气温接近时，10 日龄后（冬季、早春 21 日龄后）可进行室外运动或放牧。

第三节 育成鹅饲养管理

育成鹅指 5～8 周龄的青年鹅，相当于通常所讲的小鹅期或生长期。此期的饲养管理特点是，以放牧为主，补饲为辅，充分利用放牧条件，加强锻炼，促进机体新陈代谢，促进肉用仔鹅快速生长，适时达到上市体重。没有放牧条件的，要供给充足的牧草和饲料，保证鹅群快速生长，并且锻炼其消化道消化吸收能力，为育肥期作准备。肉用仔鹅的饲养一般有放牧饲养和舍饲饲养两种方式，我国大多数养鹅户采用放牧饲养。

一、放牧饲养

（一）放牧鹅群管理

鹅群放牧要循序渐进，放牧时间随日龄增加而延长，直至过渡到全天放牧。一般春秋季 10 日龄，夏季可提前到 5～7 日龄，开始时 1h 左右，以后逐渐延长，20 日龄左右可每天放牧 4～6h，30 日龄左右可进行全天放牧。具体放牧时间，可根据鹅群状况、天气及青绿饲料等情况而定。一般可在放牧前和放牧后进行补饲精料，注意放牧前喂七八成饱，收牧后喂饱过夜。补饲次数和补饲量应根据日龄、增重速度、牧草质量等情况而定。随着肉鹅日龄的增加，补饲量应逐渐减少。

放牧鹅采食的积极性主要在早晨和傍晚。鹅群放牧的总原则是早出晚归。放牧初期，每日上、下午各放牧 1 次，中午赶回圈舍休息。气温较高时，上午要早出早归，下午则应晚出晚归。随着仔鹅日龄的增长和放牧采食能力的增强，可全天外出放牧，中午不再赶回鹅舍，可在阴凉处就地休息。放牧鹅群常常采食到八成饱时即蹲下休息，此时应及时将鹅群赶至清洁水源处饮水、戏水，然后上岸梳理羽毛，1h 左右，鹅群又出现采食积极性，形成采食—放水—休息—采食的生物节律性。每天放牧中至少应让鹅群放水 3 次，高温天气应增加放水次数和延长放水时间。

在鹅群刚结束育雏期进入小鹅期或牧场草源质量差、数量少时，需要补饲精料。参考配方为玉米粉 61％，小麦次粉 20％，干草粉 5％，豆粕粉 13％，石粉 1％。饲养户可根据具体情况因地制宜补饲精料。每天放牧归来，都要检查鹅数量、体况，还应根据白天放牧采食情况，进行适当补饲，让鹅吃饱过夜。

（二）放牧鹅群规模

放牧鹅群大小控制是否适当，直接影响鹅群的生长发育和群体整齐度。如果放牧场地较窄，青绿饲料较少，鹅群又过大，必定影响鹅的生长发育，补饲量增加，增加养鹅成本。因此，一定要根据放牧场地大小、青绿饲草生长情况、草质、水源情况、放牧人员的技术水平和经验，以及鹅群的体质状况来确定放牧鹅群的大小。对草多、草好的草山、草坡、果园等，可采取轮流放牧方式，以100～200只为一群比较适宜。如果农户利用田边地角、沟渠道旁、林间小块草地放牧养鹅，则以30～50只为一群比较适合。放牧前可按体质、批次分群，以防在放牧中大欺小、强欺弱，影响个体生长发育。如果是集约化饲养，每群不超过500只为宜。

（三）放牧场地选择

放牧场地应具备4个条件：①有鹅喜食的优良牧草；②有清洁的水源；③有树或者其他荫蔽物，可供鹅群遮阳或避凉；④道路比较平坦。选择有丰富的牧草、草质优良，并靠近水源的地方放牧鹅群，所谓"养鹅无巧，清水青草"。广大农村的荒山草坡、林间地带、果园、田埂、堤坡、沟渠塘旁及河流湖泊退潮后的滩涂地等，均是良好的放牧场地。开始放牧时，应选择牧草较嫩、离鹅舍较近的牧场；随日龄的增加，可逐渐远离鹅舍，要合理利用放牧场地，对牧场实行合理利用。无论是草地、茬地、畦地等，均要有计划地轮换放牧。可将选择好的牧场分成若干小区，每隔15～20d轮换1次，以便有足够的青绿饲料。这样既能节约精饲料，又能使鹅群得到充分运动，有利于鹅快速增重。

如果牧场被农药、化学物质、工业废水、油渍污染，不能进行放牧。鹅的放牧地要提前选择好，凡是鹅群经过的地方都应有良好的青绿饲料和水源，鹅对青绿饲料的消化能力很强，有"边吃边拉"的习惯，应让其吃饱、喝足、休息好。

（四）放牧注意事项

1. 防中暑　北方养鹅的育成期正值夏季，暑天放牧鹅易受到强光的照射和高温的笼罩，极易造成中暑，因此中午应多休息，保证通风顺畅，鹅体感舒适。宜采用"早放早休息，晚放晚休息"的方式，并及时放水，补足水分。

2. 防应激　育成期肉鹅胆小且神经敏感，在放牧时受到外界环境变化易产生应激，如鞭炮声、汽车鸣笛声、机械声、吆喝声等。因此，饲养管理人员要有职业道德，温和对待鹅。如果鹅产生应激反应，一方面维持营养需要提高，养分利用率降低，放牧效果也打折扣，更为严重的是导致鹅发育受阻；另一方面，强烈的应激极易导致鹅抵抗力下降，并诱导疾病发生。所以，防止育成期肉鹅应激应从管理的细节入手，如饲养员的工作服、工具不要随意变换颜色。

3. 防跑伤　鹅走方步，天生运动奔跑能力偏弱，因此放牧时不要把鹅群赶得过快，防止相互碰撞、踩踏或撞到石头、硬土等坚硬物体。放牧的距离要由近及远，按照对放牧场草量和鹅采食能力的认识，慢慢向远处放牧，让鹅逐渐熟悉和适应草地。距离过远时中途要有间歇，以免累伤鹅群。下水的岸边要形成缓坡，防止飞跃撞击。对于受伤的鹅要及时回舍，静心调养。

4. 其他注意事项　开始放牧时要清点鹅数，赶回鹅舍时也要清点，数数时可每三只记一次。如遇到草场放牧人家较多时，要对自己鹅群进行标记，如鹅体涂抹标记、捆绑布条，或挂翅号和脚环，以利于区分。平时应关注天气预报，禁止高温、雨天放牧。最后一次放水后要等到鹅羽毛干后才能回舍，防止将鹅舍弄湿。此外，还要防中毒。要先了解放牧场的农药喷洒情况，喷洒过农药的放牧场至少要经过一次大雨，并经过一定时间后才可以安全放牧。

二、舍饲饲养

（一）供给雏鹅充足的营养

小鹅处于机体生长发育的关键时期，所以必须保证营养充足，包括供给全价饲料和优质牧草等，特别要注意维生素和矿物质元素的供给。

（二）保证一定的运动量

舍饲饲养的小鹅，运动量受到较大限制，不利于骨骼的生长发育，要在建舍时规划足够面积的运动场，让鹅群保持一定的运动量。

（三）保持舍内和运动场的清洁

舍饲饲养的鹅群，一般密度较高，采食充分，排泄也多，地面和空气污染很快，应每日进行舍内和运动场地的清洁工作，并定期消毒。

（四）保持基本恒定的饲养管理制度

恒定的饲养管理制度指包括饲养人员、饲料和牧草、喂料和清洁时间等都应保持基本固定，使鹅群建立良好的条件反射。

（五）保证饮水充足、卫生

快速的生长发育和大量运动需要充足的饮水供应，饮水卫生则是鹅群健康的基本条件之一。槽式饮水设施比较适合这一阶段肉鹅需要，也可以建设宽1.5m、深0.5m 的长沟式饮水池，流动的活水最好。

（六）防止干扰

舍饲的鹅群相对于放牧鹅群，对粗暴饲养、噪声、光照、陌生动物和人等的干扰更敏感，饲养中应尽量避免。

第四节　育肥期饲养管理技术

一、育肥期特点

狮头鹅商品肉鹅一般70 日龄上市，9～10 周龄为中鹅期，即育肥期。此期仔鹅全身羽毛基本长齐，耐寒性进一步增强，体格进一步增大，对环境的适应性增强，消化系统发达。放牧则行动能力、采食能力、适应能力强；圈养则食量大、消化力强、育肥速度快。

根据育肥期的特点，育肥时应掌握以下原则：育肥期一般10～14d；以舍饲、自由采食为主；日饲喂3 次，夜间1 次；饲喂富含碳水化合物的谷类为主，加一些蛋白质饲料，也可使用配合饲料与青草混合饲喂，育肥后期改为先饲喂精饲料、后饲喂青草；限制鹅活动，不限制食量，充足饮水，促进体内脂肪沉积。

二、育肥方法

肉用仔鹅在短期内经过育肥，可以迅速增膘长肉，沉积脂肪，增加体重，改善肉品质。根据饲养管理方式，肉用仔鹅的育肥分为放牧育肥、舍饲育肥和填饲育肥 3 种。各场可根据实际情况进行选择。

（一）放牧育肥

放牧育肥是一种传统的育肥方法，应用广，成本低，适用于放牧条件较好的地区，主要利用收割后茬地残留的麦粒或稻田中散落谷粒进行育肥。如果谷实类饲料较少，必须加强补饲，否则达不到育肥的目的，并且增加饲养成本。

放牧育肥必须充分掌握当地农作物的收割季节，事先联系好放牧的茬地，预先育雏，制订好放牧育肥计划。一般可在 3 月下旬或 4 月上旬开始饲养雏鹅，这样可以在麦类茬地放牧一结束，仔鹅已育肥，即可上市出售。放牧育肥受农作物收割季节的限制，如未能赶上收割季节，可根据仔鹅放牧采食的情况加强补饲，以达到短期育肥的目的。

（二）舍饲育肥法

这种育肥方法不如放牧育肥广泛，饲养成本较放牧育肥高，但具有较好的发展趋势。这种方法生产效率较高，育肥均匀度比较好，适用于放牧条件较差的地区或季节，最适于集约化批量饲养。仔鹅到 60 日龄时，从放牧饲养转为舍饲饲养。

1. 舍饲育肥　主要依靠配合饲料达到育肥目的，也可饲喂高能量日粮，适当补充一部分蛋白质饲料。舍饲育肥主要是限制鹅活动，在光线较暗的房舍内进行，减少外界环境因素对鹅的干扰，让鹅尽量多休息。每平方米可放养 4～6 只，饲喂 3～4 次/d，使体内脂肪迅速沉积，同时供给充足的饮水，增进食欲，帮助消化，经过 15d 左右即可宰杀。

2. 人工强制育肥法　可缩短育肥期，育肥效果好，但比较麻烦。将配合日粮或以玉米为主的混合料加水拌湿，搓捏成粗 1～1.5cm、长 6cm 的条状食团，阴干后填饲。狮头鹅填饲后可生产 500g 左右"粉肝"，所用填饲料为蒸熟糯米。填饲是一种强制性的饲喂方法，分手工填饲和机器填饲两种。

（1）手工填饲法　手工填饲时，用左手握住鹅头，双膝夹住鹅身，左手的拇指和食指将鹅嘴撑开，右手持食团先在水中浸湿后用食指将其填入鹅的食道内。开始填饲时，每次填3～4个食团，每天3次，以后逐步增加到每次填4～5个食团，每天4～5次。填饲时要防止将饲料塞入鹅的气管内。填饲的仔鹅应供给充足的饮水，或让其每天洗浴1～2次，有利于增进食欲，光亮羽毛。填饲育肥经过10d左右鹅体脂肪迅速增多，肉嫩味美。

（2）机器填饲法　填饲机分电动式和手压式两种。由贮料桶和手柄（电动机）组成。填饲方法是通过填饲机的导管将调制好的食团填入鹅的食道内。把混合好的育肥饲料，按1：1.5加水，拌成糊状，装入贮料桶中，压下手柄。用左手抓鹅，右手握住膨大部，左手拇指和食指掰开鹅嘴，用中指压住鹅舌头，将胶管轻轻插入鹅食道，松开左手，扶住鹅头，把饲料压入食道，用右手顺着鹅脖子压一下，然后把胶管拔出来，把鹅放开。每天填饲3～4次，填饲后注意供给充足的饮水。

三、育肥程度判断

肉用仔鹅育肥的程度，主要由下列因素决定。

1. 饲料情况　在放牧育肥条件下，如果作物茬地面积较大，可放牧场地多，脱落的麦粒、谷粒较多，则育肥时间可适当延长；如果没有足够的放牧茬地，或未赶上作物的收割季节，可适当缩短育肥时间，抓紧出售，否则会因放牧不足而掉膘。在舍饲育肥的条件下，要有饲料供应，主要应根据养鹅户的资金、饲料供给情况等来确定育肥时间。

2. 增重速度　育肥期间仔鹅的体重增长速度可反映生长发育速度及育肥期的饲养管理水平。一般而言，在育肥期内，放牧育肥增重0.5～1kg，舍饲育肥可增重1～1.5kg，填饲育肥可增重1.5kg以上。当然，增重速度与所饲养的品种、季节、饲料等因素有密切关系。

3. 肥度　膘肥的鹅全身皮下脂肪增厚，尾部丰满，胸肌厚实饱满，富含脂肪。肥度的标准主要根据鹅翼下两侧体躯皮肤及皮下组织的脂肪沉积来鉴定。若摸到皮下脂肪增厚，有板栗大小、结实、富有弹性的脂肪团，则为上等肥度；若脂肪团疏松，则为中等肥度；摸不到脂肪团，而且皮肤可以滑动的为下等肥度。

四、肉鹅适时上市

狮头鹅肉用仔鹅适时上市是保证饲养者经济效益和资金周转的关键。适时上市是一个动态的概念，主要受市场需求和生产目标的影响。

狮头鹅主要作为潮汕地区卤鹅的原料，有小规模屠宰企业屠宰，而且以活鹅销售为主，仔鹅从 70 日龄开始陆续上市，并随饲养日龄增加价格逐渐上升。仔鹅饲养期 70～90 日龄比较适宜。要生产"粉肝"，则饲养到 85～90 日龄后填饲育肥较好。考虑鹅羽绒生长成熟度，以饲养至 85 日龄或 120 日龄屠宰较好。

标准化生产鹅肉、羽绒和副产品，从肌肉生长、羽毛成熟和器官生长三个方面综合考虑，肉鹅上市屠宰日龄以不低于 70 日龄为宜。

第五节　种鹅饲养管理

狮头鹅是我国稀有的大型鹅种，也是世界最大型鹅种之一。狮头鹅具有体型大、适应性强、抗逆性强、耐粗饲、生长速度快、能大量利用青粗饲料等特点。作为肉用鹅饲养，狮头鹅 70 日龄上市活重达 6 kg 以上。在饲养管理较好的情况下，狮头鹅 70 日龄上市活重达到 7.5 kg 以上。而饲料中主要营养的40%～50%来自青粗多汁饲料。狮头鹅就巢性强，产蛋期短，产蛋量低，每只母鹅年提供健雏数少，科学进行种鹅饲养很关键。

一、狮头鹅种鹅生长阶段划分

根据狮头鹅种鹅各生长发育阶段的生理特点，制订一套科学的饲养管理方法是科学养鹅的基础。狮头鹅种鹅的各生长阶段划分及期末所要求达到的生长发育指标见表 6-2。

表 6-2　狮头鹅种鹅生长发育阶段划分及其生长发育指标

生长期	周龄	体重（kg）	羽毛生长情况	备注
雏鹅期	0～4	母 1.8～2.2 公 2.0～2.5	副翼羽、腹下羽、尾羽、腿羽生长，前躯背羽和后躯背羽长至接近相连	
小鹅和中鹅期	5～10	母 5～6 公 6～7	全身羽毛及主翼羽长齐（俗称翅尾圆）	留种可进行第一次选择；肉用鹅在该期结束后上市
后备期	11～20	母 6～7 公 7～8	完成第二次换羽，羽毛完全丰满，有光泽	此时公鹅已有性行为
（限饲期）	21～35	母 7～8 公 8～9	经人工强制完成第三次换羽，羽毛丰满，富有光泽	此期结束即进入产蛋期

（续）

生长期	周龄	体重（kg）	羽毛生长情况	备注
产蛋期	36～64（9 月至翌年 4 月）	母 8～9公 9～10	前期羽毛丰满，富有光泽，后期逐渐失去光泽	多次就巢和产蛋交替
休产期（限饲期）	65～82（5—8 月）	母 7～8公 8～9	失去光泽，换羽，羽毛丰满富有光泽	准备进入产蛋期

注：多年饲养的狮头鹅种鹅（可以用 4 年），产蛋期—限饲期—产蛋期—限饲期周期性循环。

二、后备期饲养管理

种鹅早期的饲养同商品肉鹅。70 日龄后，按种鹅后备期饲养要求饲养。这一时期鹅主要是进行第二次换羽，体重及发育增长不明显，要利用较多青粗多汁饲料，以降低成本。在以青粗多汁饲料为主的同时，精饲料日饲喂量逐渐减少。至后期（第二次换羽基本完成），在日粮中加入适量大糠（谷壳）作填充料，使日粮营养水平逐渐下降，过渡进入限制饲养期。

采用配合日粮饲养，可按日粮粗蛋白质含量 13%～14%，代谢能 10.9～11.3MJ/kg 配制，后期把粗蛋白质含量降至 10% 左右。

本期的管理与中鹅期基本相同，每天饲喂 3 次，时间基本固定，放牧及洗浴时间也逐步形成有规律的节息制度，每天光照 10h 左右。

三、限饲期饲养管理

（一）后备种鹅控料期的饲养管理

后备种鹅在 120 日龄时经第 2 次换羽后，如供给足够的饲料，可在 50～60d 后开始产蛋，但因此时鹅的机体发育不完善，未达到体成熟，所以产的鹅蛋达不到种蛋标准，且因个体体况差异，造成群体产蛋量参差不齐，其他生产指标如受精率、孵化率也无法达到种蛋标准，经济效益极不合算。用控制饲料使后备鹅延缓产蛋，达到体成熟与性成熟同步，使群体产蛋整齐是经济而有效的方法。后备公鹅在第二次换羽后也开始有性行为，也应通过控制饲养来达到体成熟与性成熟同步。

控料期的饲养管理水平将对产蛋期母鹅的产蛋量和公鹅的交配能力有直接

影响，可以说历来是衡量养种鹅者技术与经验水平的尺子。使控料期母鹅的体况保持在正常状态，并将饲料量下降到最低水平，达到鹅体失重 25%～30%（公鹅失重 15%～20%），羽毛失去光泽，体质略虚弱，又无病态，食欲和消化能力正常的要求，不是一件容易的事。要视饲养管理条件、天气情况、鹅体体质等灵活掌握好饲料量及每天饲喂次数来达到最终目的。后备期控制阶段具体采取如下措施。

1. 控料时间　控料期的时间视雏鹅起养的日期而定。后备母鹅控料应在 120 日龄后开始至产蛋前 50～60d 结束，照此计算，如果在 1 月起养的种雏，控制阶段在 60 日龄左右。而后备公鹅控料期要比母鹅延长 5～10d，而结束期则比母鹅提前半个月左右，其余时间则与母鹅同群控料饲养。

按照农事季节来决定控料期时间比较容易记忆。后备种鹅每年控制在"秋分"开产，在"立秋"结束控料，后备公鹅应在"大暑"结束控料。

2. 控料期饲养方法　在大群圈养情况下，饲料质量与生长期不变，但在每天饲喂量上控制。控制阶段种鹅的日平均饲料用量一般可比生长阶段减少 50%～60%，不足饱食可加入较多的填充粗料（如稻谷壳）和青饲料。控制期后备鹅日粮供给量为配合饲料 120～125g、稻谷壳 250～300g、青料 400g。

后备公鹅在控料期与母鹅有所不同，既要在整个控料期保持有一定的体重（失重不超过 20%）和健康体况，又要防止因营养过剩而提早换羽。在实际生产中，公鹅延长控料期 5～10d，而结束期则提早半个月是有效的控制方法，其余时间则与母鹅同群饲养即可。

3. 后备种鹅强制拔羽及拔羽后的饲养　为了使后备种鹅换羽整齐，使产蛋期产量比较一致，应进行人工辅助换羽。拔羽时间，公鹅在"忙种"季节进行，母鹅在"小暑"季节进行。人工强制拔羽要选择天气晴朗时进行，要求将主副翼羽、尾羽、翅窝粗羽全部拔光。

拔羽后的公鹅每天饲喂精饲料 200g、稻谷壳 150g、青饲料 300g，分 2 次饲喂，以后每过 10d 增加 100g 精饲料。至"大暑"节气、增加达 400～500g 时即停止增加，并按量转换产蛋期饲料和只喂精饲料不加任何填充料。母鹅拔羽后，每天饲喂精饲料 175g、稻谷壳 200g、青饲料 400g，以后每过一个时节增加精饲料 100g；至"立秋"节气、增到 350～400g 时即停止增加，并转换产蛋期饲料。

（二）成年种鹅控料期的饲养管理

成年种鹅在每年的"清明"左右母鹅停产时，公母鹅共同进入控料期，控料期的饲养管理参照后备种鹅。所不同的是，成年种鹅一般不采取人工强制换羽，母鹅产蛋期控制在"白露"开产。成年公鹅应在"小满"时与母鹅分开饲养，每天饲喂 150～180g 精饲料，以后每过 10d 增加 50g 精饲料至"大暑"达 400～500g 时即停止加料，并转换为产蛋期饲料和只喂精饲料不饲喂任何填充料（此时公鹅不喜食青饲料）。而成年母鹅在"夏至"起增加精饲料到 175g，以后每过一个季节增加精饲料 100g，至"大暑"增加到 300～350g 精饲料即停止加料，并转换为产蛋期饲料。

（三）控料期的注意事项

在控料期内，会致后备种鹅体质虚弱。在南方此时又是高温季节，且时有暴雨，故必须注意下面几点，尽量避免不应有的损失。

①每天要观察鹅群动态，及时发现不耐受控料饲养的个体，如发现，及时给予隔离，加强饲养和护理，待完全恢复后再放入大群中。弱鹅的表现是翼下垂，无力提起，脚无力，采食时表现摇摆，严重者卧地不起，这种现象在后备种鹅中常见。

②控料期极易因抢食或采食到异物而导致食道阻塞。要经常在鹅进食前先检查是否有鹅积食，如发现立即隔离进行治疗。控料期投喂的青饲料要尽量切短，使之不易发生食道阻塞，以减少损失。

③时值夏秋炎热天气，运动场要设置有遮阴设施（如树荫、遮阴网等），还要预防暴风雨的袭击。炎热天气中暴风骤雨会对鹅群造成伤害，会因中暑而引起鹅死亡，造成不必要的损失。所以，当要降暴雨时，将鹅群赶入鹅舍避雨是最好的方式。

（四）恢复和换羽阶段

经控料饲养的种鹅，要求在开产前 50～60d 进入恢复和换羽阶段饲养。此期是种鹅换羽和恢复体况的重要阶段，只有全身羽毛更换完毕母鹅才会产蛋。用增加饲料用量并提高饲料营养水平来促进恢复和换羽，促进母鹅适时开产。

后备公鹅与成年公鹅到"大暑"时要饲喂产蛋期饲料，并只饲喂精饲料而不加填充料，原因是要使公鹅在换羽至产蛋期接近时有健壮的体质来诱发母鹅性腺分泌达到母鹅性成熟的目的。成年母鹅要控制比后备母鹅早产蛋一个季节，因此在"大暑"时也要求饲喂产蛋期饲料使其直接进入产蛋期；而后备母鹅则控制在"立秋"时饲喂产蛋期饲料使其进入产蛋期。

控料阶段和恢复换羽阶段饲养不当会影响母鹅的产蛋能力和公鹅的交配能力，必须用灵活的饲养管理方法处理好每天饲喂量。各时期的营养需要，还必须根据种鹅的体重、体况、羽毛褪色程度、换羽速度等确定。在确定日粮营养需要的基础上，用日粮饲喂量来控制各阶段的生长需要是有效的方法。虽然在控制阶段中可能遇到如连日大雨的袭击而影响鹅体健康，抑或是管理不尽责使鹅体质虚弱等情况，但都可以通过调整日饲喂量来加以调节。

以上各阶段的日粮饲喂量是在正常饲养情况下的用量，应灵活掌握，做到既使控料期鹅体况正常，不致过度虚弱，又能节省饲料。同时要考虑当地的饲养方法、饲养条件和不同鹅种的品种特性，科学而灵活地使用上述饲养管理方法，以求收到良好的效果。

四、产蛋期饲养管理

（一）准备产蛋期

经过恢复和换羽阶段的饲养，要求成年公鹅在"处暑"，而后备公鹅在"白露"时达到全身羽毛掉换完毕，体质健壮，全身羽毛丰满有光泽，有旺盛的性欲。成年母鹅控制在"处暑"，后备母鹅控制在"白露"，要求全身羽毛基本掉换完毕，羽毛丰满而有光泽，有一部分鹅肛门周围形成花朵状羽毛圈，并有求偶行为。在生产中，经常存在个别鹅（包括公、母）未达到预期目标，可以用加强饲养来弥补。

准备产蛋期还要进行以下两项工作。①定群：即对留作种用鹅进行第二次选留，淘汰不合格残次个体及多余公鹅。每群公、母合计120～150只，公、母比例为1：5.5。②用具及设备的准备：主要是在鹅舍墙边准备产蛋窝及电孵化机的清洁、消毒、调试等工作。

（二）产蛋期

种公鹅进入产蛋期时，应体型雄伟健壮，叫声洪亮，有良好的交配能力。

即将开产的母鹅羽毛紧凑，腹部羽毛光滑，大部分鹅在肛门周围形成一个如花朵状的羽毛圈，结实好看。但由于个体差异，此时仍有个别鹅在换羽。

1. 饲料营养需要及饲养　为了使母鹅得到产蛋需要的营养，使母鹅在产蛋期正常生产，产蛋期种鹅营养需要量见表 6-3。产蛋期种鹅每吨饲料分别添加种禽用多维 200g、微量元素添加剂 500g、蛋氨酸 1 000g 和赖氨酸 500g。产蛋期种鹅每日饲喂量为 300～350g，约含粗蛋白质 50～60g、代谢能 3.35～4.19MJ、钙 0.8～1g、有效磷 0.17～0.18g，再饲喂青饲料 250～300g。

产蛋期种鹅按上述方法饲养，同时灵活掌握饲料用量，以达到既能维持生产需要，又能节省饲料为目的。掌握的办法是视鹅群的食欲情况、天气情况和每天产蛋率情况而定。如每天产蛋率达到 20%以上，则要饲喂表 6-3 中最高量；如一个产蛋周期结束，大部分母鹅已就巢时，即应减少日粮用量。另外，产蛋期母鹅需要较多的钙，因此，除增加饲料中钙含量外，还要在运动场放置贝壳类让母鹅自由采食。

2. 配种管理　狮头鹅种群中公母比例为 1∶5.5，但在大群饲养时为了防止公鹅因伤病而影响鹅蛋的受精率，可在第二次选留种时按每群留取公鹅 2～3 只作为备用（隔离饲养），以保证受精率。

鹅自然群配是在水上完成，要掌握鹅每天的下水规律，使母鹅得到充足的交配机会是保证受精率的关键。一般要求公鹅每天下水 3～4 次进行交配，但应注意的是在寒冷天气，早上水温低时，鹅虽进行交配，但受精率会受影响。解决的办法是，寒冷天气时早上先放母鹅下水，公鹅在上午天气转暖时才让其下水交配，配种效果更好。

表 6-3　产蛋期饲料配合及营养需要量

饲料名称及营养成分		配比
饲料	玉米（%）	54
	麦麸（%）	17
	豆粕（%）	22
	鱼粉（%）	0
	骨粉（%）	1.5
	贝壳粉（%）	3.8
	磷酸氢钙（%）	1.5
	食盐（%）	0.2

（续）

饲料名称及营养成分		配比
营养需要量	粗蛋白质（%）	15.5～16.6
	代谢能（MJ/kg）	11.30～11.51
	粗纤维（%）	3.8～3.86
	钙（%）	2.88～3
	可利用磷（%）	0.58～0.6

3. 产蛋管理　鹅的产蛋时间，一般在下半夜至上午产蛋居多。要求饲养员每天要拣蛋 3～4 次，最后一次是必须在下班前拣蛋，防止鹅蛋因母鹅抱孵或受污染而影响孵化率。后备母鹅初产时应在产第一枚蛋时加强观察，如有难产或因难产而导致子宫部脱出时，要及时请兽医人员进行处理。

4. 就巢母鹅管理　狮头鹅有较强的就巢性，每产一窝蛋就巢一次，每个产蛋年度（每年 9 月至翌年 4 月）就巢 3～4 次。在用自然方法孵化时，利用就巢母鹅进巢孵化，自进巢孵化至醒巢产蛋需要 60～70d，明显缩短了产蛋母鹅的产蛋日。若采用电孵化机孵化，对母鹅进行醒巢，使母鹅从就巢至醒巢产蛋只需 35～40d，因而产蛋量提高了 15%～20%。醒巢的方法是：每天观察产蛋巢母鹅情况，如发现有母鹅抱窝不起身即先隔离，经隔离 2d 后仍未发现产蛋即把该鹅移至醒巢栏。醒巢栏地面不加垫草，就巢鹅进入醒巢栏内即停止饲料，给足饮水。经 10d 醒巢后可放入种群中饲养，但在放出前 2～3d 要饲喂少量饲料让其适应，这一点很重要。醒巢后，母鹅迅速恢复体况，再经 25～30d 的饲养即开始产下一窝蛋。

五、停产期饲养管理

狮头鹅产蛋期在每年的 9 月开始至翌年 4 月结束，此时气温日渐升高，种鹅羽毛残破。母鹅停产后即与公鹅一起进入控料期。由于母鹅停产时间不一致，个体体质有所差异，可将母鹅分为三类。第一类是经醒巢后恢复而未产蛋的，此类鹅体质最好；第二类是刚停产，体质居中等的；第三类是就巢后未经恢复的母鹅，此类鹅体质最差。由于存在个体差异，少数鹅会提前换羽，为了使鹅在控料期体质一致，换羽整齐，在控料期开始时要对上述三类鹅分别饲养。方法是第一类母鹅停料 4～5d，给足饮水；然后与第二类鹅合群饲养；第三类鹅视体质情况每天给予 200～250g 精饲料，分 2 次饲喂，连续饲喂 5～10d 后与第一、二类鹅合群饲养，饲养方法与控料期相同。

第六节 狮头鹅反季节繁殖技术

一、反季节繁殖概念

狮头鹅在传统的饲养方式下，一般繁殖活动呈现出强烈的繁殖季节性，表现为从每年的 9—10 月进入繁殖期，至翌年的 4—5 月进入休产期，产蛋高峰期为 11 月至翌年 2 月。研究表明，公鹅在母鹅休产季节，表现为生殖系统萎缩、精液品质严重下降等。人工光照、饲料营养、湿度及活体采集羽绒等技术措施，可使种鹅在非繁殖季节产蛋、繁殖，繁殖季节休产，称为反季节繁殖。这是一项通过环境控制调整鹅繁殖季节和周期的技术。狮头鹅反季节繁殖技术可以使鹅雏的供应不受季节影响，保证全年均衡生产与供应，同时能够充分利用夏季丰富的青饲料资源，带来良好的经济效益。

二、反季节繁殖技术操作

（一）鹅舍要求

1. 可控光 用于反季节繁殖的种鹅舍，首先必须是全密闭可以完全控制光照的，即完全不受太阳光线的干扰，全遮黑的。按照这一要求，鹅舍设置双屋脊进行通风，但又能有效遮光；墙底部 30cm 用砖做成通风口，内外相通，向外延伸，通风口舍外部分覆盖水泥盖板控制光线。同时，安装光照均匀的日光灯，要求在鹅眼睛部位的光照度必须达到 80lx 以上（300m² 鹅舍内安装 50～60 支 40W 日光灯），使夜间日光灯的光照度达到 100～200lx。电源电压必须稳定，保证需要人工光照时的电力供应。

2. 通风良好 采用双屋脊和墙底通风口配合，同时，墙体近地面 1m 左右高度设置卷帘。

3. 有利于夏季降温和冬季保暖 南方主要采用 2.5m 的高度和 15m 以上的跨度降低夏季温度，也有利于冬季保温。北方地区则一般需要砖瓦或钢架结构房屋，并加厚墙体。

（二）投雏时间

种鹅的第一个产蛋年开始时间与品种的关系密切。狮头鹅230日龄左右开产。因此，要使母鹅在夏季产蛋，狮头鹅应在传统养殖种鹅的第一批鹅雏留种养殖。如果已经有反季节生产种鹅，则选择8月出雏的鹅雏留种。如果是正常投雏时间饲养的种鹅，则需要用光照程序进行诱导休产（18h长光照），经过一个休产期，再诱导开产（9~11h短光照）。

（三）光照程序

实现鹅反季节繁殖的最关键因素是调整光照程序。在冬季延长光照，在12月至翌年1月中旬在夜间给予鹅人工光照（光照度为30~50lx），加上在白天所接受的自然光照，使一天内鹅经历的总光照时间达到每天18h。用长光照持续处理约75d后，将光照缩短至每天11h短光照，鹅一般于处理后1个月左右开产，并在1个月内达到产蛋高峰。在春夏持续维持短光照制度，一直维持到12月，此时再把光照时间延长到每天18h，就可以再次诱导种鹅进入"非繁殖季节"，从而实施下一轮反季节繁殖操作。

（四）饲养管理

1. 加强营养 鹅在光照处理后产蛋量上升的同时，还会表现出采食量减少的现象，目前还不是很清楚是什么原因导致采食量减少的问题。由于鹅在此时产蛋量高而采食量低，会出现软脚问题，甚至完全不采食而死亡，因此这一时期需要饲喂一些营养价值高的饲料，最好是在光照处理后一开始就加入20%~30%的种蛋鹅料和蛋鸭料，以防止这一问题的发生。在鹅出现软脚问题时，需要将其隔离，白天多晒太阳，并且给其注射抗生素和维丁胶性钙以促进其对钙的利用。

加强营养还应包含休产期限制饲养阶段。限制饲养期饲料饲喂量少，饲料质量差，青饲料不足，导致鹅体况差，必然会对产蛋期产蛋水平和受精率造成不利影响。南方小型品种，休产期可以把饲料用量降低到每天每只鹅100~140g。但不能再低，饲喂量减少过多时需要补充饲喂足够的青草。另外，冬天饥饿也会使鹅的产蛋期拖长，鹅的停产期推迟，不能很好地进行反季节繁殖；而且限制饲喂会使鹅消瘦，造成鹅在冬天和春天的产蛋期容易生病，死亡率增加。

2. 人工辅助换羽　在 12 月开始长光照后，必须用育成期饲料，降低饲料营养水平，尽量多使用青粗饲料，促进母鹅停产并换羽。此时可以安排一次人工辅助换羽，使鹅迅速进入休产期，并有利于下一次开产。具体做法是：在鹅接受长光照处理后约 30d，鹅开始脱掉小毛；光照第 30～35 天（从开灯处理算起的第 30～35 天），此时也已经开始停产；光照第 35～40 天，待公鹅羽毛毛根干枯，可以试拔公鹅大毛，即主副翼羽和尾羽。鹅在长光照处理后 50d 左右，会表现出大规模脱掉小毛的现象，应继续使用长光照使这些小毛继续脱掉；然后在长光照处理开始后 55～60d（比公鹅晚 20～25d），拔掉母鹅大毛。控制母鹅的精饲料供应（青饲料为主，精饲料为辅），以推迟其大毛生长或使整群鹅的羽毛生长更为集中一致，从而使母鹅不要过早产蛋，尽量使母鹅的产蛋与公鹅的生殖活动恢复同步，减少无精蛋比例。

3. 适时公母分群饲养　在长光照处理后 55～60d，将公母鹅分开，把公鹅的光照时间缩短为每天 13h，即晚上 7 点关灯，早晨不开灯（假定早晨 6 点钟天亮）。而此时母鹅的光照时间仍然维持在每天 18h，再过 30d 左右，把母鹅的光照时间缩短为每天 13h（与公鹅一致），并使公母鹅混合饲养。此时稍稍增加一些精饲料（150g/d），再过 3 周左右母鹅即可开产。此时鹅蛋的受精率可达 30% 以上，再过几天受精率可达 80%。

4. 抱窝鹅管理　产完蛋的抱窝鹅，其光照处理与产蛋鹅一样，白天放出鹅舍外，夜间同样需要关进鹅舍内缩短光照，这样可以持续保持和促进其生殖器官处于发育状态，使其可以尽快进入下一轮产蛋高峰。

5. 种鹅保健　在夏季，产蛋料中可加入多种维生素、碳酸氢钠和（或）其他抗热应激类饲料添加剂，以增强母鹅体质，缓解热应激的不良影响。夏季白天温度过高时，往往会导致鹅产蛋性能下降，鹅有时甚至会掉大毛，发生"翻毛"问题，产蛋停止或断断续续。这时必须在运动场上方架设遮光膜遮阴，同时保持良好通风，降低温度过高导致的不良影响。

三、全年均衡繁殖计划

从均衡全年生产的角度考虑，也可以多批鹅搭配饲养。可以通过在秋季推迟种鹅进入繁殖季节，但不采用人工控制技术，使种鹅完成一个正常的繁殖季节，相应地使繁殖季节的时间发生在翌年的夏季；同时可以利用另一群种鹅，适当促进繁殖季节在夏季比正常情况提前 2 月发生。这两种结合安排，也可以实现一年中种鹅的均衡生产和雏鹅的全年均衡供应。

如果养殖 20 000 只母鹅的种鹅场，要保证全年有鹅雏供应市场，可以采用各 10 000 只母鹅规模的两组种鹅，分别采用传统养殖模式和反季节繁殖技术进行生产，即可实现全年有鹅雏供应。其他规模种鹅场依此类推。同时，建议传统模式养殖种鹅，产蛋期采用 9～12h 恒定光照，有利于提高产蛋量。

第七章
疾病防控与保健

第一节　疾病概述

一、疾病概况

随着我国种植业和畜牧业生产结构调整不断深入，水禽养殖业，特别是养鹅业发展迅猛，成为近年来畜牧养殖业的新亮点。鹅的抗逆性虽然较强，但随着养鹅业规模化、集约化的发展，鹅病越来越成为制约养鹅业健康发展的主要障碍。其中鹅传染性疾病是鹅病防治的关键。作为经典鹅病，小鹅瘟仍是危害我国养鹅业的主要病毒病之一。鹅也可发生鸭瘟。在我国养鹅业，还流行大肠杆菌病、沙门氏菌病、鸭疫里默氏菌感染和禽霍乱等细菌性疾病，这些细菌性疾病既可导致鹅发病和死亡，还可影响鹅的生产性能，从而导致淘汰率上升、饲料利用率降低和鹅胴体品质下降、药费增加，并可能导致药物残留问题。

随着养鹅业规模化和集约化程度的提高，新的传染病不断出现。自20世纪90年代中期以来，陆续出现高致病性禽流感、新城疫（禽副黏病毒病）、鹅呼肠孤病毒病（鹅出血性坏死性肠炎）、鹅坦布苏病毒病和雏鹅痛风等危害极大的疾病。鹅圆环病毒病也是鹅的新发疫病，虽然该病造成的死亡率较低，但可影响鹅的生长和发育，并造成免疫抑制。在我国台湾地区，新发现的鸭甲肝病毒Ⅱ型可导致雏鹅死亡70％以上。在匈牙利、德国和法国等国，鹅出血性肾炎肠炎也是危害鹅业的重要疫病，已在我国鸭群中检出该病病原（鹅出血性多瘤病毒），携带鹅出血性多瘤病毒的健康鸭群是一个重要的传染源，对鹅群构成了威胁。

由此可见，鹅业面临的疾病风险不断增加，依靠单一的疾病防治手段控制鹅病，难度极大。因此，构建养鹅场生物安全体系，采用疫病综合防控措施控制鹅病显得越来越重要。

二、总体防控策略

鹅病防控要在鹅场生物安全的前提下，坚持预防为主、防重于治的原则。生物安全是现代养殖业最经济、有效的控制传染病传播的措施。

1. 隔离　将鹅饲养在一个可控制的环境内，不与其他家禽及动物接触；隔离还包含按日龄将鹅分群饲养。在大型养殖场，全进全出的管理制度可以尽可能阻断鹅群间常见传染病的传播途径。

2. 人员和物品往来的控制　包括对进入鹅场及场内车辆和人员、物品的控制。

3. 卫生消毒　即定期清洗和彻底消毒，阻断传染病的传播；强调进入鹅场的物品、人员及设备的消毒及场内人员的个人卫生。同时，要有效地预防和控制疫病，必须建立和健全鹅场兽医防疫体系，制订合理的免疫程序，科学用药，采取综合性防控措施。

三、建立生物安全体系

（一）养鹅场生物安全

1. 生物安全概念　养鹅场生物安全是为防止病毒、细菌、真菌、寄生虫、昆虫、啮齿动物和野生鸟类等有害生物进入养鹅场，进而导致鹅群感染和发病所应采取的一切措施。

2. 生物安全体系建设的目的和基本内容　生物安全体系以疾病防控为目的，即预防病原微生物传入本场，避免病原微生物在养鹅场的传播或持久存在。通常从鹅场建设和制订管理措施两个角度来构建鹅场生物安全体系，因此，鹅场生物安全体系建设的内容包括建筑性生物安全措施和管理性生物安全措施。建筑性生物安全措施是针对传染源和传播途径所采取的措施，而管理性生物安全措施则指针对传染病流行的 3 个环节（传染源、传播途径和易感动物）所采取的措施。生物安全措施就是疫病综合控制措施。

（二）鹅传染病的流行

1. 流行阶段　传染病在鹅群中的流行过程一般需要经过 3 个阶段：①病

原体从已经感染的机体（传染源）排出；②病原体在外界环境中停留；③通过一定的传播途径，侵入新的易感鹅而形成新的传染。如此连续不断地发生、发展就形成了鹅传染病的流行过程。因此，传染病在鹅群中的传播，必须具备传染源、传播途径和易感鹅3个基本环节，倘若缺乏任何一个环节，新的传染就不可能发生，也不可能构成传染病在鹅群中的流行。

2. 传染源　即传染来源，养殖业中指病原微生物在其中定居、生长和繁殖并能排出体外的动物。就鹅而言，传染源指受感染的鹅，包括病鹅和健康带毒（菌）者，携带病原的其他动物也可构成鹅传染病的传染源。

病鹅是重要的传染源，但在不同病期，其传染性有所不同。按病程先后，可分为潜伏期病鹅、临床症状明显的病鹅和处于恢复期的病鹅。对于大多数传染病而言，在疾病的潜伏期，感染鹅体内的病原微生物数量还很少，还没有排出的条件，尚不能起到传染源的作用。但在临床症状明显期，病鹅可排出大量病原微生物，传染源作用最大，在疫病的传播过程中最为重要。在恢复期，鹅的各种机能障碍逐渐恢复，但机体的某些部分仍保有病原体，并可将病原体排出到周围环境中，对健康易感鹅构成威胁。死亡鹅及其流出液含大量病原微生物，若不及时从鹅群里拣出，甚至随意扔弃，则构成传染源。

健康带毒（菌）鹅是另一种传染源，鹅外表无临床症状，如果不进行检疫，很难发现，其作为传染源的作用往往被忽视。但病原微生物可在其体内繁殖并排出体外，易感鹅感染后即可发病。健康携带者分为两种类型。一是患病康复后的鹅，在康复后的一定时间内，鹅体内病原微生物并没有被清除，还可将病原微生物排出体外。二是感染某些病原后不发病但可携带并排出病毒（细菌）的鹅。小鹅瘟多发于3周龄内雏鹅，青年鹅和成年鹅可感染但不发病，从而成为健康带毒者。如果在同一个鹅场饲养多种日龄的鹅，感染鹅排除病毒后，可传递给另一个易感鹅群；若产蛋鹅群成为带毒者，将构成后代雏鹅发生小鹅瘟的传染源。

某些疾病属于鹅与其他禽类的共患病，如禽流感、新城疫、大肠杆菌病和沙门氏菌病。感染这些病原的其他禽类可成为鹅感染和发病的传染源。农村庭院家禽、观赏鸟类、野鸟、伴侣动物可能是多种疾病的传染源。已有试验证明，在养殖场附近活动的麻雀以及蚊子可携带坦布苏病毒，啮齿类动物可感染沙门氏菌等细菌。

3. 传播途径　指病原体从传染源排出，侵入另一易感鹅机体所经过的途径，即病原体更换宿主所借助的途径或外界环境因素。疫病传播分为水平传播和垂直传播，而水平传播又包括直接接触传播和间接接触传播。鹅传染病的传播大多经间接接触，即病鹅排出的病原体污染饲料、饮水、空气、土壤、垫料、用具等，易感鹅经过吃入、吸入或伤口等途径而感染发病。通过饲养人员、兽医工作者、参观访问人员、车辆、犬、猫、老鼠、野鸟等机械性传播病原，也是防疫工作中不可忽视的重要方面。

对于坦布苏病毒等病毒，蚊虫叮咬是可能的传播途径。饲料可因其原料污染或在加工、贮存过程中发生污染，导致鹅感染沙门氏菌和霉菌等病原（或导致霉菌毒素中毒）。禽流感可通过野鸟传播。

有些病原可经鹅蛋垂直传播，由此所引起的疾病称为蛋传性疾病或蛋媒疾病，如沙门氏菌污染种蛋，在孵化过程中可能造成死胚，或经孵化后形成弱雏或带菌雏，在育雏温度过低等应激因素影响下，雏鹅可能发病或死亡。小鹅瘟病毒也可经蛋垂直传播，携带该病毒的产蛋鹅可通过蛋将病毒传递给后代雏鹅，或者带病毒蛋在孵化时形成死胚，从而散播病毒污染孵化箱，使出壳雏鹅大批发病死亡。

4. 易感鹅群　易感性指鹅对某种传染病病原体的感受性，这种感受性的大小与有无，直接影响到感染是否会发生、感染鹅是否会表现出临床症状、传染病是否能流行以及流行强度的大小。

易感性与宿主因素有关。宿主因素首先指机体的特异性免疫状态。雏鹅对小鹅瘟病毒高度易感，在雏鹅出壳时接种小鹅瘟弱毒疫苗或抗体制品，可使雏鹅获得对该病毒的特异性抵抗力。通过免疫种鹅将母源抗体传递给后代雏鹅，或直接用抗体制品接种雏鹅，也可使易感雏鹅获得对小鹅瘟病毒的特异性抵抗力。成年鹅可感染小鹅瘟病毒但不发病，反映出易感性与日龄之间的相关性。

易感性也与病原因素有关。从健康鹅体中可检测到多种星状病毒，表明鹅可感染许多星状病毒而不发病，说明鹅不是这些星状病毒的易感动物。鹅对某种病原微生物的易感性可因病原微生物的变异而发生改变，20 世纪 90 年代中期，鹅对 H5 亚型禽流感病毒和新城疫病毒易感性的变化便是如此。

（三）生物安全体系建设内容

1. 建筑性生物安全体系建设　即硬件建设，是构建生物安全体系的物质基础。以下为建筑性生物安全建设的内容。

（1）鹅场选址　建设鹅场时，要与外界保持一定的距离，利用自然或人造屏障（如小山、水域、绿色隔离带、围墙）进行隔离。

（2）规划和布局　生产区要与生活办公区分开，要分设净道与脏道。若鹅场规模较大，可将生产区进一步划分为可以隔离和封锁的区域或单元，便于分区进行定期清洁和消毒，或必要时清群，防止疾病扩散。

（3）鹅舍建筑　应便于采光和通风，建筑物之间的距离要合适，并考虑到与风向的关系；建筑物的材料、内外设计，以及设施设备的设计和位置要适当，便于清洗和消毒；应重视长远计划和操作规程的制订工作，考虑各种运输工具和设备的流动方式、工作人员的工作路线、饲料的储运系统、从养鹅场运出蛋和鹅群，以及粪便和污物的路线等。

（4）设施设备　应设立卫生消毒设施，包括在鹅场大门入口处设立消毒池、人员消毒通道或人员淋浴消毒室，在鹅舍门口设消毒盆或消毒垫，在鹅场门口和生产区配备高压冲洗和消毒设备。应配备与生产规模相适应的无害化处理设施设备，包括病死鹅收集和处理设施设备、污水处理设施设备、废弃垫料处理设施设备、粪便收集和处理设施设备。种鹅场要有防鼠、防鸟、防虫设施或者措施。应设兽医室，配备疫苗冷冻（冷藏）设备、消毒和诊疗等防疫设备。

2. 管理性生物安全体系建设　即软件建设，是在建筑性生物安全基础上制订一系列规定和程序。这些措施是针对传染病流行的 3 个环节制订的。

（1）消灭传染源　培育健康种群，并贯彻自繁自养的原则，是防止从外地或外场引入病原携带者的重要控制措施。若确需从外地或外场引种或引进雏鹅，应对对方鹅群的健康和免疫状况进行了解，引进的鹅需经过隔离饲养，确认没有感染后，方可混群或放入正式栏圈饲养。

发生过小鹅瘟后存活的雏鹅不能留作种用；所有接触过的鹅，包括雏鹅和成年鹅，均应进行血清学检测以确定哪些被水平感染，淘汰血清学阳性者。对于沙门氏菌病等经蛋传播的疾病，需用血清学方法进行检测，清除种群中那些可能的蛋传播者，以此对疫病进行净化。

采用"全进全出"制度是防止病原携带者引起感染的最好方法。发生重大疫病并经检疫确定感染后，应进行扑杀和无害化处理。鹅场应关闭空置半年以上。对于常规疾病特别是细菌性疾病，应及时确诊并给予群体治疗。

饲料房、开放式鹅舍、鹅场废物和废用设备堆积的地方，都是鼠类藏身和繁殖的场所，应将灭鼠作为经常性工作。

（2）切断传播途径　隔离是切断传播途径最有效的措施。例如，鹅场实行封闭管理，谢绝一切参观；禁止外来车辆随意进入生产区；鹅场饲养员和工作人员不能随意到不同功能区或生产区活动，不能与家中或其他地方的家禽、伴侣动物、观赏鸟有任何接触；附近鹅场或其他禽场发病时，特别是发生一种新奇的疾病（如2010年新出现的坦布苏病毒感染）时，不能去现场参观或在附近闲逛。发生疾病时，应及时进行隔离、封锁，防止疾病在不同功能区或鹅群之间传播。

消毒是杀灭病原微生物、切断传播途径的根本措施。消毒对象包括进出鹅场的人员、各种车辆、饲养用具、物品、网床、垫料、地面、游泳池、污水沟及鹅舍内外其他环境，根据不同的消毒对象可选用不同的消毒剂和消毒方法。消毒包括平时的预防性消毒和发生疾病时的紧急消毒，二者都很重要，但平时应重视预防性消毒。保持鹅舍内外具有良好的环境是控制鹅病发生和传播的重要手段。为防止蛋媒疾病，应采取各种措施减少种蛋污染，并做好种蛋清洗、消毒和储存工作以及孵化的清洁消毒工作。

加强饲料管理，防止沙门氏菌、霉菌等病原污染饲料。

养殖企业需制订具体、严格的作业流程，包括人员进出场流程、物品进场流程、车辆进场流程、种蛋的运转流程、淘汰鹅出售流程、饲料消毒流程、垫料消毒流程、鹅舍带鹅消毒流程、环境消毒流程和空舍整理流程等。

规模化鹅场应采取完善的粪便和污水处理措施，对鹅场废弃物实施无害化处理。

（3）保护易感鹅群　免疫接种是提高鹅群对传染病特异性抵抗力的唯一方法。应根据本场疾病流行状况接种合适的疫苗和抗体制品，而对病原变异性和免疫抗体水平进行监测分析是制订合理免疫程序的根本保障。

第二节　消毒与免疫

一、消毒方法

消毒是鹅场生物安全体系建设的重要环节，指根据不同生产环节、对象，用适宜的方法清除或杀灭鹅体表及鹅场环境中的病原微生物，以达到防控疫病的目的。消毒针对的是传染病的传播途径，其目的在于通过杀灭作用，防止病原微生物进入鹅场或减少病原微生物传入鹅场的机会和数量、降低鹅场环境中已有病原微生物的污染程度，从而有效控制传染病在鹅场的发生和流行。生产中常用的消毒方法包括机械清理法、物理消毒法、化学消毒法和生物消毒法4大类。

1. 机械清理法　指用机械的方法（如清扫、洗刷、冲洗等）对养殖设施设备和养殖环境进行清理或清扫，以除去病原微生物或减少病原微生物的数量。虽然用此法不能彻底消除或杀灭病原微生物，但却是消毒程序中最重要的环节，也是确保其他消毒措施达到效果的基础。

2. 物理消毒法　指用阳光照射、紫外线照射、高温等方法杀死病原微生物或减少病原微生物的含量。阳光是天然的消毒剂，其光谱中的紫外线有较强的杀菌能力，阳光的灼热和蒸发水分引起的干燥也具有杀菌作用，阳光照射适用于地面和可移动的设施或物品。用紫外灯照射也可用于消毒，生产中多用于行人通道。高温消毒包括用火焰进行烧灼或烘烤、经煮沸和用蒸汽进行消毒，多用于特定环节。

3. 化学消毒法　指运用化学消毒剂杀灭病原微生物，涉及熏蒸、浸泡、喷雾、撒布或在饮水中加入消毒剂等具体操作。消毒过程中有化学反应发生，常与机械清理和物理方法联合使用，用于养鹅生产的各个环节。

4. 生物消毒法　是利用生物发酵、微生态制剂等进行的消毒，多用于粪便等废弃物的消毒，一般要经过1～3个月时间，即可出粪清池，适合规模化鹅场。鹅场废弃物如粪便、垫料等采用堆放的方法，只要时间和温度适宜，消毒杀虫（卵）的效果都很好。饲料中添加微生态制剂，即通过有益菌的增殖抑制有害菌的生存和增殖。生物发酵床也是利用这一原理。

二、消毒剂

（一）消毒剂分类

消毒剂类型很多，按照化学组成可将消毒剂分为卤素类（氯制剂、碘制剂）、醛类、酚类、醇类、氧化剂类、表面活性剂类、酸碱类等。

若按消毒剂的效果，则可将消毒剂分为高效消毒剂、中效消毒剂和低效消毒剂。高效消毒剂可杀灭各种微生物包括细菌的繁殖体、细菌芽孢、真菌、病毒等，氯制剂、醛类和氧化剂类消毒剂属于此类。中效消毒剂可杀灭各种细菌的繁殖体、多数病毒和真菌，但不能杀灭细菌芽孢，例如碘制剂、醇类和酚类消毒剂。低效消毒剂可杀灭部分细菌的繁殖体、有囊膜的病毒和真菌，但不能杀灭细菌芽孢和无囊膜的病毒，例如苯扎溴胺（新洁尔灭）等季铵盐类消毒剂和氯己定等胍类消毒剂。

（二）常用消毒剂及其优缺点

1. 氯制剂　包括无机类含氯消毒剂（次氯酸钠、漂白粉等）及有机氯消毒剂（氯胺T、二氯异氰尿酸钠、三氯异氰尿酸等）。有机类含氯消毒剂的效果优于无机类含氯消毒剂。

（1）优点　氯制剂属高效消毒剂，消毒效果好，在急性传染病流行时可用于紧急消毒，也可用于日常环境消毒。

（2）缺点　消毒效力易受有机物、温度、酸碱度等外界环境因素的影响，有报道称有机氯消毒剂对人和动物有一定的毒性和危害。国内常用的次氯酸钠等含氯消毒剂中一般加入十二烷基苯磺酸钠、十二烷基硫酸钠等阴离子表面活性剂，制成复合制剂，如二氯异氰尿酸钠复方制剂、三氯异氰尿酸复方制剂等，可以显著提高消毒效果。

2. 碘制剂　包括碘、碘伏等。碘的消毒效果良好，很早就被作为外科消毒的首选消毒剂，但碘难溶于水，故常与有机溶剂载体如乙醇结合发挥作用，以碘酊和碘酒的形式出现。为提高碘的溶解性能，用表面活性剂作为载体来助溶，这种结合物称为碘伏。常用的溶解载体为聚乙烯吡咯烷酮等表面活性剂。市场上的产品主要有碘酸混合溶液、复合碘溶液、聚维酮碘溶液等。

（1）优点　碘制剂属中效消毒剂，优点是消毒效力强、作用快，既可喷洒，又可内服。

（2）缺点　使用浓度较高，但高浓度有腐蚀性、有残留，在碱性环境中效力降低，受有机物、温度和光线影响大。

3. 醛类消毒剂　包括甲醛和戊二醛制剂等，属高效消毒剂。

甲醛是一种无色气体，易溶于水，通常以水溶液形式出现，35%～40%的甲醛水溶液又称为福尔马林。福尔马林常与高锰酸钾按2∶1（V/W）联合使用，对舍内空间、蛋库等进行熏蒸消毒，缺点是具有刺激性和毒性。

戊二醛制剂与甲醛相似，但无甲醛的某些缺点，对微生物的杀灭作用比甲醛更好，但成本高，适用于器械消毒，用于环境消毒受到限制。一般认为戊二醛和阳离子表面活性剂具有协同作用，因而可以制成复合制剂，如全安、安灭杀等。

4. 酚类消毒剂　属中效消毒剂，市场上多用复合酚制剂（如农福、菌毒杀、杀特灵等），消毒力有所提高。酚类消毒剂有一定臭味和刺激性，带禽、带畜消毒受到限制，主要用作环境消毒和消毒池。复合酚多是酚与有机酸、表面活性剂等组成复方，各种活性成分之间协同作用，能有效地杀灭各种细菌、病毒和霉菌等。

5. 醇类消毒剂　主要是乙醇（酒精），浓度为 75％ 的乙醇溶液消毒效果最好，目前是临床上使用最广泛的皮肤消毒剂之一，也用于器械和注射部位的消毒。

6. 氧化剂类消毒剂　包括高锰酸钾、过氧乙酸等。高锰酸钾一般同甲醛混合进行熏蒸消毒。过氧乙酸是用于环境消毒作用较好的消毒剂，特别是在低温环境下，有较好的杀菌力。缺点是有较强的刺激性、浓度高时会有一定的腐蚀性。过氧乙酸可以采用喷雾、熏蒸、浸泡和自然挥发等方式进行消毒。

7. 季铵盐类消毒剂　苯扎溴胺（新洁尔灭）和癸甲溴胺（商品名为百毒杀）是常见的季铵盐类消毒剂，分别属于单链季铵盐和双链季铵盐。季铵盐类消毒剂属于低效消毒剂，其适用范围受到一定的限制。但这类消毒药性质温和，使用方便，在消毒领域也得到了广泛应用，可用于畜禽栏舍的喷雾消毒。单纯的季铵盐类不能杀灭细菌芽孢和无囊膜病毒，但与乙醇或异丙醇等组成复方制剂或将单、双链季铵盐组合，可明显提高杀菌效果。市场上常见的复合制剂有百毒杀、拜安等产品。

8. 碱类消毒剂　氢氧化钠、生石灰（氧化钙）等是畜禽生产中常用的碱类消毒剂。氢氧化钠主要用于场地、栏舍的消毒。生石灰具有强碱性，但水溶性小，解离出来的氢氧根离子不多，消毒作用不强，其最大特点是价廉易得，常用于涂刷墙体、栏舍、地面等或撒在阴湿地面、粪池周围及污水沟等处消毒。

（三）影响消毒效果的因素

消毒措施能否在生产中发挥应有的消毒作用，主要取决于 3 个方面直接或间接因素，即病原微生物、消毒剂和外部环境。

1. 病原微生物

（1）病原微生物类型　细菌和病毒是对养鹅生产构成危害的两类主要病原微生物，不同的细菌或病毒对消毒剂的敏感性有所不同。

细菌经革兰氏染色后，分为革兰氏阳性和革兰氏阴性两大类。革兰氏阳性菌的细胞壁主要由肽聚糖组成，许多物质可经由肽聚糖交联形成的网孔穿透细胞壁进入到细菌内部；而革兰氏阴性菌的细胞壁主要由丰富的类脂质构成，类脂质是阻挡外界药物进入的天然屏障。有文献报道称，革兰氏阴性菌（如大肠杆菌和沙门氏菌）的耐药质粒（R）还可介导产生对消毒剂的抗药性，或破坏部分消毒剂。因此，革兰氏阳性菌通常比革兰氏阴性菌对消毒剂更敏感。

芽孢是某些细菌的一种特殊结构，其壁厚而致密，对化学药品抵抗力强，因此，大多数消毒剂（酚类、醇类、胍类、季铵盐类等）不能杀灭芽孢。目前公认的杀芽孢类消毒剂有戊二醛、甲醛、环氧乙烷、氯制剂、碘伏等。

按照囊膜的有无，可将病毒分为有囊膜病毒和无囊膜病毒。囊膜位于有囊膜病毒的最外层，由脂类、糖类和蛋白质组成。大多数消毒剂都能杀灭有囊膜病毒，但中效消毒剂（如酚类）和低效消毒剂（如季铵盐类）对无囊膜病毒的杀灭效果很差，因此，需选用高效消毒剂，如碱类、醛类、过氧化物类、氯制剂、碘伏等，才能确保有效杀灭无囊膜病毒。

（2）病原微生物数量　随着养殖时间的延长，养殖环境中病原微生物的污染程度会加重，特别是在疾病暴发期间，场区病原微生物的数量较正常情况要多。因此，消毒剂用量要加大，消毒时间也要延长。即使在日常生产中，某些环节或区域属于重污染区或高危区域，也应加强消毒，并适当增加消毒次数。

2. 消毒剂的种类与使用方法

（1）消毒剂种类　消毒剂种类与病原微生物类型对消毒效果的影响是相辅相成的。因此，选择消毒剂时，需针对所要杀灭的病原微生物特点而定，这是影响消毒效果的关键。在养鹅生产中，大肠杆菌、鸭疫里默氏菌、沙门氏菌、多杀性巴氏杆菌是常见的病原菌，这些细菌均不产生芽孢，因此，一般情况下，不必考虑芽孢对消毒效果的影响，但这些细菌均为革兰氏阴性菌，若选择高效或中效消毒剂，消毒效果会更好。在引起病毒性疾病的病原中，禽流感病毒、新城疫病毒、坦布苏病毒、鸭瘟病毒是有囊膜病毒，绝大多数消毒剂对杀灭这些病毒都是有效的；但小鹅瘟病毒、呼肠孤病毒、鸭甲肝病毒属于无囊膜病毒，如果要杀灭这些病毒，则必须选用高效消毒剂。

（2）消毒剂浓度　消毒剂的消毒效果通常与其浓度成正相关。每种消毒剂都有其最低有效浓度，若低于该浓度就会丧失杀菌能力；但浓度也不宜过高，过高的浓度往往对消毒对象不利，并造成不必要的浪费。因此，在配制消毒剂时，要选择适宜的浓度。

（3）消毒时间　大多数消毒剂接触病原微生物后，需要经过一定时间后才能起到杀灭作用，因此，消毒后不能立即进行清扫。此外，大部分消毒剂在干燥后即失去消毒作用，溶液型消毒剂在溶液中才能有效地发挥作用。

3. 外界环境

（1）温度　通常情况下，环境温度与消毒效果呈正相关。温度升高，药物的渗透能力会增强，消毒速度会加快，消毒效果可得到显著提高。反之，许多消毒剂在低温条件下反应速度减缓，消毒效果受到很大影响，甚至不能发挥消毒作用。例如，如果室温保持在20℃以上，福尔马林能产生很好的消毒效果，但室温降至15℃以下时，消毒效果明显下降。

（2）湿度　有些消毒剂的消毒效果与环境湿度存在一定关系。湿度大于76％时，甲醛消毒效果最好；若用过氧乙酸消毒，环境湿度不应低于40％；对于紫外线而言，相对湿度越高，越会影响其穿透力，反而不利于消毒处理。

（3）pH　许多消毒剂对酸碱度很敏感，pH的变化可改变消毒剂的溶解度、离解程度和分子结构。例如，戊二醛在碱性环境中杀菌作用强，而酚类在酸性环境中作用强。新型消毒剂常含有缓冲剂等成分，可在一定程度上减少pH对消毒效果的影响。

（4）有机物因素　在养殖生产中，病原微生物常与各种有机物（如分泌物、血液、羽毛、灰尘、饲料残渣、粪便等）混合在一起，从而妨碍消毒剂与病原体的直接接触，延迟消毒反应，影响消毒效力。部分有机物还可与消毒剂发生反应，生成溶解度更低或杀菌能力更弱的物质，甚至产生不溶性物质反过来与其他组分一起对病原微生物起到机械保护作用。同时，消毒剂被有机物所消耗，降低了对病原微生物的作用浓度，如蛋白质能消耗大量的酸性或碱性消毒剂，阳离子表面活性剂易被脂肪、磷脂类有机物所溶解吸收。因此，在消毒前，要认真打扫清洗，除去灰尘和有机物。

三、免疫

疫苗的免疫接种是预防和控制传染病的有效方法，也是鹅场生物安全体系的重要组成部分。只有制订出科学的免疫程序，才能更好地发挥疫苗的免疫效果。免疫程序的内容包括需免疫的疫苗种类、每种疫苗的首次免疫时间、每种疫苗的免疫次数、每两次免疫之间的间隔时间、每种疫苗的免疫途径和剂量等。

（一）免疫程序

1. 确定疫苗种类　要确定所需接种的疫苗种类，关键看当前主要流行的鹅病种类。近年来，禽流感、小鹅瘟、鹅副黏病毒病、大肠杆菌病、鸭疫里默氏菌感染等疾病是危害养鹅业的主要疾病。因此，需重视禽流感疫苗、小鹅瘟疫苗、鹅副黏病毒病疫苗、大肠杆菌病疫苗、鸭疫里默氏菌疫苗等的免疫。我国采用强制免疫加扑杀相结合的措施防控高致病性禽流感，因此，禽流感疫苗是必须免疫的。随着时间的推移，危害鹅业的疫病种类也可能会发生变化，需接种的疫苗种类可进行适当调整。

2. 确定首免时间　疫苗的首次免疫时间与疾病的流行特点特别是发病日龄密切相关。在养鹅业，有些疾病（如小鹅瘟和鸭疫里默氏菌感染）主要发生于育雏期，必须在早期进行免疫；其他疾病（如禽流感和新城疫）可发生于各种日龄阶段鹅，为保护雏鹅，也须尽早免疫。总体上，目前可供鹅业使用的疫苗大多需要尽早进行首次免疫。

确定首次免疫时间还需兼顾疫苗因素的影响。疫苗有活疫苗和灭活疫苗之分，对于含有较高水平母源抗体的雏鹅，如果使用活疫苗进行首次免疫，需适当推迟接种时间。如果使用灭活疫苗进行首次免疫，则需考虑到两个因素的影响，一是灭活疫苗的免疫应答期较活疫苗长；二是 1 周龄内的雏鹅可能对灭活疫苗不能产生很好的免疫反应。因此，通常选择在 1 周龄左右作为首免时间。事实上，目前可供鹅业使用的大多数灭活疫苗一般需在 1 周龄左右完成首次免疫。为避免应激反应，还需统筹安排不同灭活疫苗的免疫接种，例如，不同灭活疫苗的首次免疫时间可间隔 3d 左右。

3. 接种次数　免疫接种次数与疫苗的免疫持续期密切相关。一般情况下，活疫苗比灭活疫苗的免疫效力更好，免疫持续期更长，因此，活疫苗的接种次数相对少一些，而对于灭活疫苗，通常需要接种 2 次或 2 次以上。在此基础上，疫苗免疫还需同时考虑鹅的饲养时间以及所制订的免疫程序是用于商品肉鹅还是种鹅。对于活疫苗（如小鹅瘟活疫苗），若用于商品肉鹅（无母源抗体且未感染强毒），仅需在出壳后 48h 内免疫 1 次；若用于种鹅，开产前常需免疫 1～2 次。对于灭活疫苗（如鹅副黏病毒疫苗和禽流感油乳佐剂灭活疫苗），若用于商品肉鹅，通常需接种 2 次；若用于种鹅，开产前应进行 3～4 次免疫。免疫接种次数还与疾病的流行规律有关，例如，鸭疫里默氏菌感染多发生于 2～3 周龄鹅，1 月龄以上较少发病，2 月龄以上则具有天然抵抗力，因此在 1 周龄左右免疫 1 次即可。

4. 疫苗保护期　疫苗的不同免疫效力和免疫持续期决定了不同疫苗两次免疫之间的间隔期将有所不同；即使是同种疫苗，若需要进行多次免疫，每两次免疫接种的间隔期（如首免与二免之间、二免与三免之间）也可能不同。这种免疫间隔期的确定可参考已有的文献报道。例如，小鹅瘟活疫苗，生产中通常采用免疫种鹅保护后代的做法，若在种鹅开产前 2 周免疫 1 次，则在免疫后的 100d 内产蛋孵出的雏鹅能有效抵抗小鹅瘟病毒；但 100d 后种鹅产的蛋孵出的后代雏鹅就不能有效抵抗该病毒，种鹅群必须再次进行免疫。另一种变通的免疫程序是，种鹅在开产前 1 个月和 15d 分别免疫 1 次，这种间隔期为 15d 的免疫程序可使后代雏鹅的受保护期长达 5 个月。对于新城疫油乳佐剂灭活疫苗和重组禽流感病毒 H5 亚型二价灭活疫苗（Re - 6 株＋Re - 4 株），首免与二免间隔期以 2～3 周为宜，二免与三免、三免与四免的间隔期可设定为 3 个月左右。

5. 其他因素

（1）鹅雏来源　如果鹅雏的来源较杂（即其种鹅的免疫状况不同、感染状况不明），将影响到雏鹅小鹅瘟活疫苗免疫程序的制订。可能正因为如此，许多鹅场采用出壳即接种抗体制品的方式预防小鹅瘟，但注射一次小鹅瘟抗体制品可能并不足以完全保护雏鹅安全渡过易感期。

（2）种鹅产蛋期长　种鹅的产蛋期长达 36～40 周，即使在产蛋前进行多次免疫，种鹅在整个产蛋期（特别是产蛋中后期）能否获得足够的免疫保护，仍是值得深入研究的问题。

（3）育成期免疫　部分养鹅企业较重视育雏期和产蛋前疫苗免疫，但通常忽略育成期免疫。由于种鹅的育成期长达 20～22 周，而此时种鹅仍可能发生新城疫、禽流感等疾病，因此，值得深入研究的问题是，在育雏期免疫 2 次鹅副黏病毒疫苗和禽流感油乳佐剂灭活疫苗能否提供 28～30 周（加上 8 周的育雏期）的保护，从而使种鹅安全渡过育成期。

（4）抗体监测　受多种因素的影响，不同鹅群对疫苗接种产生的免疫反应

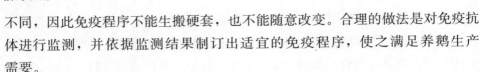

不同，因此免疫程序不能生搬硬套，也不能随意改变。合理的做法是对免疫抗体进行监测，并依据监测结果制订出适宜的免疫程序，使之满足养鹅生产需要。

（二）免疫基本原则

1. 选择合适的疫苗　疫苗是生物活性物质，其质量涉及安全性和有效性，因此，应从口碑好的生物制品企业购买疫苗。即使是正规产品，用户还需考虑活疫苗的残余毒力等正常现象，以选择合适的疫苗，例如小鹅瘟活疫苗SYG26-35株限于种鹅使用，不能用于雏鹅。

在关注疫苗安全性和有效性的前提下，所谓合适的疫苗，是指所用疫苗应与本地或本场疫病流行的实际情况相一致，不能撒大网，盲目使用一些不需要的疫苗。对于某些疫病，其病原可分为不同的血清型或变异株，所选疫苗菌（毒）种的血清型（或抗原性）必须与目前"潜伏"在鹅场的病原相匹配。否则，接种疫苗除了增加成本，引起鹅群应激，甚至可由疫苗的引入诱发疫病，没有正面效果。

2. 接种人员要有专业素养　参与疫苗接种的人员除需具备相关的兽医和疫苗知识，熟悉疫苗的性质、使用方法和注意事项，掌握免疫程序的内涵外，还必须有高度的责任心和敬业精神，尊重科学，珍视生命。

3. 把握疫苗接种禁忌期　鹅群处于应激状态下，包括发生其他疾病时，都不适宜进行疫苗接种，如长途运输、发生寄生虫病、转群前后、天气骤变、生理应激（产蛋）等情况，都应暂缓接种疫苗，避免引起严重的副反应；特别是灭活疫苗，接种时可因佐剂等因素的影响出现不同程度的不良反应，不适宜用于刚出壳的雏鹅或处于产蛋高峰期的种鹅。已经潜伏感染某些病原的鹅，接种疫苗应特别慎重，以免因注射针头导致疾病传播，或由于应激反应导致疾病暴发。

4. 疫苗运输保障　疫苗是生物活性物质，需在适宜的温度下运输和保存，否则，疫苗的免疫效果会受到影响甚至被破坏。活疫苗通常需冷冻保存，灭活疫苗需在0~10℃下冷藏，不能冻存，也不可以在高温下存放疫苗。

5. 接种前应认真检查疫苗　如果出现疫苗过期、物理性状发生变化（如油乳佐剂灭活疫苗破乳）、疫苗被污染或混有异物等情况，一律不能使用。活疫苗开启后应及时稀释，并尽快用完，未用完的应废弃并妥善处理。

（三）狮头鹅免疫程序

根据潮汕地区狮头鹅养殖多年的经验及当前疫病流行情况，汕头市动物防疫监督所制定了《狮头鹅免疫技术规范》，其中推荐的狮头鹅免疫程序见表 7-1（请关注鹅疫病最新疫苗产品动态，本表仅供参考）。

表 7-1　狮头鹅免疫程序（推荐）

免疫时间	疫苗种类	剂量	接种途径	备注
1 日龄	抗小鹅瘟血清或小鹅瘟高免蛋黄液	0.5mL	颈部皮下注射	限于未经小鹅瘟免疫种鹅所产后代
10～12 日龄	小鹅瘟弱毒疫苗	0.5mL	肌内注射	
10～14 日龄	禽流感灭活疫苗	0.5mL	颈部皮下注射	—
25～30 日龄	鸭瘟弱毒疫苗	5～10 头份	肌内注射	—
40～45 日龄	禽流感灭活疫苗	1.0mL	肌内注射	—
150～160 日龄	禽流感灭活疫苗	2.0mL	肌内注射	后备种鹅
产蛋前 25～30d	禽流感灭活疫苗	2.0mL	皮下或肌内注射	种鹅
	小鹅瘟弱毒疫苗	4～5 头份	肌内注射	种鹅
	鸭瘟弱毒疫苗	25～30 头份	肌内注射	种鹅
产蛋期第一窝与第二窝蛋之间	禽流感灭活疫苗	2.0mL	皮下或肌内注射	种鹅
产蛋期结束	禽流感灭活疫苗	2.0mL	皮下或肌内注射	种鹅

第三节　常见病及防控

一、病毒性疾病

（一）小鹅瘟

小鹅瘟又称鹅细小病毒病，是由鹅细小病毒（Goose parvovirus，GPV）引起的鹅的一种急性、高度接触性、败血性传染病，主要侵害出壳后 3～20 日龄雏鹅和雏番鸭。本病的特征性病变是小肠、空肠和回肠部分呈急性卡他性、纤维素性、坏死性肠炎。根据流行病学调查分析，该病流行广，传播快，危害严重。近些年该病已经给部分饲养户造成较为严重的经济损失，是危害养鹅业的最主要疫病之一。

【病原特性】小鹅瘟病原属细小病毒科细小病毒属鹅细小病毒。该病毒主要存在于鹅的脑、肝、脾、肾、肠和血液中，对酸、碱、温度及外界环境有较强的适应性。本病毒在－30℃下能存活 2 年以上，加热至 56℃能耐受 3h。

【流行特点】小鹅瘟在自然条件下仅在雏鹅中发生，3 日龄已开始发病，数日内波及全群。该病毒主要侵害 3～20 日龄雏鹅，日龄越小越易发病，死亡率一般为 40%～80%，严重时可高达 100%；20 日龄以上发病率低，1 月龄以上雏鹅较少发病。随着日龄增长，易感性下降。发病率和死亡率在很大程度上与当年种鹅的免疫状态有关。不同品种鹅对该病的易感性相似。病雏鹅、带毒鹅及带毒种蛋是本病的主要传染源。病毒通过污染的饲料、饮水、用具和环境，再通过消化道感染而发病，也可经污染的种蛋而感染。

【临床症状】本病潜伏期一般为 3～4d，临床症状可分为最急性型、急性型和亚急性型。

(1) 最急性型　通常发生在 1 周龄内的雏鹅，常无临床症状突然死亡，或发现精神委顿后数小时死亡。此型传播迅速，数小时内波及全群，致死率高达 95%～100%。

(2) 急性型　5～15 日龄内所发生的大多数病例为急性型，开始精神尚好，但饮食不振，嗉囊柔软，含有大量的液体和气体；喙端和蹼发绀，鼻孔有浆液性分泌物，周围污秽不洁；排含气泡的水样粪便。病鹅离群站立，不食不饮，临死前出现神经症状，颈部扭转，两腿麻痹，全身抽搐；病程 0.5～2d。15 日龄以上雏鹅病程稍长，一部分能转为亚急性型，症状以精神委顿、消瘦和排稀便为主，少数能幸存，但此后一段时期生长发育不良。

(3) 亚急性型　多发生于流行后期孵化出的雏鹅或 15 日龄以上的雏鹅。表现为不愿走动，减食或不食，排稀便，症状较轻，病程也较长，可延续 1 周以上，少数病例可自然康复，但生长发育严重受阻。

【病理变化】最急性型的病理变化不明显，可见十二指肠黏膜肿胀，有淡黄色黏液，有的病例黏膜出血。胆囊充盈，胆汁稀薄。急性型病程 2d 以上的，出现典型的肠道病变。小肠黏膜发炎、坏死和有大量的渗出物，肠腔中有脱落的假膜；小肠的中下段，尤其是靠近卵黄柄和回盲部的肠段，体积极度膨大，比正常的肠段大 2～3 倍，质地坚硬，形似香肠，俗称"腊肠样特征性病变"，这也是小鹅瘟的特征性病变。肠中有灰白色或淡黄色的栓子，将肠腔完全堵塞，栓子干涸，中心有褐色的肠内容物，外层为坏死的肠黏膜组织和纤维素性渗出物构成的凝固物，这也是小鹅瘟的特征性病变。肝脏肿大，呈紫色或黄白色；脾脏和胰脏充血，偶尔出现灰白色的坏死点。亚急性型病例肠道变化更为明显，肝脏肿大、呈深红色或黄红色，脾脏和胰脏肿大、充血。

【诊断要点】根据临床症状和病理变化，肠道卡他性炎症及纤维素性坏死性炎症（腊肠样特征性病变），可初步作出诊断。确诊需采集病雏的肝、脾做病原分离鉴定（如 PCR 检测）和特异性抗体的血清学检测（包括中和试验、琼脂扩散试验和 ELISA 试验等），尤其是初次发生本病的地区更应这样做。

本病注意与禽副伤寒相区别，禽副伤寒发病在 5～10 日龄死亡率最高，肠腔内有凝固物，但不能形成栓塞；而小鹅瘟肠腔中的栓子具有特征性病变。

【防控措施】本病应主要以预防为主，环境消毒和孵化器消毒是防止本病传播的有效方法，做好孵化厂、育雏舍及器具等的消毒，种蛋入孵前应用福尔马林熏蒸消毒。种鹅注射小鹅瘟疫苗是预防本病最经济、有效的方法。种鹅产蛋前 1 个月左右连用 2 次小鹅瘟疫苗，1 个月后所产种蛋孵出的鹅雏具有坚强的免疫力。本病无有效的治疗药物，抗小鹅瘟血清可用于预防和治疗本病，预防皮下注射 0.5mL/只，保护率可达 90%；病鹅治疗时，15 日龄以下注射 1mL/只，15 日龄以上注射 2mL/只，隔日再注射 1 次，治愈率可达70%～85%，也可用高免蛋黄注射液进行紧急防治。在治疗过程中，肠道往往发生其他细菌感染，故在使用血清进行治疗时，可适当配合使用其他广谱抗生素、电解质、维生素 C、维生素 K_3 等药物，以辅助治疗。

(二) 鹅副黏病毒病

鹅副黏病毒病是由副黏病毒引起的一种具有高发病率和死亡率的传染病。鹅副黏病毒病的发病率和死亡率均较高，临床上以腹泻为主要特征，严重危害养鹅业的健康发展。

【病原特性】本病的病原属于副黏病毒科禽副黏病毒Ⅰ型，病毒形态多样，有囊膜，囊膜上有纤微突。病毒可在 10 日龄鸡胚、鹅胚中增殖，并在 2～3d 致禽胚死亡。

【流行特点】本病流行没有明显季节性，一年四季均可发病，一般潜伏期3～5d。各种品种鹅都易感，但日龄越小发病率和死亡率越高。发病最小日龄仅为3日龄，最大300余日龄。发病率为16％～32％，其中15日龄以内雏鹅的发病和死亡率可达100％。随日龄增长，发病率和死亡率均呈下降趋势。

【临床症状】病程一般2～5d，发病初期排灰白色稀便，随病情加重，粪便呈水样稀便，带暗红色，或呈黄色、绿色或墨绿色。患鹅精神委顿，蹲地少动，有的时时单脚提起，或随水流漂游，少食或拒食，体重迅速减轻，饮水增加。后期部分患鹅出现扭颈、转圈、仰头等神经症状。10日龄左右病鹅有甩头、咳嗽等症状。耐过的雏鹅，一般发病后6～7d开始好转，9～10d康复。

【剖检变化】从食道末端至泄殖腔的整个消化道黏膜都有不同程度的充血、出血和坏死等病变。肠黏膜纤维性坏死。十二指肠、空肠、回肠、结肠黏膜有散在或弥漫性大小不一、淡黄色或灰白色的纤维素性结痂，剥离后呈现出血或溃疡面；盲肠扁桃体肿胀、出血，盲肠黏膜出血或有纤维素性结痂；肝脏肿大，瘀血，质地较硬，有芝麻至黄豆大小、数量不等的坏死灶；脾脏肿大，瘀血，有芝麻大或绿豆大的坏死灶；胰脏肿大，有灰白色坏死灶；脑充血、瘀血；心肌变性；气管环出血；整个肺脏出血，肺部有针尖或粟粒大甚至黄豆粒大的淡黄色结节。部分病例腺胃及肌胃充血、出血；皮肤瘀血。

【诊断要点】根据流行病学、临床症状和病理变化，可进行初步诊断。确诊需要进行病毒的分离鉴定（如PCR）和血清学检测（如ELISA）。当雏鹅发病后常被误诊为小鹅瘟，应用各种抗生素、磺胺类药物以及抗小鹅瘟血清预防和治疗均无效，应注意与小鹅瘟的鉴别诊断。

【防控措施】不从疫区引进雏鹅，切实做好引种鹅群的隔离消毒工作。产蛋前2周对种鹅肌内注射鹅副黏病毒油乳剂灭活苗，使鹅群产蛋期具有免疫力；当雏鹅15～20日龄时进行鹅副黏病毒油乳剂灭活苗接种，肌内注射0.3mL/只。商品鹅免疫接种：雏鹅7～9日龄，进行免疫接种，免疫期达2个月。如发生该病，应对发病鹅做好紧急隔离工作，对场内健康鹅免疫注射鹅副黏病毒高免血清0.4mL/只，发病鹅皮下注射0.8～1mL/只；场内同群的假定健康鹅按病鹅免疫，同时适当使用抗生素以防止继发感染。严格卫生消毒，对养鹅场、用具等定期用含氯消毒剂进行消毒，以杜绝传染源。同时鹅群必须与鸡群分开饲养，不准混养，避免相互传染。

（三）禽流感

禽流感（禽流行性感冒）是由 A 型流感病毒引起的高度接触性烈性传染病，主要感染各种家禽和多种野鸟。该病又称为真性鸡瘟、欧洲鸡瘟，给世界许多国家养禽业造成了巨大经济损失。该病对鸡和火鸡危害最大，水禽常呈隐性感染，但近年来造成发病死亡的病例报道增多。

【病原特性】禽流感病毒属正黏病毒科 A 型流感病毒。A 型流感病毒可感染禽、人、猪、马。由于 H、N 抗原不同，病毒的血清型众多，且各血清型间的交叉保护力较弱。禽流感病毒对外界抵抗力较弱，不耐热，对常用的消毒药敏感。

【流行特点】禽流感一年四季均可发生，以冬春季最常见。一般为隐性感染，但高致病力毒株对各日龄和各品种的鹅具有高发病率和高度致病性。天气变化大、相对湿度高时发病率较高。各日龄鹅均可感染，以 1～2 月龄的仔鹅最易感。发病时鹅群中先有几只出现症状，1～2d 后波及全群，病程 3～15d。本病既可水平传播，又可垂直传播。患鹅的排泄物及被污染的水源、饲料、用具及环境都是重要的传染源。

【临床症状】患鹅体温升高，食欲减退或废绝，仅饮水，腹泻，离群，羽毛松乱，呼吸困难，眼眶湿润；下痢，排绿色粪便，出现跛行、扭颈等神经症状；干脚脱水，头冠部、颈部明显肿胀，眼睑、结膜充血、出血，又称为红眼病；舌头出血。育成期鹅和种鹅也会感染，但其危害性要小一些，病鹅生长停滞，精神不振，嗜睡，肿头，眼眶湿润，眼睑充血或高度水肿向外突出，呈金鱼眼样。病程长的仅表现出单侧或双侧眼睑结膜混浊，不能康复。发病种鹅产蛋率、受精率均急剧下降，畸形蛋增多。患鹅病程不一，雏鹅一般 2～4d，成年鹅为 4～9d，母鹅在发病后 2～5d 内停止产蛋，鹅群绝蛋。耐过的鹅一般要在 1 个月后才能恢复产蛋。

【病理变化】脑、肺、消化道、胸腺、脾脏、肝脏、肾脏、胰腺、法氏囊、卵巢等实质器官充血或出血，其中脑组织出血最为严重。毛孔充血、出血，全身皮下和脂肪出血，头肿大的病例颈部皮下水肿，眼结膜出血，颈上部皮肤和肌肉出血。心、肝、肾等有时出现坏死点。

【诊断要点】依据本病的流行病学、临床症状（红眼等典型症状）、剖检病变等仅可作出初步诊断。确诊必须依据实验室诊断，进行病毒分离、鉴定和血清学检查。琼脂扩散试验多用于未接种禽流感疫苗鹅群的血清学检查。ELISA、RT-PCR 等也可用于本病的诊断。此外，血凝试验（HA）、血凝抑制试验（HI）、琼脂扩散试验（AGP）也可用于本病的诊断。

【防控措施】平时要加强饲养管理，减少应激刺激（低温、潮湿、饲养密度大等），增强鹅体抵抗力。鹅舍及周围环境要定期消毒，最好对鹅群进行带鹅消毒，保持环境清洁。水上运动场以流动水最好。水塘、场地可用生石灰消毒，平时每隔 15d 消毒 1 次，有疫情时每隔 3d 消毒 1 次；用具、孵化设备可用福尔马林熏蒸消毒或百毒杀喷雾消毒；产蛋房的垫料要勤换、消毒。禁止从疫区引种，从源头上控制本病发生。正常的引种要做好隔离检疫工作，最好对引进的种鹅群抽血，做血清学检查，淘汰阳性个体；无条件的也要对引进的种鹅隔离观察 5～7d，淘汰盲眼、红眼、精神不振、步态不正常、排绿色粪便的个体。鹅群接种禽流感灭活疫苗。种鹅群每年春秋季各接种 1 次，每次接种 2～3mL/只；10～15 日龄仔鹅首免接种 0.5mL/只，25～30 日龄再接种 1～2mL/只，可取得良好的效果。避免鹅、鸭、鸡混养和串栏。禽流感有种间传播的可能性，应引起注意。一旦受到疫情威胁或发现可疑病例立刻采取有效措施防止扩散，包括及时准确诊断病例、隔离、封锁、销毁、消毒、紧急接种、预防投药等。

（四）鹅鸭瘟病

鹅鸭瘟病是由鸭瘟病毒感染鹅引起的一种传染病，以传染速度快、死亡率高、眼和泄殖腔出血及排稀粪便为特征。本病常呈周期性暴发，发病率和死亡率较高，是严重危害水禽（鸭、鹅）业的病毒性传染病之一。

【病原特性】鸭瘟病毒属于疱疹病毒 I 型，呈球形，直径约 100nm，病毒存在于患鹅的各个内脏器官、血液、分泌物及排泄物中，其中肝与脾的病毒含量最高。病毒无血凝活性，对外界因素（热、干燥等）抵抗力较强，对消毒药较为敏感。病毒只有一个血清型，但不同毒株的致病性有所差异。病毒可在 9～14 日龄鸭胚的绒毛尿囊膜上生长增殖，并在 7～9d 时致鸭胚死亡。病毒也可在鸡胚、鸭胚和鹅胚成纤维细胞上增殖，并产生细胞病变。

【流行特点】60 日龄以内鹅群一年四季均可发生鹅鸭瘟病，但以春夏和秋季发生最多且严重，传播快、流行广，发病率高达 95％以上，鹅死亡率高达 70％～80％。60 日龄以上鹅也有发生，产蛋母鹅群的发病率和死亡率高达

80%～90%。鸭瘟的传染源主要是病鸭和病鹅、潜伏期带毒鸭鹅及病愈后不久的带毒鸭鹅。被病鸭鹅污染的饲料、水源、用具、运输工具及周围环境都可能造成本病的传播。此外，某些感染或带毒的野生水禽和飞鸟也可能成为传染源或传播媒介。某些吸血昆虫也可能传播本病。在低洼潮湿和水网地带及河川下游放牧饲养的鹅群，最容易发生鹅鸭瘟病。该病常呈地方性流行，发病至死亡过程一般为2～7d。消化道感染是鸭瘟的主要传染途径，也可通过呼吸道、交配和眼结膜感染。人工感染通过口服、滴鼻、泄殖腔接种、静脉注射、肌内注射等途径。鸭瘟一年四季均可发生，在鸭鹅群饲养密度高、流动频繁的春夏之际和秋季流行最为严重。

【临床症状】本病的潜伏期3～4d，发病初期，病鹅表现精神不振，体温升高，羽毛松乱；食欲不振甚至不采食饲料；趴地不起，不愿下水，强行驱赶时，病鹅步态蹒跚，站立不稳，甚至倒地不起而死亡；病鹅排黄白色、乳白色或黄绿色黏稠稀便，眼流泪，眼睑水肿，眼结膜出血或充血。有的病鹅在死亡后眼周围有出血斑迹，头部及颌部皮下水肿，死亡前全身震颤，泄殖腔黏膜出血或充血和水肿。有些病鹅的眼鼻和口角均有出血，一般发病后2～5d死亡，有的可持续1周以上。

【病理变化】病鹅呈现败血症病变，皮下组织炎性水肿，皮下有出血点或出血斑；眼睑结膜出血；口腔、食道及泄殖腔黏膜坏死，形成灰黄色或褐色假膜，剥离后可见出血斑或溃疡；十二指肠和直肠严重出血，泄殖腔黏膜出血；肝脏上有大小不等的灰黄色坏死点，有些坏死点中间还有出血点或出血斑；心包膜、口腔、食道和腺胃黏膜上有出血点；法氏囊黏膜充血，囊腔内充满白色凝固渗出物或血凝块。

【诊断要点】根据其流行病学特点、临床症状和剖检病理变化，即可作出初步诊断。病毒的分离鉴定和血清中和试验可确诊本病。

【防控措施】

（1）隔离消毒　严格禁止健康鹅与发生鸭瘟或鹅鸭瘟的病群接触。发生鹅鸭瘟后，应立即隔离和严格消毒，一般可采用浓度为10%～20%石灰水或5%漂白粉水溶液消毒鹅舍、运动场及其他用具。暂停引进新鹅群，待病鹅痊愈并彻底消毒后，才能引进新鹅群。

（2）免疫接种　用鸭瘟疫苗对鹅群进行免疫接种，有良好的免疫预防效果。在疫区周围或附近地带，可用鸭瘟疫苗紧急接种，肌内注射剂量为：15

日龄以上鹅用鸭瘟疫苗 10～15 羽份量/只，15～30 日龄 20～25 羽份量/只，30 日龄以上至成龄鹅用 25～30 羽份量/只。

【治疗方法】病鹅用板蓝根注射液 1～4mL/只，维生素 C 注射液 1～3mL/只；或用地塞米松注射液 1～2mL/只，一次肌内注射，每天 1～2 次，连用 3～5d。病鹅用聚肌细胞注射液 5～10mL/只，一次肌内注射，每天注射 1 次，连用 2～3d。为预防混合感染，病鹅群可用适量恩诺沙星拌料饲喂，连喂 2～3d。

二、细菌性疾病

（一）禽巴氏杆菌病

禽巴氏杆菌病是由多杀性巴氏杆菌引起的接触性传染病，可引起鹅的急性败血症及组织器官出血性炎症，并常伴有严重下痢，又称禽霍乱、禽出血性败血症、摇头瘟等。该病流行于世界各地，无明显季节性。一年四季均可发生。本病发生后，不止同种畜禽，不同种的畜禽间也可互相传染。本病可通过污染的饮水、饲料、用具等经消化道或呼吸道以及损伤的皮肤黏膜等传染，是危害养鹅业的一种严重传染病。

【病原特性】本病病原是禽源多杀性巴氏杆菌。病菌在干燥空气中 2～3d 死亡，在高温下立即死亡，但在腐败尸体中可存活 1～3 个月，土壤中可以存活 5 个月之久，在厩肥中至少能存活 1 个月。本菌对一般消毒药的抵抗力不强，对青霉素、链霉素、土霉素及磺胺类药物等较敏感。在急性型病例，很容易从病鹅的血液、肝、脾等器官中分离到病原菌。慢性型病例可从咽喉部进行接种分离。

【流行特点】本病流行的季节性不强，不同日龄鹅均可发病。各种家禽（包括鸡、鹅、鸽、鹌鹑等）、野禽（野鸭、天鹅、海鸥等）都能感染本病，其中鸡、鸭、鹅最易感，发病率最高。本病的发生常为散发性，多为急性发病。病鹅和带菌鹅以及其他病禽是本病的主要传染源。健康鹅直接接触病禽或接触经病禽污染的饲料、饮水、器械、环境等，经消化道或呼吸道而感染，有时也可通过损伤的皮肤而引起感染。此外，在不良应激条件下，如天气突变、饲养密度过大、通风不良、环境卫生条件恶劣、鹅群嬉戏的水塘水质严重污染，以及营养不良，长途运输等，都可促使本病暴发。犬、猫、飞禽（麻雀和鸽等）

及野生动物，甚至人都能够机械带菌，有些昆虫如苍蝇、蜱、螨等也是传播本病的重要媒介。

【临床症状】本病的潜伏期 2～9d，典型病理变化为心脏心内、外膜有出血点或出血斑，肝脏表面具有分布均匀的灰白色坏死点。根据病程长短可分为最急性型、急性型和慢性型 3 种。

（1）最急性型　常发生在本病刚开始暴发的最初阶段。最急性型病例常无任何先兆而突然倒地死亡，此种病例剖检常无特征性病变，偶见消化道有出血性变化。在本病流行过程中，最急性型病例只占极少数。

（2）急性型　病鹅精神委顿，不愿下水游泳，即使下水也行动缓慢，常落于鹅群后面或离群独处，羽毛松乱，体温升高到 42.3～43℃，食欲减少或废绝，口渴，眼半闭或全闭，打瞌睡，缩头弯颈，尾翅下垂，口和鼻腔有浆液、黏液流出，呼吸困难，张口伸颈，常摇头，欲将蓄积在喉部的黏液排出，故又称之为"摇头瘟"。病鹅发生剧烈腹泻，排出绿色或白色稀便，有时混有血液，具有腥臭味。病鹅往往发生瘫痪，不能行走，患鹅的喙和蹼明显发紫，通常在出现症状的 2～3d 死亡。

（3）慢性型　病程稍长的转为慢性型，病鹅消瘦，有些发生关节肿胀，跛行，行走不便，行动受限或脚蹼麻痹，起立和行走困难，时间较长则局部变硬。

【病理变化】病死鹅尸僵完全，皮肤发紫或皮肤上有少量散在的出血斑点。禽霍乱的特征性病变表现为心冠脂肪、心耳及心内外膜有弥漫性出血斑点；肺瘀血、水肿；肝脏肿大、瘀血，表面密布针尖大小灰白色坏死点。此外，腹膜、皮下组织和腹部脂肪及浆膜常有出血斑点；心包积液，呈现透明橙黄色，有的心包内混有纤维素样絮片。胆囊充盈、肿大，充满绿色胆汁；多数脾脏肿大，有散在的坏死灶；胰腺肿大，有出血点，腺泡明显。肠道中以十二指肠病变显著，发生严重的呈现急性卡他性肠炎或出血性肠炎，肠黏膜充血、出血。肠内容物中含大量脱落黏膜碎片的淡红色液体。肌胃角质膜下有出血斑点。慢性型病例可见关节面粗糙，附着黄色的干酪样物质或红色的纤维组织，关节囊增厚，内含有暗红色、混浊的黏稠液体；局部穿刺见有暗红色液体，呈干酪样坏死或机化，切开肿胀部位有豆腐渣样渗出物。心肌有坏死灶，肝发生脂肪变性和局部坏死。

【诊断要点】根据流行特点、临床症状和典型的病理变化，可对本病作出初步诊断。确诊需进行细菌分离培养鉴定，如生化试验、动物试验等。

【防控措施】应搞好饲养管理和环境卫生，减少不良应激因素对鹅群的影响。健康鹅群接种禽霍乱弱毒活菌苗或氢氧化铝/蜂胶灭活菌苗。有条件的鹅场，最好通过药物敏感性试验，选择敏感的抗菌药物进行治疗。该菌一般对丁胺卡那、喹乙醇高敏，对青霉素、磺胺噻唑中敏。如可用青霉素、链霉素混合肌内注射，每千克体重各用 10 万～20 万 IU，2 次/d，连用 2～3d，能迅速减少死亡，控制病情。也可将磺胺类药物（如磺胺嘧啶、磺胺二甲嘧啶、磺胺异噁唑等）按 0.4％～0.5％的比例混于饲料中内服，拌料一定要均匀，防止磺胺中毒，同时添加一定量的碳酸氢钠。此外，最好同时紧急接种禽霍乱蜂胶灭活疫苗，根据鹅大小胸肌注射 1～2mL/只。给药和紧急接种灭活疫苗可迅速有效遏制本病流行。对禽霍乱高发地区的鹅群应采用标准疫苗和当地疫苗株制成的灭活菌苗联合免疫，可获得更有效的预防效果。加强饲养管理，禽霍乱的发生多因该病原是体内条件致病菌，当遇到饲养条件欠佳、环境气候突变等应激因素时即可引发本病。一旦发病，应及早隔离治疗，全面消毒，并应全群进行预防性投药。在该病严重发生地区，应加强环境卫生，鹅舍保持通风干燥，并保证鹅适当运动。防止家禽混养，严禁在鹅场附近宰杀病禽。坚持定期检疫，早发现早治疗，降低损失。

（二）鹅大肠杆菌病

鹅大肠杆菌病是由致病性大肠杆菌所引起的局部或全身性感染的细菌性疾病的总称。临床上常见的有卵黄性腹膜炎、急性败血症、心包炎、脐炎、气囊炎、滑膜炎、大肠杆菌性肉芽肿、胚胎病及全眼球炎等病变。本病是危害养鹅业的常见细菌病，与养殖环境条件密切相关。产蛋期种鹅发生本病，称为卵黄性腹膜炎，俗称母鹅"蛋子瘟"，不仅影响产蛋率，有时死亡率也很高，对养鹅业危害极大。

【病原特性】致病性大肠杆菌主要是埃希氏杆菌，为中等大小杆菌，其大小为（1～3）$\mu m \times$（0.5～0.7）μm，有鞭毛，无芽孢，有的菌株可形成荚膜，革兰氏染色阴性，需氧或兼性厌氧，生化反应活泼，易于在普通培养基上增殖，适应性强。本菌对一般消毒剂敏感，对抗生素及磺胺类药等极易产生耐药性。

【流行特点】大肠杆菌广泛分布于自然界，也存在于健康鹅和其他禽类肠道中，是健康畜禽肠道常在菌。大肠杆菌可分为致病性和非致病性两大类，是一种条件性致病菌。正常情况下不致病，在卫生条件差、饲养管理不良的情况下，很容易引起本病发生。大肠杆菌普遍存在于饲料、饮水、鹅体表、种蛋、孵化厂、孵化器等处，其中种蛋表面、孵化过程中的死胚及蛋中分离率较高。大肠杆菌对环境的抵抗力很强，附着在粪便、土壤、舍内尘埃或孵化器内绒毛、碎蛋皮等处的大肠杆菌能长期存活。

鹅大肠杆菌病感染途径：种蛋污染后可传给鹅胚，外界大肠杆菌可经呼吸道、消化道和生殖道感染。典型的大肠杆菌感染就是种鹅生殖器官感染后通过交配继续传播，引起母鹅卵黄性腹膜炎。

各日龄阶段鹅均可感染。"蛋子瘟"在养鹅地区的种鹅群中经常发生，尤其在产蛋高峰及寒冷季节多见。鹅群中一旦出现病鹅即陆续不断地发生，发病率可达25%以上，死亡率15%左右。耐过者则产蛋停止，鹅群的产蛋率显著下降，病鹅所产蛋的受精率和孵化率也明显降低。种母鹅大肠杆菌全身性感染时，部分大肠杆菌经血液而到达输卵管，或患有生殖器官大肠杆菌病的公鹅与母鹅交配，公鹅即将大肠杆菌传播给母鹅，这两种情况均可使母鹅输卵管发炎，导致输卵管伞部在排卵时不能移动、张开和接纳卵泡（卵黄），卵即跌落腹腔，引发腹膜炎。当母鹅产蛋停止后，本病的流行也宣告终止。

【临床症状】由于大肠杆菌侵害的部位不同，在临床上的表现症状也不同。根据病理特征可分为如下几种病型。

（1）蛋子瘟型　多见于成年公、母鹅。急性型母鹅在流行初期，常未见明显症状而突然死亡。死亡鹅膘情较好，输卵管中常有硬壳或软壳蛋滞留。亚急性型母鹅病初精神沉郁，行动迟缓，不活泼，常离群独处。腹部逐渐增大而下垂，常呈企鹅式步行姿态，触诊其腹部，有敏感反应，并感到有波动感。有些病例的腹部胀大而稍硬，宛如面粉团块。有些病例呈现贫血，腹泻，出现渐进性消瘦。有些病鹅虽一直保持其肥度，最后多半出现脱水、饥饿以及炎症、内（类）毒素吸收等原因引起衰竭死亡。病程2～6 d，少数病鹅能够自行康复，但产蛋力丧失。

成年种公鹅，轻者整个阴茎严重充血、肿大，螺旋状精沟消失，阴茎表面布满芝麻大小或黄豆大的黄色脓性或黄色干酪样结节。重者公鹅阴茎高度肿大、脱出，不能缩回体内，阴茎表面出现黑色结痂，剥除结痂后出现溃疡面。凡外露阴茎的病公鹅除失去交配能力外，精神、食欲和体重均无异常，不出现死亡。

（2）脑炎型　多见于1周龄雏鹅，多为病程稍长的转为脑炎型。病雏鹅扭颈，出现神经症状，采食减少或不采食，病程2～3d。

（3）浆膜炎型　大多数是由雏鹅耐药引起的。病鹅精神不振，食欲减退，干脚，雏鹅第一天晚上精神食欲正常，第二天早上有部分病鹅卧地不起，严重者以背部卧地，两脚划动，不能翻身，眼周围出现黑色眼圈。一般情况下全群不会同时发病，未及时选择有效药物控制会渐进地出现一部分病鹅，其死亡率较高，耐过者生长不良。

（4）关节炎型　临床上多见于7～10日龄雏鹅，偶尔也见于青年鹅和成年鹅。病雏鹅趾关节和跗关节肿大；常见跗关节周围红肿，患肢跛行，不愿着地，运动受限，触之肿胀部位有波动感和热痛感，病鹅饮欲、食欲不振，由于取食困难，逐渐消瘦衰竭死亡。青年鹅、成年鹅患病严重的通常被迫淘汰处理。雏鹅病程为3～7d，青年鹅和成年鹅病程可达10～15d。

（5）眼炎型　多见于1～2周龄雏鹅。发病雏鹅结膜发炎、流泪，有的角膜混浊，病程稍长的眼角有脓性分泌物，严重者封眼，病程1～3d。

（6）肉芽肿型　多见于青年鹅或成年鹅，病鹅精神沉郁、食欲不振、排稀便、行动缓慢、常落群、羽毛蓬松，最后衰竭而死，病程1周以上。

（7）脐炎型及卵黄囊型　临床上见于1周龄以内幼鹅，尤其是3日龄雏鹅。病鹅精神委顿，不吃或少食，怕冷，缩颈垂翅，眼半睁半闭，腹部膨大，脐部肿胀坏死，常蹲卧，不愿活动。病雏鹅常于数日内败血死亡或因衰弱挤压致死。

（8）败血症　见于各日龄阶段鹅，以1～2周龄雏鹅多发。常突然发生，最急性型则无任何症状出现即死亡。病鹅精神沉郁，采食减少或废绝，饮欲增加，羽毛蓬松，缩颈眼闭，排稀便，常卧，不愿行动，怕冷，常挤成一堆，不断尖叫，体温升高，比正常鹅体温高1～2℃。粪便稀薄而恶臭，混有血丝、血块和气泡，肛周沾满粪便，呼吸困难，最后衰竭窒息死亡，死亡率较高。部分病鹅出现呼吸道症状，眼鼻常有分泌物。病程1～2d。

【诊断要点】母鹅发病表现为产蛋突然停止，每天都有产蛋的行为而实际上无蛋产出。商品鹅发生本病，仅依靠临床诊断，很难进行鉴别。对大肠杆菌进行分离鉴定极易与其他细菌性疾病区分。

【防控措施】

（1）饲养管理　加强饲养管理、改善鹅舍通风条件、保持养殖环境清洁是控制本病的重要措施。认真落实消毒制度，定期消毒，可用适量白醋定期加热熏蒸鹅舍或喷雾消毒。鹅经常出入的区域也要定期消毒，饮水卫生干净，垫料定期清除和消毒，减少空气中大肠杆菌含量。控制其他常见疾病发生，减少各种应激因素，避免诱发大肠杆菌病的发生与流行暴发。公鹅在本病的传播上起着重要作用，因此，在种鹅繁殖季节前，应对种公鹅进行逐只检查，凡种公鹅外生殖器官上有病变的一律淘汰，不能留作种用。育雏期适当在饲料中添加抗生素，有利于控制本病暴发。当种鹅群发生大肠杆菌性生殖器官病时，必须首先逐只对公鹅进行检查，发现外生殖器官表面有病变的公鹅，马上隔离，或一律淘汰不留作种用，以防止继续传播本病。

（2）免疫接种　接种疫苗对预防本病有一定效果，但大肠杆菌血清型众多，应选择适宜的多价疫苗进行预防。

（3）药物治疗　发生大肠杆菌病后，可以用药物进行治疗，但大肠杆菌对药物极易产生耐药性，现已发现青霉素、链霉素、土霉素、四环素等抗生素对本病几乎没有治疗作用。庆大霉素、阿普霉素、新霉素、丁胺卡那霉素、黏杆菌素、磷霉素、氧氟沙星、加替沙星、二氟沙星、头孢类药物对本病有较好的治疗效果，但对这些药物产生耐药性的菌株已经出现并有增多趋势。因此，采用药物治疗时，最好进行药敏试验，或选用过去很少用过的药物进行全群治疗，且要注意交替用药。给药时间要早，早期投药可控制早期感染的病鹅，促使痊愈，同时可防止新发病例出现。某些患病鹅，已发生各种实质性病理变化时，治疗效果极差。在生产中可交替选用以下药物：0.01%～0.02%氟甲砜霉素拌料，连用 3～5d；0.05%～0.1%丁胺卡那霉素拌料，连用 3～4d；0.008%～0.01%环丙沙星或氧氟沙星、加替沙星饮水，连用3～5d。

（三）鹅副伤寒

鹅副伤寒是由沙门氏菌引起的鹅的一种急性传染病。不同日龄鹅均能感染发病，以 2～3 周龄幼鹅最易感，死亡率较高。成年鹅往往呈慢性或隐性感染，成为带菌者。本病主要表现为腹泻、结膜炎、消瘦等症状，成年鹅症状不明显。

【病原特性】本病原为沙门氏菌属细菌，为革兰氏阴性小杆菌；种类很多，本病主要是鼠伤寒沙门氏菌、鸭沙门氏菌、肠炎沙门氏菌等，病原菌的种类常因地区和家禽种类不同而有差别。沙门氏菌的抵抗力不强，对热和多数常用消毒剂敏感。普通消毒药能很快将其杀灭，60℃ 10min 即可将其杀死。病原菌在土壤、粪便和水中存活时间较长，土壤中的鼠伤寒沙门氏菌至少可以存活280d；鸭粪便中的沙门氏菌能存活 28 周；池塘中的鼠伤寒沙门氏菌能存活119d，在饮用水中也能存活数周至 3 个月。

【流行特点】本病的发生常为散发性或地方性流行，不同种类家禽（鹅、鸡、鸭、鸽、鹌鹑）、野禽（野鸡、野鸭等）及哺乳动物均可发生感染，并能互相传染，也可以传播给人类，常引起人类食物中毒，在公共卫生上意义重大。本病在世界分布广泛，几乎所有国家都有本病存在。幼龄鹅对副伤寒非常易感，3 周龄以内鹅易发生败血症而死亡，成年鹅感染后多为带菌者。鼠类和苍蝇等也是携带本菌的传播者。临床发病鹅和带菌鹅以及污染本菌的畜禽副产品是本病的重要传染源。禽副伤寒的传染方式与鸡白痢相似，可通过消化道等途径水平传播，也可通过蛋垂直传播。

【临床症状】病鹅主要表现为下痢，粪便如清水，日趋衰弱。病鹅食欲消失，腹泻，粪便污染后躯，干涸后封闭肛门，导致排便困难。成年鹅呈慢性经过，日渐消瘦。根据病情可分为急性型和慢性型。

（1）急性型 多见于雏鹅，大多由带菌种蛋引起。2 周龄以内雏鹅感染后，常呈败血症经过，往往不表现任何症状突然死亡。多数病例表现嗜睡、呆钝，畏寒，垂头闭眼，两翅下垂，羽毛松乱，颤抖，厌食，饮水增加，眼和鼻腔流出清水样分泌物，下痢，肛门常有稀便黏糊，体质衰弱，动作迟钝、不协调，步态不稳，共济失调，角弓反张等，最后抽搐死亡。少数病例出现呼吸道症状，表现呼吸困难、张口呼吸或出现关节肿胀、跛行。

（2）慢性型 多见于成年鹅，常成为慢性带菌者，一般无临床体征，有的表现为下痢消瘦、关节肿大、跛行等症状，如继发其他疾病，可使病情加重，加速死亡。

【病理变化】典型病变一般为食道空虚，肝脏肿大、充血，黏膜充血、出血，气囊膜混浊，盲肠肿胀，内容物呈干酪样。急性病例往往无明显病理变化。初生雏鹅的主要病变是卵黄吸收不良和脐炎，俗称"大肚脐"，卵黄黏稠，色深，肝脏轻度肿大。日龄稍大幼鹅常肝脏肿大，呈古铜色，表面有散在的灰白色坏死点（副伤寒结节）。有的病例气囊混浊，常附有淡黄色纤维素团块，也有表现心包炎、心肌有坏死结节的病例。脾脏肿大、色暗淡，呈斑驳状。肾脏色淡，肾小管内有尿酸盐沉积。输尿管稍扩展，管内有尿酸盐。典型病变是盲肠肿胀、呈斑驳状，盲肠内有干酪样物质形成栓子，肠道黏膜轻度出血，部分节段出现变性或坏死。

【诊断要点】根据流行特点、临床症状和病理变化可作出初步诊断。本病主要发生于 20 日龄以内雏鹅，应注意与小鹅瘟、禽霍乱、鹅大肠杆菌病等鉴别诊断。确诊需进行病原菌的分离培养，生化鉴定和动物试验等。

【防控措施】加强饲养管理，不喂腐败饲料，慢性病种鹅要淘汰。常发地区从种蛋孵化起应注意消毒，雏鹅要加强饲养管理。加强鹅群的环境清洁和消毒工作，地面上粪便要经常清除，防止污染饲料和饮水。雏鹅和成年鹅分开饲养，防止直接或间接接触。种蛋、孵化用具等应经常进行必要的消毒。本病常发地区，可用禽副伤寒灭活疫苗接种母鹅，产蛋前 1 个月接种，2 周后加强免疫一次，可使雏鹅获得坚强免疫力。常用的抗生素也可进行防治，如强力霉素按每千克饲料加 100mg 拌料饲喂。严重的可结合注射庆大霉素，20 日龄雏鹅肌内注射 3 000～5 000IU/只，连续 3～5d，可使疾病得到控制。可用辣椒粉、生姜适量，放入锅内炒几分钟，然后拌入米糠再炒。待米糠炒熟放凉后饲喂，连续饲喂 2d 即可治愈。用敌菌净饮水、拌料效果较好。

（四）鹅葡萄球菌病

鹅葡萄球菌病又称传染性关节炎，是由致病性葡萄球菌引起的鹅的一种传染病。其临床特征为化脓性关节炎、皮炎及龙骨黏液囊炎、滑膜炎。雏鹅感染后，常呈急性败血经过，死亡率可达 50％。

【病原特性】家禽体内分离到的葡萄球菌包括金黄色葡萄球菌、表皮葡萄球菌和禽葡萄球菌 3 种，其中只有金黄色葡萄球菌对家禽具有致病性，鹅的葡萄球菌病即由金黄色葡萄球菌感染引起。葡萄球菌抵抗力较强，在固体培养基上或在脓性渗出物中可长时间存活，在干燥的环境中能存活几周，60℃、30min 才能将其杀死。3％～5％的石炭酸或 70％酒精可于数分钟内将其杀死，其他消毒药一般需 30min 才能杀死本菌。有些菌株还有抗热性和消毒剂抗性。根据葡萄球菌的这些抗性，可以用高盐（7.5％氯化钠）培养基从污染严重的病料中分离出金黄色葡萄球菌。另外，葡萄球菌容易产生耐药性，尤其是对抗生素类药物。

【流行特点】葡萄球菌在自然界广泛分布，鹅皮肤、羽毛和肠道中都有存在。各阶段日龄鹅均可感染，幼鹅的长毛期最易感。体表或黏膜存在创伤、机体抵抗力弱及病原菌污染程度大等导致鹅易感本病。传染途径主要是经伤口感染，也可通过口腔和皮肤感染，也可污染种蛋，使胚胎感染。本病常呈散发式流行，一年四季均可发生，以雨季、空气潮湿季节多发。雏鹅饲养密度过大，环境不卫生，饲养管理不良等常成为发病诱因。

【临床症状】患鹅精神委顿，嗉囊积食，食欲减退或废绝，下痢，粪便呈灰绿色，胸、翅、腿部皮下有出血斑点，足、翅关节发炎、肿胀，病鹅跛行。有时在胸部或龙骨上出现浆液性滑膜炎，一般病后 2～5d 死亡。根据葡萄球菌病的临床表现可分为 4 种病型。①急性败血型：临床上见于 2 周龄以内雏鹅，病鹅精神委顿，不吃或少食，怕冷，缩颈垂翅，眼半睁半闭，胸腹部浮肿、积有血液或渗出物。病雏常于数日内因败血症死亡或因衰弱挤压致死。②关节炎型：常见于胫、跗关节肿胀，热痛，跛行，卧地不起，有时胸部龙骨上发生浆液性滑膜炎，最后逐渐消瘦死亡。③脐炎型：腹部膨大，脐部发炎，有臭味，流出黄灰色液体。④趾瘤型：多发生于种鹅，特别是种公鹅，呈慢性过程。种鹅脚底由于擦伤而感染葡萄球菌，感染的局部形成大小不等的疙瘩。最初疙瘩触之有波动感，随着病程延长变硬实，病鹅行走困难，出现跛行。此外，维生素缺乏，皮肤皲裂，也会感染葡萄球菌而患病。

【病理变化】败血症病变可见全身肌肉、皮肤、黏膜、浆膜水肿、充血、出血；肾脏肿大，输尿管充满尿酸盐。关节内有浆液性或浆液纤维素性渗出物，时间稍长变成干酪样；龙骨部及翅下、四肢关节周围的皮下呈浆液性浸润或皮肤坏死，甚至化脓、破溃；实质器官不同程度肿胀、充血；肠有卡他性炎症。关节炎型为关节肿胀，关节囊中有脓性、干酪样渗出物；关节软骨糜烂，易脱落，关节周围纤维素性渗出物机化；肌肉萎缩。脐炎型则见卵黄囊肿大，卵黄绿色或褐色；腹膜炎；脐口局部皮下胶样浸润。

【诊断要点】根据临床症状和典型病变可作出初步诊断，确诊需进行病原学检查。雏鹅感染常引起急性败血症，成年鹅感染后多发生关节炎或趾瘤。必要时对病原菌进行染色显微镜镜检或分离培养进行确诊。

【防控措施】做好预防工作，一是消除产生外伤的因素；二是搞好环境卫生，定期消毒；三是加强饲养管理，注意通风，防止雏鹅拥挤、潮湿等。一旦发病，应及时隔离治疗或淘汰，对大群投药预防。治疗药品为：①青霉素，按雏鹅 1 万 IU/只，青年鹅 3 万～5 万 IU/只肌内注射，4h 一次，连用 3d。②磺胺六甲氧嘧啶或磺胺间甲嘧啶（制菌磺），按 0.04%～0.05% 混饲，或按 0.1%～0.2% 浓度饮水。③氟苯尼考，按每千克体重 20mg 肌内注射或内服，

2～3 次/d。④环丙沙星，按 0.05％～0.1％浓度饮水，连饮 7～10d。同时，饲料中添加电解多维等，以提高鹅体抗病能力。

（五）鹅链球菌病

链球菌病是由链球菌引起的鹅的一种急性败血性传染病或慢性传染病。在世界各地均有发生，雏鹅与成年鹅均可感染。在我国养鹅业，该病较少报道。

【病原特性】链球菌是一种呈链状排列的革兰氏阳性球菌，为需氧或兼性厌氧菌；不运动，不形成芽孢，有的可形成荚膜；多数无鞭毛，只有 D 群某些链球菌有鞭毛。多数致病菌的生长要求较高，在普通琼脂上生长不良，在加有血液及血清的培养基中生长良好。根据链球菌在血液平板上的溶血特性分为 α、β、γ 3 个型。兼性厌氧菌，在无氧时溶血明显，最适培养温度为 37℃。菌落细小，直径 1～2mm，透明、发亮、光滑、圆形、边缘整齐，在液体培养基中呈链状。链球菌常污染环境，可在粪便、灰尘及水中存活较长时间。该菌在 60℃水中可存活 10min，50℃水中存活 2h。4℃动物尸体中可存活 6 周；0℃灰尘中的细菌可存活 1 个月，粪便中为 3 个月；25℃灰尘和粪便中分别能存活 24h 及 8d。苍蝇携带猪链球菌 2 型至少存活长达 5d，污染食物存活可长达 4d。

根据细菌荚膜多糖不同将链球菌分为 35 个血清型，分别为 1/2 型和 1～34 型，其中 2 型链球菌致病性强，也是临床分离频率最高的血清型。其次为 1 型、9 型和 7 型。链球菌 2 型又分为致病力不同的菌株，各菌株含有的毒力因子不同，引起不同的病型，有的菌株无致病力。

研究表明，猪链球菌能产生多种毒素和酶（溶血素 O、溶血素 S、红疹毒素、链激酶、链道酶、透明质酸酶）引起致病作用。猪链球菌的主要毒力因子包括荚膜多糖、溶菌酶释放蛋白、细胞外因子以及溶血素等。其中，溶菌酶释放蛋白及细胞外蛋白因子是猪链球菌 2 型的两种重要毒力因子。

本菌对外界环境抵抗力较强，对干燥、低温都有耐受性，青霉素等抗生素和磺胺类药物对其都有杀灭作用。本菌在 29～33℃场地上能存活 6d，对一般消毒剂敏感。

【流行特点】链球菌在自然界以及家禽饲养环境中分布十分广泛。链球菌主要通过口腔和空气传播，也可通过皮肤创伤、被污染的饲料或饮水传播。试验条件下，鸡、鸭、鹅、鸽、家兔、小鼠均对其敏感。病鹅和带菌鹅为本病主要传染源，各日龄阶段鹅均可感染，但雏鹅发病率相对较高。本病无明显季节性，环境卫生较差、鹅抵抗力较低时易发。链球菌分布广泛，而且是禽类肠道菌群组成部分，当鹅群存在其他疾病或有应激因素存在时，易致鹅群发病。

【临床症状】病鹅表现为急性和慢性两种病型。急性型呈败血症经过，病鹅精神委顿、嗜睡，食欲下降或废绝，羽毛松乱，消瘦。黏膜发绀，腹泻，排绿色、灰白色稀便。步态蹒跚，共济失调。死亡前常有神经症状。慢性型病鹅常见关节炎，足底皮肤坏死，严重的会出现跛行，腹部膨大。产蛋鹅感染本病会导致产蛋率下降，甚至停产。

【诊断要点】链球菌病根据其流行情况、发病症状、病理变化结合涂片检查可以作出初步诊断。涂（触）片检查可采用血涂片或病变的心瓣膜或其他病变组织作触片，显微镜镜检可见典型的链球菌，进一步确诊需进行细菌分离鉴定。

从症状明显的病鹅组织中分离到兽疫链球菌即可确诊。肝脏、脾、血液、卵黄或其他可疑病变组织均可作为细菌分离病料。对可疑病例，需要进行细菌分离培养，以便确诊。

诊断链球菌病时，需注意与葡萄球菌病、大肠杆菌病、李氏杆菌病等其他细菌性败血性疾病相区别。链球菌与家禽的细菌性心内膜炎有关，应注意与金黄色葡萄球菌及多杀性巴氏杆菌相区别。

【防控措施】本病的主要预防措施是加强饲养管理，注意环境卫生和消毒工作。精心饲养，做好其他降低机体免疫功能疾病的防治工作，提高鹅群抗病力，搞好卫生消毒，减少环境中链球菌。保持育雏室及鹅舍的清洁卫生，勤换垫料，保持地面干燥。防止种蛋污染，以减少雏鹅脐炎和败血症。入孵前可用福尔马林熏蒸消毒，出雏后要注意保温。

鹅场一旦发生链球菌病，经确诊后应立即给药。兽疫链球菌对青霉素敏感，可用青霉素、红霉素、新生霉素、四环素、氨苄青霉素、新霉素、庆大霉素、卡那霉素、丁胺卡那霉素、头孢类药物、喹诺酮类药物进行治疗。通过口服或注射连续给药 4～5d 可控制该病流行。某些链球菌会对抗生素产生耐药性，应当引起注意。

(六) 鸭疫里默氏菌病

鸭疫里默氏菌感染是由鸭疫里默氏菌引起的鸭、鹅、火鸡和其他多种鸟类的一种接触传染性疾病，可造成急性或慢性败血症。在养鸭业，该病又称为鸭传染性浆膜炎。在养鹅业，可将该病称为鹅传染性浆膜炎。由于大肠杆菌病等疾病也具有"浆膜炎"的病理变化,因此,国际上建议将该病称为鸭疫里默氏菌感染。近年来,鸭疫里默氏菌感染在养鹅生产中呈上升趋势,对养鹅业的健康发展构成了危害。

【病原特性】鸭疫里默氏菌革兰氏染色阴性,不运动,不形成芽孢,呈杆状。菌体宽 $0.3\sim0.5\mu m$、长 $1\sim2.5\mu m$。单个、成双存在或呈短链,液体培养可见丝状。本菌经瑞氏染色呈两极着色,用印度墨汁染色可显示荚膜。

本菌在巧克力琼脂、胰酶大豆琼脂、血液琼脂、马丁肉汤、胰酶大豆肉汤等培养基中生长良好,在麦康凯琼脂培养基和普通琼脂培养基上不生长,血液琼脂培养基上无溶血现象。在胰酶大豆琼脂中添加 $1\%\sim2\%$ 的小牛血清可促进其生长,增加 CO_2 浓度生长更旺盛。在胰酶大豆琼脂培养基上,于烛缸中 $37℃$ 培养 24h 可形成凸起、边缘整齐、透明、直径为 $0.5\sim1.5mm$ 的菌落,用斜射光观察固体培养物呈淡蓝绿色。

$37℃$ 或室温条件下,大多数菌株在固体培养基中存活不超过 4d。在肉汤培养物中可存活 $2\sim3$ 周。$55℃$ $12\sim16h$ 可将本菌全部杀死。曾有报道称从自来水和火鸡垫料中分离到的细菌可分别存活 13d 和 27d。本菌对青霉素、红霉素、氯霉素、新生霉素、林可霉素敏感,对卡那霉素和多黏菌素 B 不敏感。国际上报道本菌存在 21 种血清型,不同血清型之间缺乏交叉保护。

【流行特点】在自然条件下,鸭疫里默氏菌主要侵害 $1\sim8$ 周龄雏鹅,$2\sim3$ 周龄雏鹅高度易感,8 周龄以上鹅很少感染。本病一年四季均可发生,低温、阴雨和潮湿的冬、春季节多发。

本病可通过被污染的饮水、饲料、尘土及飞沫经消化道和呼吸道传播,也可通过皮肤外伤,特别是足部皮肤感染。本病的发生与鹅群中所受的应激因素相关,温度忽高忽低,饲料、饮水被污染,饲养密度大,饲料中缺乏维生素和微量元素,环境条件恶劣或额有并发病等,都是本病的诱因。

【临床症状】本病潜伏期 $1\sim5d$,有时可达 1 周左右。潜伏期通常与菌株的毒力、感染途径及应激等因素有关。

(1)最急性型 病鹅看不到任何明显临诊症状突发死亡。

(2)急性型 患病初期,病鹅嗜睡,精神沉郁,羽毛松乱,食欲不振,离群独处,喙抵地面,行动迟缓、共济失调、头颈震颤;流泪,眼眶周围绒毛湿润并粘连,形如"戴眼镜";鼻腔或窦内充满浆液性或黏液性分泌物;排白色稀便,肛门周围被黄绿色、灰白色粪便污染。濒死前出现神经症状,如点头、摇头、头向后仰。病程一般1～3d，若无并发症，可延至4～5d。

（3）慢性型　多发生于日龄稍大的鹅或由急性型转变而来，症状与急性型病例相似，病程一般达一周以上，死亡率较低。耐过鹅生长迟缓。

【病理变化】最具特征性的病变是纤维素性心包炎、肝周炎和气囊炎（彩图7-1至彩图7-3）。脑、脾脏、胸腺、法氏囊、肾脏、皮肤、关节（彩图7-4）、肺及消化器官等可见类似病变。急性型病例的病变可见心包液增多及心外膜有出血点或表面有纤维素性渗出物。病程较长的心包腔有淡黄色纤维素填充，使心包膜与外膜粘连。肝脏肿大，质地较脆，表面有淡黄色纤维素性渗出物，形成厚薄不均易剥离的纤维素膜。胆囊肿大，内充满胆汁。气囊混浊，其上附有大量的纤维素性渗出物。肺充血、出血，表面有黄白色纤维蛋白渗出。脾脏肿大，外观大理石样，其表面附有纤维素性渗出物。胸腺、法氏囊萎缩，见胸腺出血。有神经症状的病例，见纤维素性脑膜炎，脑膜充血、出血。肾肿大，质地较脆。

【诊断要点】根据纤维素性心包炎、肝周炎和气囊炎的病理变化，可作出初步诊断。病理变化易与大肠杆菌病和沙门氏菌病的某些病例混淆，分离到鸭疫里默氏菌即可确诊。

（1）细菌分离与鉴定　采集心血、脑、肝脏，接种于血液琼脂或胰酶大豆琼脂培养基上，置于烛罐中37℃培养，易分离到鸭疫里默氏菌。若将细菌菌落接种于麦康凯琼脂平板上，易与大肠杆菌和沙门氏菌鉴别：鸭疫里默氏菌不生长，大肠杆菌形成粉红色菌落，沙门氏菌形成灰白色菌落。若要鉴定血清型，用定型血清进行玻片或试管凝集试验和琼脂扩散沉淀试验。挑取细菌菌落制涂片，经火焰固定后，用鸭疫里默氏菌的特异性荧光抗体染色，在荧光显微镜下，可见鸭疫里默氏菌呈黄绿色环状结构，其他细菌不着染，以此可进一步与鹅大肠杆菌、鹅沙门氏菌和多杀性巴氏杆菌等细菌相区分。

（2）分子检测　以分离株的核酸为模板，用PCR扩增16S rRNA编码基因，将长约1 500个碱基的扩增产物测序后，与鸭疫里默氏菌参考菌株的16S rRNA编码基因序列进行比对，若序列同源性在99％以上，则可对分离株进行准确鉴定。对16S rRNA基因的PCR扩增产物进行限制性片段长度多态性分析，也可用于鸭疫里默氏菌分离株的分类和鉴定。

【防控措施】

（1）加强饲养管理　保持室内通风良好、地面干燥、饲养密度适宜，有助于本病的控制，应勤换垫料，清除地面尖锐物，对料槽及饮水器进行定期清洗消毒。

（2）主动免疫　疫苗免疫是预防本病的有效措施。鸭疫里默氏菌分为 21 种血清型，不同血清型之间缺乏交叉保护，应根据流行菌株的血清型分布情况，选择适宜的多价疫苗进行免疫。

（3）药物防治　头孢类、青霉素类、氟苯尼考等药物可用于治疗本病，也可根据以往病史进行预防性给药。用鸭疫里默氏菌分离株进行药敏试验，有助于选择合适的敏感药物。

三、真菌感染及黄曲霉毒素中毒症

（一）曲霉菌病

曲霉菌病是一种常见的真菌性传染病，几乎所有的禽类和哺乳动物都能感染。本病主要引起小鹅呼吸道（尤其肺和气囊）炎症，雏鹅常呈急性群发，具有较高的发病率和死亡率。

【病原特性】烟曲霉菌、黄曲霉菌、黑曲霉菌、青霉菌等都可能成为本病的致病菌，其中烟曲霉菌致病性最强。这些霉菌及其产生的孢子，在鹅舍地面、空气、垫料及谷物中广泛存在。主要通过污染饲料、垫料、用具、环境等传播本病，尤其是鹅舍矮小、空气污浊、高温高湿、通风不良、鹅群拥挤以及卫生状况不好的环境，更易造成本病的发生和流行，导致大批雏鹅发病死亡。

【流行特点】曲霉菌对不同日龄鹅都具有感染性，雏鹅易感性最高，常呈急性暴发，死亡率可达 50％以上。成年鹅较少发生，常呈慢性经过，死亡率不高。污染的垫料、空气和发霉的饲料是引起本病流行的主要传染源，其中可含大量的曲霉菌孢子。本病多发生于温暖潮湿的梅雨季节，也正是霉菌最适宜增殖的季节，而饲料、垫料受潮后更适合霉菌的生长增殖。若雏鹅的垫料不及时更换，或饲料保管不善，鹅舍潮湿，通风不良，饲养密度过大，往往会造成本病暴发。此外，本病也可经污染的孵化器或孵坊传播，雏鹅出雏后 1 日龄即可患病，出现呼吸道症状。自然条件下，病菌主要通过呼吸道传播感染。

【临床症状】多数病鹅精神沉郁，缩头、拱背和翅膀下垂，食欲减退，饮水增加，常闭眼呆立，不愿走动，严重者张口喘气，有时伸脖张口呼吸，发出特殊的沙哑声，下痢，消瘦。病鹅主要表现为采食减少或停食，精神委顿，眼半闭，缩颈垂头，呼吸困难，喘气，呼气时抬头伸颈，有时甚至张口呼吸，并可听到"鼓鼓"沙哑的声音，但不咳嗽。少数病鹅鼻、口腔内有黏液性分泌物，鼻孔阻塞，常见"甩鼻"，表现口渴，后期下痢，最后倒地，头向上向后弯曲，昏睡不起，以致死亡。雏鹅发病多呈急性，在发病后2～3d死亡，很少延长至5d以上。慢性者多见于成年鹅。

【病理变化】病死鹅的主要特征性病变在肺部和气囊。肉眼明显可见肺、气囊中有一种针尖大小乃至米粒大小的浅黄色或灰白色颗粒状结节。粟粒大小，切面呈同心圆轮层状结构，中间为干酪样坏死组织。肺组织质地变硬，失去弹性，切面可见大小不等的黄白色病灶。气囊壁增厚混浊，可见成团的霉菌斑，坚韧有弹性，不易压碎。肠黏膜充血。有些病例的胸部气囊或腹部气囊有霉菌斑，霉菌斑厚2～5mm，圆碟状，中央凹陷。多数病例肠道黏膜呈卡他性炎症。

【诊断要点】根据流行病学、临床症状和解剖病理变化可作出初步诊断。确诊可采集病鹅气囊或肺等器官上的结节病灶，制成抹片，用显微镜镜检曲霉菌的菌丝和孢子，有时直接抹片显微镜镜检可能看不到霉菌，应采集结节病灶的内容物对霉菌进行分离培养，才能确诊。显微镜镜检：取肺和气囊上黄白色结节，置玻片上剪碎，加10%氢氧化钾1～2滴，盖上盖玻片，在酒精灯上微微加温后，轻压盖玻片，在显微镜（400×）下镜检，可见短的分枝状有隔菌丝。分离培养：取有黄色结节的肺组织小块，接种于沙堡氏琼脂平板，37℃温箱培养，48h后见有灰白色绒毛状菌落生长，随后2～7d菌落颜色由灰蓝色变为暗绿色，菌落中心部分尤为明显。取培养物显微镜镜检，见分生孢子穗柱状，菌丝有隔，顶囊呈烧瓶状，即可确诊为烟曲霉菌。

【防控措施】改善饲养管理，搞好鹅舍卫生，注意防霉是预防本病的主要措施。不使用发霉的垫草，严禁饲喂发霉饲料。及时清除霉变饲料，同时在饲料中添加脱霉剂。育雏舍定期用福尔马林熏蒸消毒。垫草要经常更换、翻晒；潮湿多雨季节，鹅舍必须每天清扫，尽量保持舍内干燥清洁，防止垫草、垫料、饲料发霉。本病无特效治疗药物。可试用制霉菌素，剂量为雏鹅口服2万～5万IU/只，连用3～5d。口服碘化钾有一定的疗效，每升饮水加碘化钾5～10g。也可试用0.03%硫酸铜溶液或0.01%煌绿溶液饮水。对发病鹅群应立即更换垫料或停喂发霉饲料，清扫和消毒。饲料中加入土霉素或供含链霉素的饮水，链霉素剂量为 1 万 IU/只，可防止继发感染，在短期内减少发病和死亡。

（二）鹅口疮

鹅口疮又称鹅念珠球菌病、霉菌性口炎，是由白色念珠菌引起的鹅的一种上消化道真菌病。其主要特征为上消化道（口腔、食道、嗉囊）黏膜产生白色假膜和溃疡，临床上以雏鹅多见。本病特点是传染迅速，来势凶猛，发病率和死亡率高。各种应激是暴发本病的重要因素。

【病原特性】本病病原为白色念珠菌，属于酵母菌群，在自然界中广泛存在，主要在健康鹅的口腔、上呼吸道和肠道等处寄居。在培养基上，菌落呈白色金属光泽，革兰氏染色阳性。

【流行特点】本病在各种家禽和野禽中均可发生，常见于幼禽，人和家畜也可感染。雏鹅的易感性和死亡率较成年鹅高。本病主要通过消化道感染，也可通过蛋壳感染，不良的卫生条件和使机体致弱的因素都可诱发本病，或发生继发感染。过多地使用抗菌药物，易引起消化道正常菌群紊乱，也是诱发本病的一个重要因素。

【临床症状】患病鹅无特征症状，表现为生长发育不良，精神委顿，羽毛松乱，食欲减退，气喘，呼吸困难等。用异物撬开口腔，可见舌面发生溃疡，舌上部常见有假膜性斑块与容易脱落的坏死性物质，致使吞咽困难，呼吸急促，频频伸颈张口，嗉囊肿大，用手捏时有剧痛感，压之有酸臭味内容物从口中排出。胸腹气囊混浊，常有淡黄色粟粒状结节。

【病理变化】剖检病鹅的特征性病变为上呼吸道黏膜特殊性增生和溃疡病灶。病死鹅鼻腔有分泌物，可见上呼吸道（口腔、嗉囊、食道）黏膜有灰白色或黄色的假膜，假膜剥离后可见红色溃疡面。成年鹅可见口腔外部嘴角周围形成黄白色假膜，呈典型的"鹅口疮"。

【诊断要点】病鹅上呼吸道黏膜的特征性增生和溃疡病灶，结合鹅场环境状况和抗菌药使用情况，一般可以初步诊断。确诊时要取病变组织或渗出物作抹片检查，观察到酵母状菌体和假菌丝。也可对霉菌进行分离培养，取培养物给小鼠或兔子静脉注射，一般 4～5d 内死亡，并在肾和心肌中形成粟粒状脓肿。

【防控措施】加强饲养管理，搞好环境卫生，保证通风良好，保持环境干燥，防止垫草潮湿，控制饲养密度，避免过度拥挤，避免长期滥用抗菌药，尤其是广谱抗菌药，以免影响消化道正常细菌区系。预防其他疾病发生，避免产生继发感染或机体衰弱的一些应激因素。种鹅蛋入孵前要清洗消毒，发现病鹅立即隔离治疗。育雏期间应在饲料和饮水中添加多种维生素，以提高抵抗力。治疗可用以下药物：①制霉菌素按每千克饲料加 0.2g（200 万 IU），连用2～3d。②硫酸铜水溶液按 1∶2 000 混水饮服，连饮 1 周。③口腔中溃疡部分可用碘甘油或冰硼散涂擦。④少数或个别治疗时，也可饮服 0.01％的结晶紫溶液，连服 5d；重症病鹅滴服 0.1％结晶紫溶液 1mL/只，每天 2 次，连滴3～5d。

（三）黄曲霉毒素中毒症

黄曲霉毒素中毒是由黄曲霉毒素引起的鹅的一种中毒性疾病。临床上以消化机能障碍、全身浆膜出血、肝脏器官受损及出现神经症状为主要特征，呈急性、亚急性或慢性经过，不同种类和日龄的家禽均可致病，但以雏禽易感。雏鹅中毒后，常引起死亡，对鹅业生产危害较大。

【病因】黄曲霉毒素是黄曲霉菌产生的一种有毒代谢产物，是一组结构相似的化合物的混合物。可产生黄曲霉毒素的菌种包括黄曲霉、寄生曲霉、溜曲霉、黑曲霉等 20 多种。但常见的只有黄曲霉和寄生曲霉产生的黄曲霉毒素。目前已经确定结构的黄曲霉毒素有黄曲霉毒素 B_1、黄曲霉毒素 B_2、黄曲霉毒素 B_3、黄曲霉毒素 D_1、黄曲霉毒素 G_1、黄曲霉毒素 G_2、黄曲霉毒素 G_{2a}、黄曲霉毒素 M_1、黄曲霉毒素 M_2、黄曲霉毒素 P_1、黄曲霉毒素 Q_1、黄曲霉毒素 R_0 等 18 种，并且可以用化学方法合成。其中，黄曲霉毒素 B_1、黄曲霉毒素 B_2、黄曲霉毒素 G_1 和黄曲霉毒素 G_2 是 4 种最基本的黄曲霉毒素，其他种类的毒素都是由这 4 种毒素衍生而来。其中毒力最强的是黄曲霉毒素 B_1，其毒性是氰化物的 10 倍，砒霜的 68 倍。这种毒素是目前危害最大的致癌物质之一。结晶的黄曲霉毒素 B_1 是目前发现的各种毒素中最稳定的毒素。高温（200℃）、强酸、紫外线照射都不能将其破坏，在高压锅中，120℃ 2h，毒素仍不能被破坏。只有加热至 268～269℃，其毒素才开始分解。5％的次氯酸钠可以使黄曲霉毒素完全被破坏。在 Cl_2、NH_3、H_2O_2 和 SO_2 中，黄曲霉毒素 B_1 也能被分解。

【临床症状】不同品种和日龄家禽均可致病，雏禽易感。雏鹅中毒后，常引起死亡。中毒症状与黄曲霉毒素摄入量和鹅日龄、体质等有关。病鹅最初采食减少，生长缓慢、羽毛脱落、腹泻、步态不稳，常见跛行、腿部和脚蹼可出现紫色出血斑点，1周龄以内雏鹅多呈急性中毒，死前常见共济失调、抽搐、角弓反张等神经症状，死亡率可达100%。成年鹅通常呈亚急性或慢性经过，精神、食欲不振，排稀便，生长缓慢，有的可见腹围增大；产蛋率和孵化率降低。

【病理变化】病死雏鹅剖检可见胸部皮下和肌肉有出血斑点，肝脏肿大，色淡，有出血斑点或坏死灶，胆囊扩张，肾脏苍白、肿大或有点状出血，胰腺亦有出血点。病死成年鹅剖检可见心包积液，腹腔常有腹水，肝脏颜色变黄，肝硬化，肝实质有白色坏死结节或增生物，严重者肝脏发生癌变。有些病例肠黏膜、肌肉出血。

【诊断要点】根据临床症状和剖解病理变化，检查饲料是否发霉等可作出初步诊断。必要时可用可疑发霉饲料做人工发病试验或进行黄曲霉毒素检测以确诊。

【防控措施】预防本病的关键是禁喂霉变饲料；加强饲料贮存保管，注意保持通风干燥，防止潮湿霉变。若饲料仓库被黄曲霉菌污染，可用福尔马林熏蒸消毒处理。在饲料中添加霉菌毒素吸附剂。本病无特效治疗药物。可试用制霉菌素，剂量为雏鹅口服2万~5万IU/只，连用3~5d。口服碘化钾有一定的疗效，每升饮水加碘化钾5~10g。也可试用0.03%硫酸铜溶液或0.01%煌绿溶液饮水。对发病鹅群应立即更换垫料或停喂发霉饲料，清扫和消毒鹅舍。饲料中添加一定量的抗生素以减少继发感染，同时在饮水中添加电解多维等以增强抵抗力，在短期内减少发病和死亡。

四、寄生虫病

（一）鹅球虫病

鹅球虫病是由球虫引起的一种寄生虫病，本病多发生于每年天气温暖和多雨湿度大的季节。2~7周龄雏鹅和仔鹅易发生本病。雏鹅一旦暴发流行，发病率高达90%~100%。耐过的病鹅发育不良，成为带虫者。本病对养鹅业危害较大。

【病原特性】球虫属于单细胞原虫，生活史复杂。鹅球虫病分为肾球虫病和肠球虫病两大类。寄生在肾脏的球虫有 1 种，寄生在肠道的有 14 种。肾球虫病的病原为截形艾美耳球虫，其致病力较强，寄生于肾小管上皮，卵囊呈卵圆形，有卵膜孔和极帽，卵囊壁平滑，通常有外残体。肠球虫病的病原有 14 种，其中以柯氏艾美耳球虫致病力最强，其卵囊呈长椭圆形，一端较窄小，具有卵膜孔和极粒，无外残体，内残体呈散开的颗粒状。鹅艾美耳球虫卵囊呈球状，囊壁一层，光滑无色，具有卵膜孔。

【流行特点】鹅肠球虫病主要通过消化道感染发病，鹅通过食入混进饲料、饮水中的具有感染能力的孢子化卵囊而受到感染。感染后，球虫在鹅的肾脏、肠道上皮细胞内进行裂体生殖和配子生殖，损害上皮细胞。本病各种日龄鹅均易感，雏鹅的易感性最高，发病率和死亡率最高。成年鹅感染，常呈慢性或良性经过，成为带虫者和传染源。本病以潮湿多雨季节多发。鹅舍周围的带虫野禽常常成为传染源。鹅肠球虫病主要发生于 2～11 周龄鹅，以 3 周龄以内鹅多见，常引起急性暴发，呈地方性流行，发病率 90％～100％，死亡率 10％～96％。通常是日龄越小发病越严重，死亡率高。鹅肾球虫病主要发生于 3～12 周龄鹅，发病较为严重，寄生于肾小管的球虫，能使肾脏组织严重损伤，死亡率高达 87％。

【临床症状】①肾球虫病：多呈急性型，病鹅精神萎靡，极度衰弱，消瘦，羽毛松乱，下水时极易浸湿。病鹅不肯活动，翅下垂，排白色石灰浆样粪便。死亡率 30％～100％。耐过者，歪头扭颈，步态摇晃，以背卧地。②肠球虫病：病鹅精神沉郁，食欲减退，虚弱，步态不稳，时时摇头甩水，羽毛蓬松，下水时羽毛易浸润，眼无神，腹泻。病轻者多排棕黑色稀便，病重者排血液或血块，粪便常沾污肛门周围羽毛。病鹅数日后衰竭死亡。③混合感染：呈急性经过，病鹅迅速消瘦，精神呆滞，反应迟钝，步态蹒跚，采食时常甩头。病鹅排血样白色稀便，死亡率极高。

【病理变化】肾球虫病可见肾肿大，呈淡灰黑色或红色，肾组织上有出血斑和针尖大小的灰白色病灶或条纹，内含尿酸盐沉积物和大量卵囊。肾小管肿胀，内含卵囊、崩解的宿主细胞和尿酸盐。病灶中含有尿酸盐沉积物和大量虫卵。肾小管体积增大 5～10 倍，其内含有将要排出的寄生虫。肠球虫病可见小肠肿胀，呈现出血性卡他性炎症，以小肠中段和后段最为严重，肠内充满稀薄的红褐色液体，肠壁上可能出现大的白色结节或纤维素性类渗出物覆盖。肠腔充满稀薄的红褐色液体，黏膜明显脱落，显微镜镜检可见大量虫卵。肝脏肿大，胆囊充盈，有的病例胰腺也肿大、充血，腔上囊水肿。

【诊断要点】根据临床症状、流行病学调查、病理变化及粪便或肠黏膜涂片或在肾组织中发现各发育阶段虫体而确诊。对肾球虫病，应取肾脏上的病灶涂片，滴加适量的饱和食盐水显微镜镜检，若发现大量裂殖体和卵囊，即可确诊。对肠球虫病，可取病变部位肠内容物涂片，加适量的饱和食盐水显微镜镜检，发现大量卵囊即可确诊。

【防控措施】

(1) 远离污染区　将鹅群从高度污染区隔开，不在有球虫卵囊的潮湿地区放牧。

(2) 分开饲养　雏鹅必须与成年鹅分开饲养，以减少交叉感染。

(3) 搞好清洁和消毒工作　料槽和水槽必须每天清洗、消毒、晾晒。圈舍应定期消毒，鹅舍必须保持干燥，每天必须清除粪便。

(4) 保证青绿饲料供给　供给富含维生素 A 的青绿多汁饲料。青饲料不足，应补充复合维生素，以提高对球虫的抵抗力。

(5) 适时投放药物　在鹅精饲料中添加大蒜素以抵抗球虫感染，根据不同日龄补添一些抗球虫药物。治疗：氯苯胍按每千克体重 10mg 拌料，2 次/d；或者用敌菌净按每千克体重 30mg 拌料，2 次/d。两种药物最好交替使用，连用 3～5d。在饮水中添加阿莫西林控制继发感染，添加量按每千克体重 25mg，3 次/d，连用 3～5d。

(二) 鹅蛔虫病

鹅蛔虫病是鸡蛔虫寄生在肠道内引起的一种寄生虫病。鹅蛔虫病是由蛔虫寄生于鹅的小肠内引起的一种寄生虫病。雏鹅与成年鹅均可感染，以雏鹅表现最为明显，可导致雏鹅出现生长发育迟缓、腹泻、贫血等症状，严重的可引起死亡。成年鹅主要表现为生长不良、贫血、消瘦等。

【病原特性】蛔虫是鹅体内最大的一种线虫，虫体为淡黄白色、豆芽梗样，表皮有横纹，头端较钝，有 3 个唇片，雌雄异体，雄虫长 26～70mm，雌虫长 65～110mm。虫卵为椭圆形，卵壳表面平滑，大小（70～86）mm×（47～51）mm。蛔虫卵对寒冷的抵抗力强，对 50℃以上的高温、干燥、直射阳光敏感，对常用消毒药有很强的抵抗力。在荫蔽潮湿环境，虫卵可存活较长时间。

在土壤中，感染性虫卵可存活 6 个月以上。

【流行特点】鸡蛔虫的自然宿主有鸡、火鸡、鸭、鹅、鸽等；3 月龄以内鹅易感，随着日龄增大，抵抗力增强。成年鹅较少感染，且多为隐性感染，也有种鹅感染较严重的报道，感染强度达 10 条以上。环境卫生不佳，饲养管理不良，饲料中缺乏维生素 A、B 族维生素等，可使鹅感染蛔虫的概率提高。

【临床症状】鹅感染蛔虫后表现的症状与鹅的日龄、感染虫体数量、本身营养状况有关。轻度感染或成年鹅感染后，一般症状不明显。雏鹅发生蛔虫病后，可表现出生长不良、发育迟缓、精神沉郁、行动迟缓、羽毛松乱、食欲减退或异常、腹泻、逐渐消瘦、贫血等症状，严重感染者可引起死亡。

【病理变化】剖检可见病鹅小肠肠腔内有大量虫体，肠道黏膜水肿或出血，严重病例肠管可能穿孔或破裂。

【诊断要点】根据剖检病鹅肠道内有蛔虫虫体，检查出粪便中的蛔虫虫卵，即可确诊。虫卵检查：采用饱和盐水浮集法漂浮粪便中的虫卵，载玻片蘸取后显微镜镜检，观察虫卵形态与数量。如鹅粪便中可发现有大量的蛔虫虫卵，结合临床症状及鹅剖检在小肠内发现有大量的蛔虫虫体存在即可确诊。

【防控措施】

（1）预防　搞好鹅舍清洁卫生，特别是垫草及地面卫生，定期消毒；及时清除鹅舍及运动场地的粪便并进行发酵处理；运动场地保持干燥，有条件时铺上一层细沙；定期驱虫。

（2）治疗　可用下列药物进行驱虫治疗。磷酸哌嗪片：按每千克体重 0.2g 拌料。驱蛔灵（枸橼酸哌嗪）：按每千克体重 0.25g，或在饮水或饲料中添加 0.025% 驱蛔灵，须在 8~12h 内服完。四咪唑（驱虫净）：按每千克体重 60mg 喂服。甲苯咪唑：按每千克体重 30mg 一次喂服。左咪唑（左旋咪唑）：按每千克体重 25~30mg 溶于半量的饮水中，在 12h 内饮完。丙硫苯咪唑（丙硫咪唑）：按每千克体重 10~25mg 混料喂服。

（三）鹅剑带绦虫病

鹅剑带绦虫病是由矛形剑带绦虫寄生于鹅的小肠所引起的一种寄生虫病，呈全球性分布，往往造成地方性流行。对雏鹅危害严重，临床表现为下痢、运动失调、贫血、消瘦，严重感染者可造成死亡。

【病原特性】本病原为矛形剑带绦虫，属膜壳科，是一种大型虫体，乳白色。虫体长达 13cm，呈矛形。头节小，上有 4 个吸盘，顶突上有 8 个小钩，颈短。链体由 20～40 节片组成，前端窄，向后逐渐加宽，最后节片宽 5～18mm，成熟节片上有 3 个睾丸，睾丸呈椭圆形，横列于内方生殖孔一侧。卵巢和卵巢腺位于睾丸外侧。生殖孔位于节片上角侧缘。虫卵为椭圆形，无卵袋包裹。

【流行特点】本病分布广泛，世界各养鹅地区均有发生，多呈地方性流行。本病有明显的季节性，一般多发生于 4—10 月的春末、夏、秋季节，而在冬季和早春较少发生。20 日龄以上雏鹅发病。临床上主要以 1～3 月龄放养鹅多见，临床所见的最早发病日龄为 11 日龄，可能在出壳后经饮水感染。轻度感染通常不表现临床症状，成年鹅感染后，多呈良性经过而成为带虫者。本病除感染家鹅外，也感染鸭、野鹅、鸽以及其他某些野生水禽。

【临床症状】常见有腹泻，食欲减退，生长发育不良，贫血，消瘦等。有的鹅头突然倒向一侧，行走摇晃不稳，有时失去平衡而摔倒；夜间有时伸颈，张口，如钟摆样摇头，然后仰卧，做划水动作。发病后期，食欲废绝，羽毛松乱，离群独居，不愿走动，常出现神经症状，走路摇晃，运动失调，向后坐倒、仰卧或突然倒向一侧不能起立，发病后一般在 1～5d 死亡。雏鹅严重感染时常引起死亡。成年鹅感染剑带绦虫后，一般症状较轻。

【病理变化】病死鹅瘦弱无膘，病程较长的胸骨如刀。部分病例心外膜有出血点；肝脏略肿大；胆囊充盈；胆汁稀呈淡绿色；肠道黏膜充血，有时出血，呈卡他性炎症；十二指肠和空肠内有大量绦虫，堵塞肠腔；肌胃内空虚，角质膜呈淡绿色。

【诊断要点】检查病鹅粪便中是否有绦虫节片或虫卵，并结合临床症状和尸体剖检，即可作出诊断。用水洗沉淀法检查粪便，如无节片，再将粪渣过滤，涂片显微镜镜检可确诊。

【防控措施】不要在剑水蚤较多的不流动水域放牧。不同日龄鹅应分开饲养，对青年鹅、成年鹅群应实施定期驱虫，每年至少进行 2 次，通常在春秋季，以减少环境污染和病原扩散。常用药物有吡喹酮（每千克体重 10～15mg）、丙硫咪唑（每千克体重 50～100mg）、硫双二氯酚（每千克体重150～200mg）或氯硝柳胺（每千克体重 50～100mg），一次喂服。

五、营养缺乏病

(一) 维生素 A 缺乏症

鹅维生素 A 缺乏症是指鹅体内因缺乏维生素 A 或含量不足，不能满足新陈代谢需要而发生的以生长发育不良、器官黏膜损害、上皮角化不全、视觉障碍及胚胎畸形为特征的一种营养代谢病。主要表现为生长发育不良，上皮组织角化不全，视觉障碍，种鹅产蛋率和孵化率下降，胚胎畸形率增加。各日龄阶段鹅均可发生，多见于舍饲鹅，以冬季、早春缺乏青绿饲料时多见。

【病因】日粮中维生素 A 或胡萝卜素含量不足或缺乏。

(1) 饲料单一　长期使用谷物、油饼、糠麸、糟渣、马铃薯等胡萝卜素含量低的饲料，极易引起维生素 A 缺乏。

(2) 慢性消化道疾病、消化道有寄生虫寄生及肝脏疾病　这些病可引起维生素 A 吸收不足。胃肠道疾病可阻碍维生素 A 吸收；维生素 A 是脂溶性维生素，肝脏疾病影响脂肪的消化，引起维生素 A 随未分解脂肪排泄。另外，肝脏疾病也会影响胡萝卜素转化及维生素 A 贮存。

(3) 饲料中维生素 A 和胡萝卜素被破坏　饲料长期存放、发热、霉败、腐败、日光暴晒及饲料中缺乏抗氧化剂（如维生素 E）等都能引起维生素 A 和胡萝卜素被破坏、分解。

【临床症状】雏鹅发生本病时，生长发育严重受阻，倦怠，消瘦，衰弱，羽毛蓬乱；流黏稠鼻液，呼吸困难；骨骼发育障碍，行走蹒跚，或轻瘫痪成全瘫；脚蹼颜色变浅。成年鹅缺乏维生素 A，产蛋率、受精率、孵化率均降低，也可出现眼、鼻分泌物增多，黏膜脱落、坏死等症状。本病的一个特征性症状是一侧或两侧眼睛流出灰白色干酪样分泌物，继而角膜混浊，软化，穿孔和眼房液外流，最后眼球下陷，失明。病鹅易患消化道和呼吸道疾病，引起食欲不振、呼吸困难等症状。

【病理变化】孵化常见死胚和畸形胚较多，胚皮下水肿；胚胎、肾及其他器官常出现尿酸盐沉积，眼部肿胀。剖检病死雏鹅见鼻道、口腔、咽、食管、嗉囊等黏膜上皮细胞被鳞状细胞代替，并发生退行性变化，黏膜表面出现白色坏死灶，不易剥落，严重时融合成一层白色假膜覆盖物。呼吸道黏膜及其腺体萎缩，变性，原有上皮由一层角质化的复层鳞状上皮代替。眼睑粘连，内有干酪样渗出物。内脏实质器官出现尿酸盐沉积，肾脏肿大，颜色变淡，呈花斑样，肾小管，输尿管充满尿酸盐，严重时心包、肝脏及脾等器官表面有白色尿酸盐沉积。

【诊断要点】根据典型临床症状和病理变化，结合饲料和饲喂等情况，可以作出初步诊断。确诊需检测血液和肝脏中维生素 A 含量。

【防控措施】

（1）预防　要注意饲料多样化，青饲料或禽用多种维生素必不可少。根据季节和饲料源情况，冬春季节以胡萝卜或胡萝卜缨为最佳，其次为豆科牧草绿叶（如苜蓿、三叶草、紫云英、蚕豆苗等）。夏秋季节以菰草等野生水草为最佳，其次为绿色蔬菜、南瓜等。一旦发现患维生素 A 缺乏症病鹅，应尽快在日粮中添加富含维生素 A 的饲料，如在配合饲料中增加黄玉米比例，青绿饲料饲喂不可间断。必须注意的是维生素 A 是一种脂溶性维生素，热稳定性差，在饲料加工、调制、贮存过程中易被氧化而失效，应防止饲料腐败、发酵、产热。

（2）治疗　外源性维生素 A 在体内能够被迅速吸收，因此，人工补充外源性维生素 A 后，病鹅症状会很快消失。群体治疗鹅维生素 A 缺乏症时可采用肌内注射鱼肝油法，体重 250g 以上雏鹅每次可肌内注射 1mL，也可采取每千克精饲料添加鱼肝油 20mL 的方法治疗。

（二）维生素 D 缺乏症

维生素 D 是家禽正常骨骼、喙及蛋壳形成中必需的物质。因此，日粮中维生素 D 缺乏或光照不足等，都可导致维生素 D 缺乏症，引起家禽钙、磷吸收代谢障碍。维生素 D 缺乏症是临床上以生长发育迟缓、骨骼变软、弯曲、变形，运动障碍及产蛋鹅产薄壳蛋、软壳蛋为特征的一种营养代谢病。成年鹅患病时产蛋减少或产软壳蛋。

【病因】以下 4 方面是本病的主要诱因。

①长期缺少阳光照射是造成维生素 D 缺乏的重要原因，笼养或长期舍饲鹅群最易发生本病。

②饲料中维生素 D 的添加量不足或饲料贮存时间过长。

③消化道疾病或肝肾疾病，影响维生素 D 吸收、转化和利用。

④日粮中脂肪含量不足，影响维生素 D 的溶解和吸收。

【临床症状】雏鹅维生素 D 缺乏时，一般在 3～4 周发病，少数雏鹅 10 日龄左右出现症状。病鹅食欲尚好，生长发育不良，两肢无力，行动困难，步态不稳，常以跗关节着地，借以获得休息。关节肿大，骨骼、喙与爪变柔软，弯曲变形，长骨脆弱易骨折，胸骨弯曲，肋骨与肋软骨结合处肿大、呈串珠状，称为佝偻病。产蛋鹅在缺乏维生素 D 2～3 个月出现症状，产蛋量下降或停产，产薄壳蛋、软壳蛋，种蛋孵化率明显降低，死胚增多，个别母鹅在产出蛋之后，双腿无力，蹲伏数小时后恢复正常。随病情加重，母鹅出现"企鹅式"姿势，此后龙骨、喙、爪逐渐变软，易弯曲，胸骨、肋骨失去正常硬固性，并在背肋、胸肋连接处向内弯曲，胸部两侧出现一种肋骨内弯现象，称为软骨症。

【病理变化】特征病变是肋骨与脊椎骨连接处出现肋骨弯曲，以及肋骨向下、向后弯曲现象，呈 S 状弯曲，长骨变形，骨质变软，易骨折；骨髓腔增大，关节肿大，肋骨与肋软骨结合部出现明显球形肿大，排列成"串珠"状。成年产蛋母鹅可见骨质疏松，胸骨变软，跖骨易骨折。种蛋孵化率显著降低，早期胚胎死亡增加，胚胎四肢弯曲，腿短，多数死胚皮下水肿，肾脏肿大。慢性病例骨骼变形，胸骨向一侧弯曲，中部明显凹陷，从而使胸腔体积变小。

【诊断要点】根据饲养调查、病史、特征性临床症状和剖检变化，可作出诊断。血液和饲料中钙磷含量测定有助于确诊。同时应注意与锰、维生素 B_1、维生素 B_2 缺乏症鉴别诊断。

【防控措施】

（1）预防　加强饲养管理，密切注意饲料中的维生素 D、钙、磷含量，并添加足够量，尽可能增加光照时间。在正常情况下，鹅每千克饲料添加维生素 D_3 200IU。

（2）治疗　对发生维生素 D 缺乏症的鹅群，可在每千克饲料中添加鱼肝油 10～20mL 和 0.5～1g 多种维生素添加剂，一般连续饲喂 2～3 周可逐渐恢复正常；对重症病鹅可逐只肌内注射维生素 D_3，每千克体重15 000IU；注射维丁胶性钙1mL，1 次/d，连用 2～5d，也可收到良好效果；喂服鱼肝油2～3滴，3 次/d，连用 1 周。此外，对病鹅还应加强饲养管理，增加富含蛋白质和维生素的精饲料及光照量。

（三）维生素 E 或硒缺乏症

维生素 E 或硒缺乏症又名白肌症，是鹅的一种因缺乏维生素 E 或硒而引起的营养代谢病。硒和维生素 E 缺乏，可引起机体抗氧化机能障碍，临床上以渗出性素质、脑软化和白肌病等为特征。主要见于 1～6 周龄雏鹅。患病鹅发育不良，生长停滞，日龄小的雏鹅发病后常引起死亡。

【病因】

①因饲料长期储存，饲料发霉或腐败，或因饲料中不饱和脂肪酸过多等，均可使维生素 E 受到破坏，活性降低，若用上述饲料饲喂鹅，极易引发维生素 E 缺乏，同时也会诱发硒缺乏。饲料中硒严重不足，也同样会影响维生素 E 吸收。

②球虫病及其他慢性胃、肠道疾病可使维生素 E 的吸收利用率降低而导致缺乏。

③环境污染。环境中镉、汞、铜、钼等金属与硒之间有颉颃作用，可干扰硒的吸收和利用。

④本病在我国陕西、甘肃、山西、四川、黑龙江等缺硒地带发生较多，常呈地方性发生。若该地区处于缺硒带，按正常饲料配方配制饲料饲喂鹅，也易导致本病发生。

【临床症状】雏鹅维生素 E 缺乏症在临床上主要表现渗出性素质、脑软化和白肌病。

（1）脑软化症　主要见于 1～2 周龄以内雏鹅。3～4 日龄雏鹅患病，常在 1～2d 内死亡。病鹅主要表现共济失调，头向后方或下方弯曲或向一侧扭曲，向前冲，两腿有节律地痉挛（急促地收缩与放松交替发生），翅和腿并不完全麻痹，最后衰竭而死。

（2）渗出性素质病　多发于 20～60 日龄雏鹅，20～30 日龄雏鹅为多，主要表现为伴有毛细血管通透性异常的一种皮下组织水肿。轻者表现为胸、腹皮下有黄豆大到蚕豆大的紫蓝色斑点；重者站立时两腿远远分开，可通过皮肤看到皮下积聚的蓝色液体。穿刺皮肤很容易见到一种淡蓝绿色黏性液体，这是水肿液里含有血液成分所致。病鹅有时突然死亡。

（3）白肌病（肌营养不良）　多发于 4 周龄左右雏鹅，当维生素 E 和含硫氨基酸同时缺乏时，可发生肌营养不良。病鹅表现全身衰弱，运动失调，无法站立。严重缺乏维生素 E 和含硫氨基酸可造成大批死亡。一般认为维生素 E 缺乏时，以脑软化症为主；维生素 E 和硒同时缺乏时，以渗出性素质为主；在维生素 E、硒和含硫氨基酸同时缺乏时，以白肌病为主。维生素 E 缺乏时，雏鹅主要表现为白肌病；种公鹅生殖器官发生退行性变化，睾丸萎缩，精子数减少或无精子；母鹅所产的蛋受精率和孵化率降低；胚胎于 4～7 日龄开始死亡。

【病理变化】患脑软化症的病雏鹅可见小脑柔软和肿胀，脑膜水肿，小脑表面有出血点，脑回展平，脑内可见一种呈现黄绿色混浊的坏死区。患渗出性素质的病鹅，可见头颈部、胸前、腹下等皮下有淡黄色或淡绿色胶冻样渗出，胸、腿部肌肉常见有出血斑点，有时可见心包积液、心肌变性或呈条纹状坏死。白肌病病例可见全身骨骼肌色泽苍白，胸肌和腿肌中出现条纹状灰白色坏死。心肌变性、色淡，呈条纹状坏死，有时还可见肌胃坏死。

【诊断要点】根据病鹅典型的病理变化（脑软化、渗出性素质和肌营养不良等）可作出初步诊断。脑软化病与脑脊髓炎的区别：脑脊髓炎的发病日龄为 2～3 周龄，比脑软化症发病早；脑软化症的病变特征是脑实质发生严重变性，可与脑脊髓炎相区别。

【防控措施】

（1）预防　维生素 E 在新鲜的青绿饲料和青干草中含量较多，籽实的胚芽和植物油中含量丰富。鹅日粮中如谷实类及油饼类饲料有一定比例，又有充足的青饲料时，一般不会发生维生素 E 缺乏症。但这种维生素易被碱破坏，因此，多饲喂青绿饲料、谷物类可预防本病发生。

在低硒地区，还应在饲料中添加亚硒酸钠。

（2）治疗　脑软化症雏鹅每日喂服维生素 E 8 IU/只，轻症者一次见效，连用 3～4d，为一疗程，同时每千克日粮添加 0.05～0.2mg 亚硒酸钠。

雏鹅渗出性素质病及白肌病，每千克日粮添加维生素 E 20IU 或植物油 5g，亚硒酸钠 0.2mg，蛋氨酸 2～3g，连用 2～3 周。

成年鹅缺乏维生素 E 时，每千克日粮添加维生素 E 10～20IU、植物油 5g 或大麦芽 30～50g，连用 2～4 周，并饲喂青绿饲料。

六、其他疾病

（一）啄羽病

啄羽病是家禽由于多种营养物质缺乏及机体代谢机能紊乱所致的一种非常复杂的综合征；各日龄、各品种家禽均能发病，一旦发生互啄，即使诱发因素消失，往往也将持续这种恶癖，致家禽伤残或死亡，给养殖户造成不小的经济损失。啄羽病是一个存在已久的问题，从规模化养禽开始即困扰养禽业。

【病因】

（1）饲养管理　断喙不当；感染慢性或亚临床疾病会阻碍某些营养成分的吸收；通风不良及氨气浓度过高；换料不当可能会导致某些营养成分不足；环境和垫料过于干燥或过于潮湿，鹅体感到不适而互啄；鹅舍温度过高；光线过强。

（2）营养　蛋白质含量过低和蛋白质品质差。饲喂颗粒饲料减少鹅采食的时间，使鹅有更多时间养成啄羽的恶癖，颗粒饲料比粉状饲料更易引起啄羽。

（3）品种　随着育种水平的提高，鹅的生长速度、饲料转化率以及生产性能得到了全面改善，需要良好的管理、营养、环境及疾病控制措施的配合。不同品系鹅对饲料的营养需求不同，最好不同品系鹅配合不同饲料。一般比较好动的鹅更容易产生啄羽问题。

一般养鹅生产中都是由于 2～3 种或以上因素混合在一起引起的啄羽和互啄。

【临床症状】啄羽行为常发生于雏鹅采食时，这种行为会破坏鹅羽毛，造成伤害，甚至可能导致自相残杀。雏鹅在开始生长新羽毛或换小毛时易发生，产蛋鹅在盛产期和换羽期也可发生。先由个别鹅自食或互食羽毛，造成背后部羽毛稀疏残缺。然后，很快传播开，影响鹅群的生长发育、产蛋量。鹅毛残缺，新生羽毛根很硬，品质差而不利于屠宰加工利用。一只鹅被啄出血，其他鹅见到红色便去啄此受伤鹅。

【诊断要点】本病易于诊断，根据诱发本病的饲养管理因素、饲养环境、饲料、饲喂情况以及发病特点和临床症状可作出初步诊断。

【防控措施】首先应将啄伤鹅和攻击性较强的鹅及时隔离饲喂，并在伤口处涂抹高锰酸钾水或碘制剂；严重的需要饲喂或肌内注射广谱抗生素以控制继发感染。了解发生本病的原因，消除可能引起本病的各种诱因，采取相应的综合防控措施。改善饲养管理：降低饲养密度，加强通风换气，合理放置饮水槽和料槽，调整光照，防止强光长时间照射；严格控制温湿度；产蛋箱避开曝光处。改善饲料营养水平：更换饲料，或在饲料中额外添加氨基酸等，特别是含硫氨基酸，并注意氨基酸之间的平衡；补喂沙砾，适当饲喂青绿饲料等。

(二) 鹅痛风病

鹅痛风是一种多因素疾病，是因某种因素导致尿酸盐沉积于内脏器官或关节腔而形成的一种代谢性疾病。

【病因】痛风的发病原因分为非传染性和传染性两种因素。

1. 非传染性性因素

（1）核蛋白和嘌呤碱饲料过多　日粮中核蛋白及含嘌呤碱类饲料过多，核酸分解产生的尿酸超出机体的排出能力，大量的尿酸盐就会沉积在内脏或关节中，形成痛风。豆饼、鱼粉、骨肉粉、动物内脏等含核蛋白和嘌呤碱较高。

（2）可溶性钙盐含量过高　贝壳粉及石粉主要成分为可溶性碳酸钙，若日粮中贝壳粉或石粉过多，超出机体的吸收及排泄能力，大量的钙盐会从血液中析出，沉积在内脏或关节中，形成钙盐性痛风。

（3）维生素 A 缺乏　维生素 A 具有维持上皮细胞完整性的功能。维生素 A 缺乏，会使肾小管上皮细胞完整性受到破坏，造成肾小管吸收排泄障碍，导致尿酸盐沉积引起痛风。

（4）饮水不足　炎热季节或长途运输，若饮水不足，会造成机体脱水，机体代谢产物不能及时排出体外，而造成尿酸盐沉积，诱发痛风。

（5）中毒因素　许多药物对肾脏有损害作用，如磺胺类和氨基糖苷类等抗生素、感冒通等在体内通过肾脏排出，对肾脏有潜在毒性作用。若药物应用时间过长、量过大，就会造成肾脏损伤。尤其是磺胺类药物，在碱性条件下溶解度大，而在酸性条件下易结晶析出。如果长期大剂量应用磺胺类药物而又不配合碳酸氢钠等碱性药物使用，会使磺胺类药物结晶析出，沉积在肾脏及输尿管中，影响肾脏及输尿管功能，造成排泄障碍，使尿酸盐沉积在体内形成痛风。霉菌和植物毒素污染的饲料也可引起中毒，如桔霉素、赭曲霉素和卵孢霉素都具有肾毒性，可引起肾功能改变，诱发痛风。

2. 传染性因素

（1）鹅出血性多瘤病毒感染　鹅出血性多瘤病毒感染 4～10 周龄鹅，可引起鹅出血性肾炎肠炎。内脏痛风是本病亚急性病例的病理变化之一。

（2）鹅星状病毒感染　2016 年以来，在我国多个地区发生了雏鹅痛风，疾病具有流行性和传染性，用病鹅组织样品接种健康雏鹅，可复制本病，因此，雏鹅痛风属于传染性疾病，可称为雏鹅病毒性痛风。目前初步认为与一种新的星状病毒（鹅星状病毒）感染有关。从健康雏鹅体中也能检出该病毒，因此，对本病病因还需要进一步阐明。

【流行特点】2016年以来，雏鹅病毒性痛风在我国肉鹅主产区暴发。安徽、江苏、山东、河南、四川、广东、辽宁和黑龙江等地均有本病的发生和流行。四川白鹅、扬州鹅、江南白鹅、皖西白鹅、豁眼鹅和霍尔多巴吉鹅等品种以及养鹅户自己杂交的品种（如泰州鹅、皖杂和三花鹅等）均易感。本病通常发生于1～3周龄雏鹅。

【临床症状】在感染鹅群，可见部分鹅精神沉郁，蹲伏，双翅下垂，不愿走动，呆立一隅。驱赶时可见部分鹅落于群体之后，感染鹅生长发育受阻，群体整齐度差。从发病第2天开始，出现大量死亡。9～12日龄雏鹅死亡率达10%～50%。

【病理变化】主要病变为内脏和关节痛风。心脏、肝脏、腺胃、肌胃、脾脏、胰脏、肠道、肠系膜、腹膜的表面均可见白色尿酸盐沉积（彩图7-5）。肾脏肿胀，有尿酸盐沉积，输尿管扩张，内含白色物质。胆囊肿胀，充盈胆汁，部分病例胆囊内含白色尿酸盐结晶。有些病例食道和肌肉表面也见有尿酸盐沉积。膝关节、跗关节、跖趾关节和趾节间关节肿胀，有不同程度的尿酸盐沉积（彩图7-6）。颈部、躯干和前肢各关节均有不同程度的尿酸盐沉积。

【防控措施】雏鹅痛风属于多因素疾病，控制本病首先要明确病因。若疑似非传染性因素所致，需从合理配制日粮、合理使用碳酸氢钠、控制饲料中霉菌毒素含量等角度采取措施。如果是病毒感染所致，可选用特异的卵黄抗体进行免疫。

（三）翻翅

翻翅又称为反翅、天使翅（angel wing）、下垂翅，是一种影响水禽的疾病，主要发生于鹅和鸭，表现为翅膀的最后关节不正常扭转，致使翅膀羽毛向外侧面伸出，而不是正常紧贴身体。这种情况雄性多见。本病一般在水禽育成期发生，而且由于解剖结构的改变，无法治愈。

【病因】本病致病的原因尚不完全清楚。第一种观点认为，本病是因饲喂日粮蛋白质水平过高或糖含量过高所致。特别是饲喂蛋白含量高、能量高但维生素D、维生素E和微量元素锰含量低日粮时，更易发生。对于不和人类近距离居住的水禽，通常观察不到翻翅现象发生，而鸭、鹅被过多提供粮食饲喂的

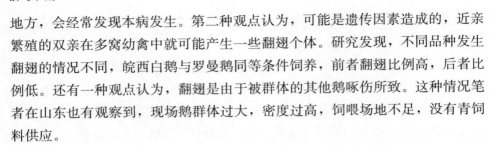

地方，会经常发现本病发生。第二种观点认为，可能是遗传因素造成的，近亲繁殖的双亲在多窝幼禽中就可能产生一些翻翅个体。研究发现，不同品种发生翻翅的情况不同，皖西白鹅与罗曼鹅同等条件饲养，前者翻翅比例高，后者比例低。还有一种观点认为，翻翅是由于被群体的其他鹅啄伤所致。这种情况笔者在山东也有观察到，现场鹅群体过大，密度过高，饲喂场地不足，没有青饲料供应。

【临床症状】本病发生时，一侧或双侧腕关节后面翅膀部分生长发育受阻，原因不明，如果发生于一侧，通常是左侧。结果导致关节扭转，不能行使正常功能。翻翅就像从腕关节处折断了飞羽一样，或者说是飞羽的剩余部分从该关节处向外突出。严重情况下，外翻的飞羽看起来像青色的干草一样不正常。翻翅鹅常见，典型的是左翅膀或双翅出现，仅有右翅出现的情况少见（彩图 7-7）。同时，公鹅发生比母鹅多。

鸭、鹅的翻翅通常不会威胁生命，并不引起疼痛和痛苦。如果翻翅不能纠正，它也不过是低垂着，向外横伸着而已。

【防控措施】本病以预防为主。不要饲喂过高蛋白或过高能量日粮，并提供充足的青绿饲料或保持日粮足够的粗纤维比例，特别是 30～40 日龄雏鹅；提供足够的运动场；分小群饲养，防止拥挤。晚上关掉圈舍灯光以减少啄斗发生。当发生翻翅时，如果情况不严重，鹅数量较少，立即以苜蓿日粮代替原来的生长期日粮直至这种情况完全消失。在野生状态下，鹅日粮就是野草。采食青草同时可以防止腿病的发生。可通过包扎腕带使翅膀按正常方向生长治愈。包扎捆绑病翅几天即可恢复，包扎带也不会使鹅不舒服。包扎带最好是宽约 2.54cm，便于移除。包扎有两种方法：一种是只包扎外翻横向伸出的翅膀部分，直至翅膀中部，包扎时，确保翅膀的自然位置；另一种是先把翻翅放置到正确位置，然后用包扎带将该翅膀和身体捆绑在一起，包扎带缠绕在鹅身体上，这种办法似乎更好。

第八章
养殖场建设与环境控制

第一节　养殖场选址与建设

一、鹅场建设

鹅场建设是养鹅生产的第一步，不仅要为鹅群提供良好的小气候环境，还要给养殖场职工提供舒适的生活和工作环境；既要有利于生产的组织和劳动定额的安排，又要适合生物安全措施的顺利实施和现代畜牧业高效生产要求。

（一）鹅场建设是设施化养鹅的重要部分

鹅场是鹅生长发育、休息、繁殖的场所，是鹅生活的外部环境，鹅场的位置、布局、鹅舍间的间距，每栋鹅舍内部的光照、通风、水源供应、污物处理等，都会对鹅群生产性能发挥产生影响。

（二）鹅场建设关系到环境保护问题

现代畜牧业已经进入生产与环保并重，强调可持续发展的时代。所以，鹅场建设，还必须注意环境保护，排放要符合有关环保指标，最好能变废为宝。

（三）鹅场建设与鹅疫病防控紧密相关

鹅场建设关系到将来鹅场的管理，生物安全措施的顺利落实，以及未来鹅场的扩大和发展问题。规模化、产业化养鹅生产，鹅舍建设应着眼长远，使鹅舍和鹅场符合管理方便、有利防疫和预留未来发展空间的要求。

二、鹅场环境要求

(一) 鹅场环境卫生质量要求

规模较大鹅场分为生活办公区、生产区和污物处理区 3 个功能区。鹅场净道和污道应分开,防止疾病传播。鹅舍墙体坚固,内墙壁表面平整光滑,墙面不易脱落,耐磨损,耐腐蚀,不含有毒有害物质。舍内建筑结构应利于通风换气,并具有防鼠、防虫和防鸟设施。鹅场周边环境、鹅舍内空气质量应符合国家农业行业标准(表 8-1、表 8-2)。

表 8-1 鹅场空气环境质量要求

项 目	缓冲区	场区	鹅 舍	
			雏鹅	成鹅
氨气 (mg/m³)	2	5	10	15
硫化氢 (mg/m³)	1	2	2	10
二氧化碳 (mg/m³)	380	750	1 500	1 500
可吸入颗粒物 (PM₁₀, mg/m³)	0.5	1	4	4
总悬浮颗粒物 (TSP, mg/m³)	1	2	8	8
恶臭 (稀释倍数)	40	50	70	70

表 8-2 舍区生态环境质量要求

项 目	禽 舍	
	雏禽	成禽
温度 (℃)	21~27	10~24
相对湿度 (%)	75	75
风速 (m/s)	0.5	0.8
光照度 (lx)	50	30
细菌 (个/m³)	25 000	25 000
噪声 (dB)	60	80
粪便含水率 (%)	65~75	65~75
粪便清理	干法	干法

(二) 鹅场土质要求

土壤的透气性、透水性、吸湿性、毛细管特征、抗压性以及土壤中的化学成分等，不仅直接影响鹅场场区的空气、水质和植被的化学成分及生长状态，还可影响土壤的净化作用。适合建立鹅场的土壤应该是透气、透水性强，毛细管作用弱，导热性小，质地均匀，抗压性强的土壤。因此，从环境卫生学角度看，选择在沙壤土上建场较为理想。然而，在一定的地区内建场，由于客观条件的限制，选择最理想的土壤不一定能够实现，这就要求人们在鹅舍的设计、施工、使用和其他日常管理上，设法弥补当地土壤的缺陷。

（三）鹅场绿化

鹅场绿化应选择种植适合当地生长、对人畜无害的花草树木，绿化率不低于30％。树木与建筑物外墙、围墙、道路边缘及排水明沟边缘的距离应不小于1m。同时注意实行种养结合，种植业的农产品作为养鹅的饲料来源，鹅粪便作为种植业的肥料，以实现种养结合的生态养殖模式。

三、鹅场选址要求

鹅场场址选择要根据鹅场性质（级别：祖代种鹅、父母代种鹅、商品代肉鹅）、自然条件和社会条件等因素进行综合判断，应符合本地区农牧业生产发展总体规划、土地利用规划、城乡建设发展规划和水源环境保护规划要求。

（一）位置和交通

鹅场场址选择要考虑防疫隔离，保证安全生产，同时又要保证产品及饲料运输方便；远离其他禽场和屠宰场，以防止交叉传染，距离在1 500m以上；远离交通要道、铁路、公路主干线和车辆来往频繁的地方，距离在1 000m以上，了解鹅场所在城镇近期及远期规划，远离居民住宅区，距离1 000m以上。

商品鹅场的主要任务是为城镇提供肉鹅。因此，场地的选择，一方面要考虑运输方便，另一方面要考虑城镇的环境卫生和场内防疫要求。据此，商品鹅场宜选择在城镇近郊，距城镇10km左右。种鹅繁育场防疫隔离要求严格，应离城镇和交通枢纽远一些。育种场和祖代场宜选择相对隔离，周围有山、水、林地等天然屏障与外界隔开的地方。

选择鹅场场址要特别注意排污问题。最好能把鹅场排污与周围农田灌溉结合起来；也可以利用鹅场肥水养鱼，有控制地将污水排向鱼塘，做到既可纳

污，又能肥塘。鹅场污水不能直接排入河流，应修建化粪池，进行污水处理。

（二）水源和电力

鹅场用水量大，应以夏季最大耗水量为标准来计算需水量。鹅场水源应充足，水质良好，卫生无污染。鹅场附近有沟、河、湖等流动活水作为水源最为理想，前提是水源上游应无畜禽加工厂和化工厂污染源。水面尽量宽阔，水深1m以上。需要取用地下水的地区，打井应符合当地政府部门相关规定并考虑供水量。山区的山泉水有被寄生虫污染的风险，应进行检测和监测，最好处理后使用。

选择鹅场场址时，要考虑电源的位置和距离，如有架设双电源的条件最理想；如地处电力不足地区，应备发电机。电力安装容量以种鹅5～6W/只、商品鹅1.5～2.0W/只计算，另加孵化器、保温电器、饲料加工、照明等的用电量。

（三）地势和土质

鹅场要避开耕地，宜建在向阳缓坡地带，阳光充足，利于通风排水。场地应地势高燥、平坦或为缓坡地带，南向或东南向缓坡地势最佳。选择沙壤土最为理想，因沙壤土透气性、透水性良好，能保证场地干燥，土壤自净能力强，病原微生物不易滋生增殖，符合卫生标准。建设鹅场要选择空旷闲置的地块，坐北朝南，开阔干燥，通风良好；要了解当地气候条件，场地高于历史最高洪水位。山区建场不可位于潮湿低洼的山谷，最好建在半山腰。

（四）草源草场

鹅能利用大量青绿饲料，生性喜欢缓慢游牧。据测定，每只成年鹅每天可采食1.5～2.5kg青草，放牧鹅群生长发育良好，可节约用粮，降低成本。因此，鹅场附近有可供放牧的草地、草坡、果木林园最为理想。没有放牧条件的地方，鹅场附近应有牧草生产地，按每667m²耕地养鹅150～300只规划牧草面积。

除上述四个方面外，还有一些特殊情况也要予以关注，如在沿海地区，要考虑台风的影响，经常遭受台风袭击的地方和夏季通风不良的山坳，不能建造鹅场；尚未通电或电源不稳定的地方不宜建场。此外，鹅场的排污、粪便废物处理，也要通盘考虑，做好周密规划。

第二节　鹅舍建设的基本要求

一、育雏舍建设

4周龄以内雏鹅绒毛稀少，体温调节能力差，雏鹅舍要求温暖、干燥、空气新鲜且没有贼风，南北方育雏鹅舍大致相同。舍内可设保温伞，伞下可容25～30只/m² 雏鹅。采光系数（窗户有效采光面积与舍内地面面积的比值）为1：（10～15），南窗应比北窗略大，有利于保温、采光和通风。为防兽害，所有窗户及下水道外出口应装有防兽网。每栋育雏舍的有效育雏面积以250～300m²为宜。为了便于保温和饲养管理，育雏舍内应再分隔为若干小间或栏圈，每间面积25～30m²。育雏舍地面最好用水泥或砖铺成，以便清洗和消毒。舍内地面应比舍外高20～30cm，以便排水，保证舍内干燥。鹅早期生长发育速度快，4周龄体重可达成年体重的40％，因此，育雏密度在这一时期也要精心设计。一般采用地面平养时，1周龄雏鹅的饲养密度为15只/m²，2周龄为10只/m²，3周龄为7只/m²，4周龄为5只/m²；网上平养饲养密度可略增加。育雏舍南向舍外可设雏鹅运动场，运动场应平整、略有坡度，以便雏鹅进行舍外活动及作为晴天无风时的舍外喂料场。运动场外侧设浅水池，水深20～25cm，供幼雏嬉水。育雏舍的建筑设计具体布置见图8-1至图8-3。

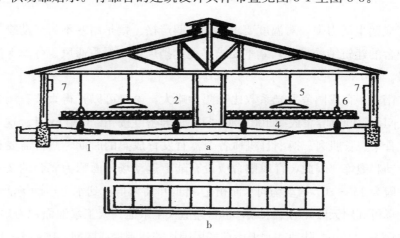

图 8-1　网养雏鹅舍示意图

a. 剖面图　b. 平面图

1. 排水沟　2. 铁丝网　3. 门　4. 集粪便池　5. 保温伞　6. 饮水器　7. 窗

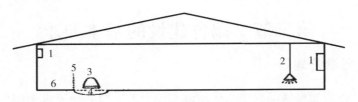

图 8-2　地面平养雏鹅舍示意图
1. 窗　2. 保温伞　3. 饮水器　4. 排水沟　5. 栅栏　6. 走道

图 8-3　网上育雏

二、育成鹅舍建设

育成鹅生活力强，对温度要求不如雏鹅严格。鹅是耐寒不耐热动物，所以育成鹅舍的建筑结构简单，基本要求是能遮挡风雨、夏季通风、冬季保温、室内干燥。

在南方，育成鹅舍采光系数比雏鹅舍略大，窗口可以开得大些。鹅舍内可分为几间，每间饲养育成鹅 100～200 只。饲养密度按 4～5 只/m² 计。这一时期是鹅长骨架、长肌肉、换羽且机体各个器官发育成熟的时期，鹅群需要相对较多的活动和锻炼。因此，育成鹅舍应设有陆上运动场，面积为鹅舍的 2～3 倍，坡度一般为 15°～30°，运动场同水面相连，随时可将鹅群放到水上运动场活动。水上运动场可利用天然无污染水域，也可建造人工水池。人工水池面积为鹅舍的 2 倍，水深 1～1.5m。陆地和水上运动场周围均需建围栏或围网，围高 1～1.2m。

在北方，由于干燥缺水，冬季天气寒冷，养鹅多为旱养、半旱养的养殖模式。鹅舍建筑材质为轻钢结构、钢质屋顶和泡沫保暖建材，高度适当降低（北面墙窗户较少），且不需要水上运动场，仅在舍外的运动场放置料槽和饮水器。北方鹅舍的其他建筑设计要求与南方一致。

三、种鹅舍建设

（一）普通种鹅舍

鹅舍和其他畜禽舍一样，需根据当地气候条件和生产目标而定。按照建筑学上的分类方法，鹅舍有棚式鹅舍、开放式鹅舍、半开放式鹅舍、有窗密闭式鹅舍和无窗密闭式鹅舍等几种类型（图 8-4 至 8-6）。其中，后两种鹅舍在达到完全可控光的条件下就是繁殖调控鹅舍。

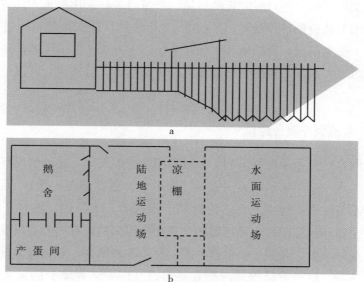

图 8-4　传统种鹅舍

a. 剖面图　b. 平面图

图 8-5　南方全开放式鹅舍

图 8-6　中原半开放式鹅舍

种鹅舍建筑视地区气候而定，有固定鹅舍和简易鹅舍之分。每栋种鹅舍以养 800~1 000 只种鹅为宜。产蛋期用种鹅舍一般由舍内、陆上运动场和水上运动场 3 部分组成。舍内面积的计算办法：大型种鹅每平方米养 2~2.5 只、中型种鹅每平方米养 3 只、小型种鹅每平方米养 3~3.5 只。陆上运动场一般应为舍内面积的 1.5~2 倍，不能低于 1 倍；水上运动场可以利用天然水面，在这种情况下，利用与陆上运动场面积相等的水面，或陆上运动场面积的 1/3~1/2，水深要求 50~100cm。如果是人工建设水池，水池宽度约 1.5m 比较经济实用，水深 30~50cm 即可，长沟式。运动场上还可以设置遮阳网（凉棚），在夏季炎热时使用。鹅舍檐高 1.8~2.0m，窗与地面面积比例为 1：(10~12)。舍内地面比舍外高 10~20cm，一般种鹅场，在种鹅舍的一隅地面较高处需设产蛋间（栏）或安置产蛋箱。产蛋间最好采用离地 50~80cm 高的网床，网床上铺设稻草等垫料；开设 2~3 个小门，让产蛋鹅自由进出。种鹅舍正面（一般为南面）设陆地和水面运动场。北方地区、山区冬季降雪较多的地区和临海风大地区，种鹅舍建设要充分考虑抗雪、抗风能力，以免造成不必要的损失。

（二）繁殖调控鹅舍建设

完全的自然光照条件并不利于种鹅繁殖性能的发挥，这种情况下种鹅繁殖跟着"天"走（一年四季每天的太阳光照时数、强度都在变化），形成了产蛋少、产蛋季节性强的特点。要想使种鹅产蛋跟着"人"走，随时产蛋和多产蛋，就要建设环控型鹅舍。环控型鹅舍是全密闭式的，有动力通风设施，设置料线和水线，全人工光照，类似全密闭的种鸡和种鸭舍，安装降温设备，如湿帘风机系统等。机械通风鹅舍的形式很多，利用安装在墙上的风机向舍外排风，同时新鲜空气从墙基的进风口进入鹅舍。有些规模较大的生产场鹅舍跨度达到 12m 甚至 15m，长度 60~70m 的种鹅舍，采用大功率风机驱动的隧道式负压通风，不仅可以对鹅舍进行高效通风换气，而且结合湿帘降温，还可以在夏季炎热时很好地降低舍内温度。南方炎热地区，特别是两广地区，因地制宜建设的"反季节"鹅舍，经济适用，值得推广。一般在墙上安装能够上下开启的完全可遮光的卷帘，在舍内部安装电灯，安装数量依所需照度和不同的光照程序而定。这种繁殖调控鹅舍，除闭光良好外，通风降温效果也要较佳。一般要提高鹅舍的高度，屋顶高度可以达到 4.5m 以上，跨度 10m 以上，屋顶采用钟楼式，墙脚设置通风口。运动场宽阔，有一定的坡度。水面开阔，水源充足、清洁。

全密闭环控种鹅舍（图8-7）内部应设置饮水区（水线）、喂料区（料线）、产蛋区和休息区。有些企业已经开始在鹅舍内局部或全部采用塑料或镀锌网床，全程旱养，效果较好。

图 8-7 密闭式鹅舍

四、肉用仔鹅舍和育肥鹅舍建设

在南方气候温暖地区可采用简易的棚架式鹅舍（图8-8）。单列式的四面可用竹竿围成栅栏，围高70cm左右，每根竹竿间距5～6cm，以利鹅伸出头来采食和饮水。双列棚架鹅舍，可在鹅舍中间留出通道，两旁各设料槽和水槽。棚架离地面约70cm，棚底用竹条编成，竹条间孔隙约3cm，以利于漏粪便。育肥棚内分成若干小栏，每小栏15 m^2左右，可养育肥鹅60只。

图 8-8 广东马冈鹅网上饲养和育肥

砖木结构的育肥鹅舍特别要考虑夏季散热问题。在设置窗户时应考虑到散热的需要。简单的办法是前后墙设置上下两排窗户。下排窗户下缘距地面30cm左右。为防止敌害，可安装一层金属网。这样可使从下排窗户吹过鹅舍的风能经过鹅体，起到良好的散热降温作用。冬季为防止寒冷的北风侵袭，可将北面窗户封堵严实。

育肥鹅舍以每舍饲养500只肉鹅为宜，出栏前狮头鹅每平方米不宜超过2.5只。

育肥鹅舍应设置鹅舍遮阳篷、活动场和水池（水池也可以没有）。鹅舍部分占1/4，活动场占1/2。水池最好建成长沟式，宽1.5m，深0.5m，保持沟内水流动、清洁。

第三节　鹅场环境控制

采用人工或自动化手段，通过相关的设施和设备对养殖环境要素进行必要的控制和改善，使其尽量符合畜禽的需要，避免由大环境的变化对养殖造成不必要的危害，这种系列化的技术就是环境控制技术。

一、温度

鹅属于恒温动物，怕热不怕冷。养鹅环境温度过高，会带来热应激，影响鹅群生产性能的发挥。环境温度处于适宜温度时，其生长、发育、繁殖功能表现最佳状态，生产效率最高；环境温度超出适宜温度时，机体随即需要调整生理活动与行为，以适应气温的变化，维持正常体温，保证正常生长发育的需要。试验与生产经验表明，短时和轻度的气温变化（26~32℃）对鹅来说，完全可以通过轻微的应激行为调整和适应。相反，长期和较大幅度的气温升高（32℃以上），则会使鹅生理功能紊乱，生长发育迟缓，并由此导致一系列的生产指标（例如生长速度、胴体质量、种蛋受精率、孵化率等）下降，甚至造成家禽衰竭死亡等，使生产者无利可图或亏损。

二、湿度

畜禽舍内水汽的来源：外界空气中的水分、畜禽排除的水分（出汗、呼吸、粪便、尿液）、饮水滴漏或蒸发、地面和墙壁的渗出等。湿度的大小直接影响到畜禽的健康，一般情况下我们用湿度计检测舍内的相对湿度。对各种畜禽而言空气的相对湿度以 50%～70% 为宜，最高不要超过 75%，幼小的畜禽要求相对高一点。湿度过低——舍内相对干燥，容易引起呼吸道黏膜受伤、咳嗽、呼吸道感染；脱水等。湿度过高——舍内相对潮湿，容易导致设备腐蚀、垫料霉变、病原滋生、蛋品质下降、阴冷、闷热等。湿度调节——当湿度过低需要加湿，比较好的设备是加湿器，当湿度过高需要通风，排掉多余的水汽。但通风若是同时带走必要的热量而引起温度下降，可以考虑通风和加热两种措施来解决湿度问题。

三、密度

密度就是指单位面积的养殖数量。低密度养殖的特点：利于养殖环境的控制和畜禽的生活、生长和生产。疾病少、药费低、养殖效果和小单位效益好。但是由于低密度养殖导致圈舍利用率降低，还有很多固定费用和成本分摊在小单位上的增加（用电、人工、燃料、折旧等费用），低密度养殖效果好，但总体效益不佳。高密度养殖的特点：风险大、难控制。因此要加强环境控制，保证养殖效益。密度受很多因素影响，如季节与气候、疫情、行情。评价密度的尺度，单位面积的产量很重要，在最高产量的目标下追求最小养殖成本，这是未来养殖必须要明确的。

四、通风

在自然条件下，空气的流动是由于温度的不一致造成的，热空气由于密度小而上升，留下的空间由周围的冷空气来填充，这就是形成了空气流动——气流。封闭舍中的气流除了因温度不一致而导致外，还可能是因为门窗的开启、通风管（口）的作用、外界气流的侵入、机械运转的影响、人和动物的走动等。气流有利于对流散热和蒸发散热，气流也具有推动气体交换的作用。贼风——不怕狂风一片、只怕贼风一线。所谓贼风就是一股温度低而流速大的气流。夏季应该适当提高舍内空气流动速度，加大通风量，机械通风就是必要的了。提高风速能改善动物的采食和增重效果。冬季动物体周围的气流速度在 0.1～0.25m/s 是适宜的，否则会导致环境条件的连锁反应。

通风的主要目的是换气，把舍内污浊的空气排出，把舍外新鲜的空气吸进来，补充足够的氧气，在适宜的条件下，健康的雏鹅＋优质的饲料＋足够的氧气＝出栏上市（效益）。通风的第二个目的是降温，在夏季舍内温度30℃以上时，即使空气质量不差，但为了排出热量也需要加强通风。用换气扇配合湿帘或喷雾降温效果会更好。通风的第三个目的是除湿，当阴雨连绵时，舍内会比较潮湿，通过加强通风可降低舍内空气湿度。

五、光照

光照对鹅的生理机能有重大的调节作用，舍内保持一定的光照度，除了有目的、有计划地调节动物的生理机能外，还为鹅的活动和人的操作提供方便。

六、应激

应激是指一切不利于鹅生长的自然或人为的因素。避免应激是保证鹅健康生长的前提。①温度不能忽高忽低。②密度不宜过大。③舍内不能过于干燥或潮湿。④舍内不能有过大的氨臭味，确保有充足的氧气。⑤不能有生人入舍，饲养员衣服要一致（白色或天蓝色为宜）。⑥不能有贼风入舍（易诱发呼吸道疾病）。⑦光线不宜过强（会诱发啄癖）。⑧鼠、鸟不能入舍（偷吃饲料，传播疾病）。⑨不能有过大的声音惊扰鹅群（惊群，炸群，猝死增多）。⑩经常看天气预报，避免因天气突变而措手不及。⑪稳定的饲喂制度、光照程序、饲料供应和环境清洁舒适等。

第四节　鹅场环境保护

鹅场环境保护包括保护鹅场不被周围不利环境因素影响和鹅场不对外部环境造成不良伤害两方面。

一、对外隔离

鹅场大门前必须建造大消毒池，其宽度大于大卡车的车宽，长度是车轮周长的2倍以上，池内放有效消毒溶液。生产区门口要建职工过往消毒池，要有更衣消毒室。鹅舍门口必须建小消毒池，要宽于舍门。鹅场建设可以选择自然的山、林、沟渠、河流等作为场界，形成天然屏障。鹅舍最好安装一些过滤装置，使臭气及灰尘被吸附在装置上；要建有粪污及污水处理设施，如三级化粪池等。粪污及污水处理设施要与鹅舍同时设计并合理布局。

二、粪污处理

一般是将粪污用于农田。在将粪污用于农田前，一方面要了解粪污的性质，主要是氮、磷的含量和比例，以及其他成分如重金属等的含量。另一方面，要准确估计具体土地和作物所能消纳的营养成分，避免污染地下水，使农牧业有机结合，保护整个生态环境，达到可持续发展。

三、饲喂环保型饲料

考虑营养而不考虑环境污染的日粮配方，会给环境造成很大压力，带来浪费和污染，也会使鹅产品达不到绿色食品的要求。鹅对蛋白质的利用率不高，饲料中 $50\%\sim70\%$ 的氮以粪氮和尿氮的方式排出体外。一部分氮被氧化所生成的硝酸盐，以及一些未被吸收利用的磷和重金属如铜、锌及其他矿物质等渗入地下或随地表水流入江河，从而造成广泛的污染。资料表明，如果日粮干物质的消化率从 85% 提高到 90%，那么随粪便排出的干物质可减少 1/3，日粮蛋白质减少 2%，粪便排泄量降低 20%。粪污的恶臭主要为蛋白质腐败所产生，如果提高日粮蛋白质的消化率或减少蛋白质的供给量，那么臭气物质的产生将大大减少。因此，要注意使用最少剩余营养的日粮，使用理想蛋白，补充氨基酸，并在日粮中补充植酸酶等，提高氮、磷利用率，减少氮、磷排泄。营养平衡配方技术、生物技术、饲料加工工艺的改进、饲料添加剂的合理使用等为环保饲料指明了方向。

四、绿化环境

在鹅场内外及场内各栋鹅舍之间种植常绿树木及各种花草，既可美化环境，又可改变场内的小气候，减少环境污染。许多植物可吸收空气中的有害气体，使氨、硫化氢等有毒气体的浓度降低，恶臭明显减少，释放氧气，提高场区空气质量。某些植物对铜、镉、汞等重金属元素有一定的吸收能力，叶面还可吸附空气中的灰尘，使空气得以净化。

绿化还可以调节场区的温度和湿度。夏季绿色植物叶面水分蒸发可以吸收热量，使周围环境的温度降低；散发的水分可以调节空气湿度。草地和树木可以挡风沙，降低场区气流速度，减少冷空气对鹅舍的侵袭，使场区温度保持稳定，有利于冬季防寒。鹅场周围种植的隔离林带可以控制场外人畜往来，利于防止疫病传播。鹅场配套土地种植牧草，可以充分利用鹅场粪污，生产鹅最喜欢的绿色饲料，节约生产成本，见图8-9。

图8-9　鹅场周边种草绿化

五、种养结合

鹅是喜欢并可以大量采食青草的家禽。种草养鹅是种养结合，生态良性循环的好模式。国外发达农业国家的农场，都是种植业和养殖业并存的综合性农场，农场内不仅有养殖业和种植业，往往还有蔬菜和水果园。鹅场可以规划专门化的牧草地，绿化环境，消纳鹅粪，提供饲料。使用粪便作为肥料既能增加土壤肥力，改变土壤结构，提高土壤蓄水力，又能促进粮、果、菜增产，降低生产成本，增加收入。在规模养鹅场实施"干湿分离、雨污分流、节水养殖、循环利用"技术，使鹅粪便经发酵、沼气池无害化处理后，作为有机肥就近还田利用，实现养殖污染零排放。污水则采取种养结合的生态循环模式，利用管道、贮存池，把经过发酵的污水直接用于农田、果园和鱼塘，种植优质果树，林下种草，供鹅食用，提高经济效益。

六、环保宣传和监测

要真正搞好鹅场环境保护，必须以严格的卫生防疫制度作保证。加强环保知识宣传，建立和健全卫生防疫制度是搞好鹅场环境保护工作的保障，应将鹅场的环境保护问题纳入鹅场管理范畴。应经常向职工宣传环保知识，使大家认识到环境保护与鹅场经济效益和个人切身利益密切相关。搞好环境保护还需制订切实方案，抓好落实。环境卫生监测包括空气、水质和土壤的监测。

七、采用发酵床养殖技术

用锯末、统糠粉、棉籽壳粉、椰子壳粉、花生壳粉、各种秸秆等做成养鹅的垫料，加入特制的益生菌就可以制作成发酵床，开展零排放养鹅。发酵床技术是功能菌群生长增殖并完成粪尿降解转化的过程，是广义的发酵过程。这个过程以氧化反应为主导并且有厌氧发酵和兼性厌氧发酵。发酵的过程就是垫料及鹅粪便转化为菌体蛋白的过程。发酵床是利用全新的自然农业理念，结合现代微生物发酵处理技术提出的一种环保、安全、有效的绿色养殖法。益生菌发酵会产生大量热量，降低鹅舍供暖成本。

八、病死鹅处理

鹅场的病死鹅在查明原因后，可以进行深埋、化尸池等处理。若为传染病死亡的鹅，必须经 100℃ 高温熬煮处理消毒或直接与垫料一起在焚烧炉中焚烧。有条件的地区可以进入病死动物无害化处理厂（场）集中处理，鹅场把病死鹅在专用冷藏柜内冷藏，定期送处理厂处理，运输死鹅或死胚的容器应便于消毒密封，以防止在运送过程中污染环境。

九、有害生物杀灭

对鹅有害的病毒、细菌、真菌、寄生虫、蚊蝇等要予以消杀处理。在加强饲养管理、保障鹅群健康的基础上，鹅场应建立并严格执行清洁和定期消毒制度，减少或消灭有害微生物。鹅场内蚊子、苍蝇、老鼠等不但骚扰鹅的生产生活，还是病原微生物的携带传播源。此外，过多的蚊蝇影响周边居民生活，因此，必须有消杀处理措施和制度，根据其繁殖特性与繁殖季节，有针对性地开展消杀工作，将蚊、蝇、鼠密度降低到最低限度，减少其对鹅场安全的威胁。同时，在蚊、蝇、鼠消杀工作中，要注意鹅群的安全，提倡生物控制和物理方法消杀，如使用捕蝇笼、粘蝇纸、诱蚊灯、捕鼠笼、养猫等方法。

十、其他废弃物处理

狮头鹅生产场还有鹅舍填料、散落羽毛、废弃饲料（草）等养殖废弃物，孵化产生的蛋壳、废弃胚胎、运输雏鹅的废弃包装物和填料等，屠宰加工的废弃下脚料等。狮头鹅养殖还会带来大量臭味、噪声等。

（一）垫料处理

鹅舍垫料、散落羽毛、废弃饲料（草）等其他养殖废弃物，要及时收集堆积发酵或焚烧处理。随着鹅饲养数量增加，需要处理的垫料也越来越多。可以尝试垫料的重复利用，即进行堆肥发酵，产生的热量杀死病原微生物，通过翻耙排除氨气和硫化氢等有害气体，处理后的垫料再重复利用，可以降低生产成本，减少养殖场废弃物处理量。

（二）孵化废弃物处理

鹅蛋在孵化过程中也有大量的废弃物产生，可以进行废物利用。第一次验蛋时可挑出部分未受精蛋（白蛋）和少量早死胚胎（血蛋）；出雏扫盘后的残留物以蛋壳为主，有部分中后期死亡的胚胎（毛蛋），这些构成了孵化废弃物。孵化废弃物中有大量蛋壳，其钙含量高，一般为 $17\% \sim 36\%$，可以经高温消毒、干燥处理后，生产蛋壳钙粉，也可以生产溶菌酶等。运输雏鹅的废弃包装物和填料可以进行焚烧处理。

（三）屠宰废弃物处理

屠宰加工的废弃内脏、粪便、废羽毛、血水等废弃下脚料先进行资源化利用，再进行专门化处理设施处理，并按规定对处理物进行达标排放或利用。

（四）臭味处理

①物理方法：饲料中营养充分、配制全面，应用酶类、酸化剂等，可减少排放粪便的臭味；采用沸石粉等矿石粉、丝兰提取物吸收和吸附臭味，控制温湿度，减少粪便、污水腐败产生臭味。②化学方法：用次氯酸钠、高锰酸钾等化学物质中和臭味。③生物方法：采用粪便密封堆积微生物发酵，防止臭味外逸，利用光合菌、芽孢杆菌、酵母菌、乳酸菌等吸收水体臭味成分。

（五）噪声处理

狮头鹅，特别是成年种鹅叫声洪亮，规模种鹅场的噪声较大，与居民聚集区较近的，需要进行减噪处理，一般在鹅场周边种植常绿乔木，邻近居民聚集区最好种植乔木林或构筑隔音墙，减少噪声传播。管理上，平常要减少人员在鹅场走动，晚上灯光要弱，鹅场避免突发声音。

第五节　鹅场内设施设备

鹅场育雏加温、喂料喂水、孵化、牧草生产、填饲、消毒等设施设备，可以充分借鉴养鸡、养鸭上的研发成果。欧美等国，还有日本都开发了机械化、智能化、高效化的育雏、孵化、牧草生产和填饲等方面的设施设备，可以引进消化吸收利用。

一、育雏加温设备

给温育雏设备多采用地下烟道、地上烟道、电热育雏伞、煤炉、电阻丝、红外线灯等。炕道育雏分地上炕道式与地下炕道式两种，由炉灶、烟道和烟囱组成。煤炉可以用油桶自制。电热育雏伞用铁皮或纤维板制成伞状，伞内壁安装电热丝作热源。育雏伞有市售的，也可自制。近年来还有一些公司研发的育雏保温成套设备。

（一）热风（水）管给温

热风（水）管给温适合一定规模的育雏舍应用，一般使用锅炉（煤、天然气、油、电）提供热源，设备包括锅炉、管道、散热器、温控仪等。通过锅炉加热管道中的水或空气等媒介，由管道送入育雏室中，用风机散热器或管道自然散发热量，自动温控仪根据育雏室保温要求，调节散热量，维持育雏室温度。热风（水）管给温清洁、便捷、易控温，是规模化育雏的首选方法，但小规模育雏受投资成本等影响，建议使用太阳能保温。

（二）炕道给温

炕道给温分地上炕道式与地下炕道式两种，由炉灶与火炕组成，均用砖砌，大小、长度、数量需视育雏舍大小、形式而定。地下炕道较地上炕道在饲养管理上方便，故多采用。炕道育雏靠近炉灶一端温度较高，远端温度较低，育雏时视日龄大小适当分栏安排，使日龄小的靠近炉灶端。炕道育雏设备造价

较高，热源要专人管理，燃料消耗较多。

煤饼或煤球炉加温成本低、操作简便，用高50～60cm小型油桶割去上下盖，在下端30cm处安装炉栅和炉门，上烧煤饼（球），再盖上盖，盖上接散热管道。一般一次能用1d，每个炉可保温20m²左右（视气温和保温要求定）。但使用时，一定要保证炉盖的密封和散热管道的畅通，并接至室外，否则会造成煤气中毒。

（三）电热育雏伞

电热育雏伞是用铁皮或纤维板制成伞状，伞内壁安装电热丝作热源，外包一个铁皮罩，中央装上供热的电热丝和2个温度自动控制仪，悬吊在距育雏地面50～80cm高的位置上，伞的四周可用20cm高的围栏围起来。每个育雏伞下，可育雏200～300只，管理方便，节省人力，易保持舍内清洁。

（四）红外线灯给温

红外线灯采用市售的250W远红外线灯泡，悬吊在距育雏地面50～80cm高度处，每2m²挂1个（1周后减半），不仅可以取暖，还可杀菌，效果良好。此外，太阳能加热和目前市场上有售的电热板等加温、保温器材都可以因地制宜地利用。

对大规模育雏，应采用锅炉热风保温，利用锅炉加热管道中的空气或水，再把热空气或热水用管道送到育雏室内，通过有自动控温装置的散热器控制热空气或热水流量，使育雏室保持恒温。

（五）育雏给温方式选择原则

育雏给温方式及给温设备的类型、数量的选择除了考虑育雏室面积、育雏规模、经济效益等主要因素外，还须考虑育雏室通风、排湿等因素，因为育雏温湿度和风速之间具有很大的相关性，不同湿度、不同风速使鹅的体感温度不同。

二、喂料和饮水设备

雏鹅饮水器和喂料器的尺寸见表8-3。40日龄以上鹅应改用槽式喂料器和饮水器。

表 8-3 雏鹅用喂料器、饮水器尺寸

日龄	饲喂器直径（cm）		饲喂器高（cm）		围栏间距（cm）		饲喂数量（只）	
	大型鹅	中小型鹅	大型鹅	中小型鹅	大型鹅	中小型鹅	大型鹅	中小型鹅
1～10	17	15	5	5	2.5～3.0	2.5	13～15	14～16
11～20	24	22	7～8	7	3.5～4.0	3.5	13～15	13～14
21～40	30	28	9	9	4.5～5.0	4.5	12～14	13～14

三、产蛋巢或产蛋箱

一般生产鹅场多采用开放式产蛋巢，即在鹅舍一边用围栏隔开，地上铺以垫草，让鹅自由进入产蛋和离开，也可制作多个产蛋窝或箱，供鹅选择产蛋。箱高50～70cm，宽50cm，深60cm。箱放在地上，箱底不必钉板，见图8-10、图8-11。

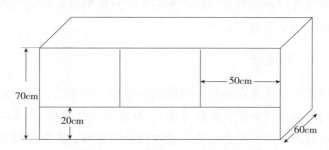

图 8-10 3个一组的种鹅产蛋箱
（引自克里木公司种鹅饲养指南）

图 8-11 各式种鹅产蛋巢/箱（厚垫料平养）

四、盛装、周转、搬运设备

鹅运输笼：用作育肥鹅的运输，铁笼、塑料笼或竹笼均可。每只笼可容8～10只鹅，笼顶开一小盖，盖的直径为35cm，笼的直径为75cm、高40cm。购买专门的塑料箱运输更好，鹅用运输塑料箱（周转箱）规格为长75cm、宽56cm、高40cm。如果装运的是后备种鹅，每笼数量应少装一些。其他同类设备还有雏鹅盛装/运输箱、种蛋盛装/运输箱、手推车、三轮车等。

五、孵化、填饲、割草等设备

鹅蛋孵化机、出雏机和配套设备、仿法式填饲机、电动割草机、切草机或青绿饲料打浆机等设备都有专门的厂家生产，可以根据需要适当购置，以便减少用工，提高劳动生产效率。

六、防疫消毒设备

鹅场防疫消毒的设施设备包括围墙或防疫沟、绿化带、门厅消毒池、消毒机具、防鸟网、道路（净道、脏道分离）、病死鹅无害化处理设备（焚烧炉或填埋场）以及清洁和消毒设备（高压清洗机、喷雾器、连续注射器）等，用于隔离、清洁、消毒、防疫和病死鹅处理。

（一）隔离设施

鹅场隔离设施具有防护功能，避免人畜擅自进入鹅场内。鹅场可以用绿化带进行隔离，也可用篱笆（竹木、铁丝网等）、围墙隔离，有条件的还可以在鹅场外围增加水体（自然河流或开挖水渠、水沟）隔离。采用的隔离方法和设施应根据鹅场周边环境和鹅场性质、规模等确定。鹅场入口建设门厅和消毒池或专门化的消毒通道。养鹅场大门的消毒池宽度要大于大卡车的车宽，长度是车轮周长的2倍以上，深度不低于20cm。

（二）粪便处理设施

一般规模鹅场产生的粪便可用堆积发酵法处理，在鹅场下风向搭建粪便堆积发酵棚，发酵棚不能漏雨，棚内不积水，周边用墙围起。较大规模场可建造粪便有机肥料厂，也可建沼气池，生产沼气作鹅场能源，沼渣沼液再进行利用。鹅粪便还可生产蚯蚓、食用菌。

（三）污水处理设施

鹅场产生的污水可进行沼气发酵处理，建造三级生物沉淀池，污水经沉淀池生物氧化后，进行生态循环利用，用于作物灌溉或养鱼，也可通过种植莲藕、水葫芦等进行生物吸收后，达到排放标准。

（四）病死鹅处理设施

鹅场必须建有病死鹅无害化处理设施。其他废弃物也应有专门处理的设施或方法。

（五）发酵床大棚

为了更好地控制养鹅场生态环境，发酵床养鹅开始兴起。中小规模的种鹅和肉鹅养殖场可以采用。

大棚发酵床鹅舍简单，环保，造价低。搭建大棚以东西向为好。大棚一般长 20～30m，宽 6～8m，高 2.2～2.5m，呈拱形。以 24m×8m 的大棚为例，面积为 192m²，大棚主架钢管直径 2mm，20m×8m 的大棚需 72 根，间隔 63cm，顶层用 10mm 厚的橡胶泡沫、厚密度农膜、草苫及遮阳网。若地面上架网片，则需用直径 6cm 左右的木条和竹片作支架。发酵床可使用简单柱子、水泥瓦为结构。

1. 地上式　鹅舍四周用相应的材料（如砖块、土坯、土埂、木板或其他当地可利用的材料）做 30～40cm 高的挡土墙遮挡垫料，地面要求是泥地，垫料厚度为 30～40cm，填料中拌入菌种（微生态制剂）。发酵填料要经常翻动，防止板结，影响透气性。每次养殖结束，填料可作为有机肥使用，也可经过太阳暴晒后重复使用。

2. 半地下式　地势高燥地方可以采用半地下式，增加大棚高度。大棚内地面低于棚外 15cm，挖出的泥土可在四周设挡土墙，放入填料 30～40cm，填料中拌入菌种（微生态制剂）。管理方法与地上式相同。

3. 温度、湿度调控　充分利用太阳光控制温度，上覆薄膜、遮阳网，配以摇膜装置，棚顶每 5m 或全部设置天窗式排气装置，天热可将四周裙膜摇起散热。冬天温度下降，则可利用摇膜器控制裙膜的高度，来调控舍内温度、湿

度。冬天可将朝南遮阳网提高，以增加阳光的照射面积，达到增温目的。育雏时，要在大棚内搭小棚，并根据气温，提供适当的热源进行保温。

4. 通风　大棚发酵床可以使用传统的风机进行机械通风，或者自然通风。

（1）垂直通风　大棚顶部，必须每隔几米留有通气口或天窗，可以由两块塑料薄膜组成，一块固定，另外一块为活动状态。打开通风口时，拉动活动的塑料薄膜，露出通风口，发酵产气可以直接上升排走，起到促进空气对流的作用，实现垂直通风。夏天可以利用这一通风模式。

（2）纵向通风　利用摇膜器，掀开前后的裙膜可横向通风；把鹅棚两端的门敞开，可实施纵向通风。自然通风不需要通风设备，不耗电，节能。

第九章
开发利用与品牌建设

第一节　品种资源开发利用现状

一、种源数量及其增减趋势

随着狮头鹅产业链不断完善以及狮头鹅品种资源保护和提纯复壮工作的开展，狮头鹅种源数量近年来快速增长。

2010 年，狮头鹅肉鹅年饲养量达到 1 100 万只，年末存栏 180 万只；2017年狮头鹅肉鹅饲养量达 1 400 万只，年末存栏 220 万只；2018 年狮头鹅肉鹅饲养量超过 2 000 万只，年末存栏 320 万只。汕头市澄海区是狮头鹅核心产区，据不完全统计，2018 年澄海销售狮头鹅超过 100 万只，加上不断成熟和壮大的狮头鹅屠宰、加工、餐饮等，政府正在积极引导，完全可以做成超百亿的澄海狮头鹅产业。2017 年以来，由于狮头鹅养殖效益持续走高，狮头鹅种鹅养殖区域不断扩大，除原有潮汕地区澄海、饶平，潮安、汕头市郊养殖量稳定增长外，邻近的广东其他地区、福建和广西也开始养殖。

二、保种场情况

狮头鹅因其独特的外貌特征和生产性能，历来受到民间和政府的重视，保种工作是我国地方鹅种中做得最好的品种之一。狮头鹅于 2000 年被列入《国家畜禽品种保护名录》，2006 年被列入《国家畜禽遗传资源保护名录》，现为国家畜禽品种资源重点保护品种之一。狮头鹅目前在饶平县和汕头澄海区各有一个国家级保种场。

三、主要开发利用途径

作为广东省四大灰鹅之一（现在有白羽狮头鹅），中国最大体型的鹅种，狮头鹅的开发利用途径显然要充分发挥其独特的优势。而一个品种资源要开发利用好，种源先行，科技助力，龙头带动，产学研合作是关键。

（一）种源先行

开展狮头鹅本品种选育，强化"以大为美"的品种特征特性，封闭繁殖，继续选优汰劣，选育出具独特外貌特征和稳定遗传性能的"澄海系"狮头鹅。同时，饶平狮头鹅也在近年来用同样的本品种选育、纯繁、扩群、推广、重现辉煌。

品系选育方面是培育了狮头鹅高繁系、快长系和纯白羽系。

（二）全方位技术配套

狮头鹅要顺利进行推广利用，需要养殖技术、饲料营养技术、疫病防控技术和繁育技术等全面配套。为此，汕头市白沙禽畜原种研究所联合华南农业大学开展了狮头鹅营养需要研究，提出了狮头鹅各个阶段主要营养素的需要量，为狮头鹅饲料的科学配置提供了技术支撑。广东立兴农业开发有限公司联合广东海洋大学开展了狮头鹅高效养殖技术研究和应用。一些种鹅养殖场与华南农业大学等单位合作，推广和示范狮头鹅反季节繁殖技术，研发了鹅人工授精技术用于育种。汕头市动物疫病监督所和汕头市白沙禽畜原种研究所制定了《狮头鹅》《狮头鹅（种鹅）养殖技术规范》《狮头鹅肉鹅养殖技术规范》《狮头鹅疫病防控技术规范》《狮头鹅健康养殖技术规范》等地方标准，保障了狮头鹅养殖的标准化和高效化。

四、主要产品产销现状

（一）种源

汕头市白沙禽畜原种研究所长期以来开展狮头鹅品系选育工作，培育了高繁殖性能品系和高生长速度品系。多年来一直对外推广狮头鹅父母代，累计达到 150 万只以上。2011 年，潮汕地区取得"种畜禽生产经营许可证"的狮头鹅养殖企业不超 2 个；而到 2016 年年底，已有近 10 个，其中规模最大的一个，2016 年年底存栏种鹅 1.7 万只。狮头鹅生产也逐渐朝规模化和标准化发展。到 2018 年，狮头鹅存栏量约 150 万只，肉鹅饲养量超过 2 000 万只。在种鹅雏外销上，每年有 100 万～200 万只肉鹅雏被运往外省市饲养。

（二）卤狮头鹅

潮汕卤狮头鹅（彩图 9-1）历史悠久，有一套独特的卤制技法，并以此为基础形成著名的潮式卤味。卤鹅始终在潮汕人的祭祀品清单中占据重要的地位。时至今日，即便卤鹅已不再珍贵，它也依然是潮汕人生活中不可或缺的一道菜，毕竟不吃不相识，吃过不相忘。因为，卤鹅已经成为潮汕人民文化、饮食的重要组成部分。

卤狮头鹅和烧鹅制作工艺区别很大，烧鹅必须去除翼、脚、内脏，而卤鹅则将整头鹅几乎从头到脚都保留了下来；有趣的是，这些被烧鹅遗弃的部位，在卤鹅中就纷纷变成了潮汕卤味中的极品和精华——卤鹅肝、老鹅头（彩图 9-2）、鹅掌、鹅翅（彩图 9-3），这些都是潮汕人嗜食喜啖的部位，可以称得上是潮汕卤水的集大成。除此之外还有鹅肠、鹅胗、鹅心、鹅舌、鹅蛋、鹅血等。

卤狮头鹅在潮汕地区的 3 个市（汕头、揭阳、潮州）消费量最大。以澄海区为例，该区狮头鹅从种鹅繁育、鹅雏销售、肉鹅饲养、集中屠宰、终端市场销售等已形成完整的产业链，卤鹅经营户不计其数。近年来，国内很多大中城市都开设有澄海卤鹅饭店，涌现了“日日香”“物只卤鹅”“澄鹅”等品牌。“日日香”是发展“鹅肉饭”中式快餐较好的品牌之一，已在广州、深圳、上海、杭州、北京等地开设 6 家连锁店，日销售量达到 300 只，年销售额约 4 000 万元。据不完全统计，澄海狮头鹅年产值近百亿元，已成为农业农村经济支柱产业。澄海区政府正在建设澄海狮头鹅现代产业示范区，推动一二三产业融合发展。

第二节 主要产品加工工艺

一、肉鹅屠宰前准备和检查

肉鹅的屠宰已经逐步发展到半机械化和机械化流水线生产阶段。经过专业人员施工和调试，屠宰设施设备安装调试良好，人员训练有素。要获得优质安全的鹅产品，并保证屠宰流水线的正常运行，活鹅原料成为关键因素。为了获得优良产品，并保证屠宰工作顺利进行，屠宰前除了做好人员、场地、设备、用具等的准备外，还应做好以下准备工作。

（一）待屠宰鹅的选择与检验

1. 活鹅的选择 屠宰前对活鹅的选择主要包括根据加工产品要求，选择适宜的品种、合适的饲养时间、要求的体重范围和体况（肥度），以及饲喂方法等。现代化规模养鹅，如采用公司＋基地＋农户的模式，则公司将统一品种、饲料、防疫、饲养时间、收购体重、饲养方法等，然后对合格鹅进行收购屠宰，公司收购鹅的过程就是活鹅的选择过程。

2. 活鹅的检验 执行鹅屠宰前检验是为了确保食品卫生、无杂质和适合食用，保证销售的鹅产品达到规定的卫生标准。屠宰前检查的主要目的是预防明显患有疾病或很脏的鹅进入屠宰场，从而防止鹅在屠宰加工过程中使设备受到不必要的污染。活鹅在宰前一般要经过收购、运输和饲养等环节，无论哪一个环节，都必须由兽医卫生检疫人员对活鹅进行严格检疫，检疫合格才被收购或屠宰。屠宰病鹅，不仅违背卫生防疫原则，而且鹅肉和副产品的质量差，如鹅肉的保水性、风味差，容易腐败变质，不耐贮藏等。因此，待屠宰鹅必须健康无病。凡是病鹅，特别是有传染性疾病或有外伤的鹅，不得收购和屠宰。

（1）群体检查 主要做静态检查和动态检查。发现有精神委顿，羽毛蓬乱，行动迟缓，声音及外貌异常，离群独处，食欲不振乃至废绝等表现者，可立即剔除做个体检查。参照《美国农业部家禽产品检查员手册》要求，带有以下任何特征的家禽都视为可疑家禽：羽毛脏乱；头和眼周有水肿，或眼睛和（或）鼻子有分泌物；肉髯肿胀；眼睛缺乏警觉或光亮，即眼睛不出现正常状态下的突起或没有光泽，或眼睛变形或变色（混浊）；气喘或打喷嚏；出现非正常颜色的腹泻或（和）泄殖腔周围羽毛黏附许多排泄物；头和颈部周围皮肤出现损伤；体表出现化脓性创伤或明显肿胀；小腿消瘦，似乎脱水，且手感冰凉；家禽看上去明显消瘦；无食欲，看上去很安静、不愿动弹，对正常刺激无反应；出现中枢神经异常，如"斜颈"或运动共济失调，跛行，无异常病态的家禽在驱赶或捕捉时发出尖叫声，骨骼增大，腹水。

（2）个体检查 观察头部，注意冠、肉髯和无毛处有无苍白、发绀及痘疹；眼、鼻及口腔有无异常分泌物及变化；观察口腔与喉头有无黏液、充血、出血及假膜或异物等其他病理变化；触摸嗉囊，检查其充实度及内容物的性质；摸检胸腹部及腿部肌肉、关节等，看有无关节肿大、骨折等现象；听诊有无异常呼吸音，并触压喉头及气管，诱发咳嗽；看鹅体羽毛的清洁度、紧密度与光泽等，尤其看肛门附近有无粪污与潮湿。

（二）待屠宰鹅管理

屠宰前饲养管理是指鹅到屠宰场或屠宰加工厂后，休息 1～2d，并做好饲养、宰前断食等工作。

1. 屠宰前饲养管理　鹅运到屠宰场后，经兽医检疫合格，按产地、批次和强弱分群分圈饲养，安静休息，充分饮水，有利于改善肉质。

2. 断食管理　在屠宰前停食 12～24h，给予充分饮水至屠宰前 3h。其目的是减少胃肠内容物，降低污染，利于放血，提高肉质。

3. 消毒　在屠宰前管理期间要对栏圈、饲槽、饮水器等设备进行定期消毒。

4. 待屠宰取肝鹅管理　生产"粉肝"的狮头鹅在填饲结束后，填饲成熟的鹅要送到屠宰场集中宰杀取肝。屠宰前的肥肝鹅要停食 12～18h，但要供给充足的饮水。如用车辆运输，应把鹅放在运输笼中，每笼放 4 只鹅，笼里要多铺垫草。绝不能将肥肝鹅放在车斗中散装运输，否则车子启动后，肥肝鹅堆集一起，会造成大批死亡。车辆颠簸也会使鹅腹腔的肥肝受损瘀血。因此，无论装车还是卸车，操作都要轻捉轻放，避免一些不必要的损失。

二、肉鹅屠宰分割工艺流程

目前鹅的屠宰多采用机械屠宰，也有部分采用手工屠宰，无论何种屠宰方法，都要求做到切割部位准确、放血干净、鹅外形整齐无损伤。

（一）工艺流程

去左爪（翅）→去右爪（翅）→抽出食管、气管→开膛→去内脏→去食管、气管→卫检→水洗→去头→去颈→劈半、品种分类→修整→预冷→整形套袋→复检→封口→称重→装箱→打包→速冻→冷藏。

（二）操作要点

1. 原料要求　原料应来自安全非疫区的健康鹅，经兽医宰前宰后检疫未发现传染性疾病。光鹅应按要求和质量标准进行加工，符合国家规定的冻光鹅质量标准。

2. 品种及规格要求　分割鹅定为Ⅰ号硬边鹅胸肉、Ⅱ号软边鹅胸肉、Ⅲ号硬边鹅腿肉、Ⅳ号软边鹅腿肉，以及心、肝、肫、头、颈、爪、翅、肠等12种。分割鹅表面不能有擦伤、破口，边缘允许有少量修剖面。

3. 去爪　用尖刀从跗关节取下左、右爪，要求刀口平直、整齐。

4. 抽出食管、气管　先用手将食管（气管）的内容物向下推移，以防内容物泄出，污染鹅体，再用刀将食管、气管的断端捏紧，抽动食管、气管，以方便取出。

5. 开膛、去内脏　将鹅体肛门向外，用小刀沿腹中线打开腹腔，刀口要求平直、整齐，注意保护内脏器官的完整性，取出部分或全部内脏，水洗，再用方刀沿胸骨脊左侧由后向前平移开胸，取出全部内脏。

6. 卫检　由兽医检验人员进行肉尸和内脏同步检验，看其有无病变现象，以防病鹅混入，确保产品质量，检验后的内脏送副产品车间进行加工。

7. 水洗　用流动的清洁水冲洗鹅体，并去除胸、腹腔内的残留组织和血污等。

8. 去头、颈　从下颈后寰椎处平直斩下鹅头。从颈椎基部与肩的联合处平直斩下颈部（前后可相差一枚颈椎），清除颈部淋巴。

9. 劈半　用方刀沿脊椎骨的左侧将鹅分为两半，再用刀从胸骨端至髋关节前缘的连线将左右两半分成四块（Ⅰ号硬边鹅胸肉，Ⅱ号软边鹅胸肉，Ⅲ号硬边鹅腿肉，Ⅳ号软边鹅褪肉）。

10. 修整　将分离好的分割鹅进行整理（用干净的毛巾擦去血水等），检查有无碎骨，修净伤斑、结缔组织、杂质等，以保证加工产品的整洁美观。

11. 包装冷冻要求　将修整好的分割鹅及副产品按品种、规格、分架摊开，尽量不要重叠，预冷间的温度保持在0～4℃，预冷1～2h后，肉温不高于20℃，即可进行包装。将预冷后的分割鹅按品种、规格进行分类套袋，封口、称重（分割禽每块重量不限）。外包装用纸箱，内包装用大、中、小三种无毒塑料袋。包装好后速冻，速冻库温应保持在-35℃以下，结冻时间为12～24h，肉温在-15℃以下，方可转冷藏库。冷藏库温应保持在-18℃以下，出库肉温应保持在-15℃以下。

12. 质量要求　肉质新鲜，外表无擦伤、破口、残毛，无胆汁、粪便、血污、碎骨等。经兽医卫检合格，清洗卫生；包装整齐美观，冷冻正常。

三、鹅肉产品加工

狮头鹅最适合做卤鹅，也是最普遍的加工食用方法，也有少量做白切鹅。狮头鹅的肉其实是适合多种加工利用方式的。

（一）卤鹅

卤鹅是鹅经老卤水卤制后包装、灭菌的熟制品。

1. 工艺流程　光鹅→预处理→卤煮→冷却→真空包装→微波杀菌→冷却→外包装→成品。

2. 操作要点

（1）预处理　将光鹅（彩图 9-4）仔细拔净羽毛，去头，留颈，割去脚爪、翅尖、尾脂腺，然后泡在凉水中，至无血水渗出为止。

（2）卤煮　在锅中先注入 1/2 清水，置入香辛料包（香辛料包以 100kg 鹅肉计：陈年老酱 2kg、花椒 100g、大茴香 150g、小茴香 100g、桂皮 200g、白芷 100g、大葱 1kg、生姜 300g），加入鹅胴体和水总重量 2.5％的食盐及 0.5％～1.0％的白糖。升温，沸腾片刻后逐只放入鹅胴体。为了使鹅预煮受热均匀，在预煮时应将鹅全部浸在水中。受热后蛋白质逐渐凝固，液面不断泛出的浮沫应及时撇去，以保持预煮后鹅胴体洁白。预煮应以旺火为主加速煮熟，开始旺火 20min，再微火焖煮 1h，焖煮过程中添加黄酒 1kg。卤煮过程勤翻动。

（3）冷却　起锅后胴体应在清洁的操作台上摊凉，使胸腹向上整齐排列，以利散热。

（4）包装　将鹅半分后，小心地放入袋中，装袋时应注意要将袋口与鹅体隔开，以免造成袋口汤汁污染。将装好鹅肉的袋抽真空封口。

（5）微波杀菌　真空封合后，进行微波杀菌。

（6）冷却、外包装　取出杀菌后的袋在通风处冷却至 40℃ 以下，进行外包装。

卤味好不好吃，关键在于卤汁。狮头鹅可以说是卤水的载体，炮制卤鹅的卤料才是潮汕卤味的精华所在。潮汕卤料在配置上堪称星光熠熠，常规的调料有老抽、生抽、料酒、鱼露、白糖、红豉油，除此之外，不同的卤家还会拥有自己的秘方，可能包括八角、山柰、桂皮、花椒、小茴香、丁香、陈皮、甘草、砂仁、蛤蚧、香叶、南姜、香茅、罗汉果、蒜头、葱头、鲜芫荽头或干芫荽籽等；接下来用老母鸡、棒子骨、排骨、酱油、带壳桂圆、猪肥膘肉、蒜苗等熬煮卤汤。切勿放入味精之类的调味品，这会败了卤味的口感。加冰糖则不同，增加了香味，还能使卤味的肉质更有口感。狮头鹅下锅之前还需先腌制一遍，入卤水后也需要多次提出卤水中吊干，再反复沉入锅中浸煮，不时翻动，以便深层滋养肉体，唤醒鹅的每一寸肌肤。

鹅每个部位的卤煮时间是不同的，正宗的潮汕师傅根据多年的卤鹅经验，在高温操作室不停转动钩子，多次进行吊汤、淋卤汁、凉挂收汁等工序，控制不同部位的卤煮时间，从而保证卤鹅的外表颜色鲜亮，内部吸入全部精华，咸香入味。

家庭卤鹅是为拜神准备，需要整只卤制，鹅翼与鹅掌不能取下，因鹅身肥厚，卤至肉身入味时，掌翼已经较咸。餐饮店批量生产的卤鹅，鹅身跟鹅翼、鹅掌是分开卤制的，鹅翼、鹅掌卤煮的时间约 40min，味道以及肉感也会更加适宜。剩下的鹅肝、鹅胗、鹅肠最后下锅，鹅肝跟鹅胗卤煮时间约 30min，而鹅肠只需在沸腾的锅中涮上半分钟即可捞出，方能有爽脆的口感。

（二）风味香酱鹅

风味香酱鹅是在酱鹅加工的基础上，对老汤和卤汁进行适当调制，从而得到适合全国不同地方口味的特色熟制品。

1. 工艺流程　鹅→宰杀→烫煺毛→净膛→清洗→腌制→卤煮→涂鹅体→烘烤→真空包装→微波杀菌→成品。

2. 操作要点

（1）宰杀　选用重量在 2kg 以上的地产鹅为最好。宰前将鹅放在圈内停食 10～12h，供水。反转双翅使其固定，鹅头向下，然后两鹅脚向上套入脚钩内，一个一个吊挂在宰杀链条输送带上。操作人员用刀切颈放血，切断三管（气管、血管、食管），把血放净并摘除三管，刀口处不能有污血。

（2）烫毛、煺毛　宰杀后趁鹅体温未降前，立即放入烫毛池或锅内浸烫，水温保持在 65～68℃，水温不要过高，以拔掉背毛为准，浸烫时要不断地翻动，使鹅体受热均匀，特别头、脚要浸烫充分，用打毛机除毛。

（3）去绒毛、净膛　鹅体煺毛后，残留有若干绒毛。除绒方法有：①将鹅体浮在水面（20～25℃），用拔毛钳（一端是钳，另一端是刀片）从头颈部开始逆向倒拔毛，将绒毛和毛管拔净。②松香酯拔毛，要严格按配方规定执行，操作得当，要避免松香酯流入鹅鼻腔、口腔，除毛后仔细将松香除干净。切开腹壁，将内脏全部取出，只存净鹅。

（4）配料　按 50 只鹅计算，配料中含酱油 2.5kg、盐 3～4kg、白糖 2kg、桂皮 150g、八角 150g、陈皮 40g、丁香 15g、砂仁 10g、红曲米 350g、葱 1.5kg、姜 16g、绍兴酒 2.5kg、腊肉 500g。

（5）腌制　将鹅体用细盐擦满，腹内放一点盐和 1～2 粒丁香、砂仁少许，腌 5～6h，取出滴尽血水。

（6）配制老汤　将上述辅料用布包好，平放在锅底，然后将葱、姜、绍兴酒、500g 腊肉随即放入水中（水占腊肉等料的 1/3）。

（7）煮鹅　将腌好的鹅逐只摆放（方便出锅为好）整齐后，放满水（水要超过鹅体），开始加热。煮沸 30min，改文火煮 40～60min，当鹅的两翅"开小花"即可起锅，盛放在盘中冷却 20min，备用。

（8）调卤汁涂鹅体　用上述部分老汤，加入红曲米、白糖、绍兴酒、姜，用铁锅熬汁，一般烧到卤汁发稠、色泽红色时即可。然后整只鹅挂在架上，均匀涂抹红色卤汁，鹅色泽呈酱黄后，挂在 50～65℃的烘房内烘烤 4～6h，冷却后真空包装，微波杀菌。

（三）鹅肉香肠的加工

鹅肉香肠是我国中式传统加工产品，鹅肉经过搅碎或者斩拌、灌肠、烘烤而成，产品结构致密，耐贮藏。

1. 工艺流程　原料准备→预处理→配料→拌料→灌装→漂洗→晾晒→烘烤→成品。

2. 操作要点

（1）原料预处理　肉鹅宰杀后清理干净，除去内脏的鹅肉剔骨、洗净，用直径 0.4～0.8cm 的筛板绞碎，猪五花肉切成 0.5～0.6cm^2 的小块肉丁。

（2）配料　50kg 鹅肉加 50kg 猪五花肉或 60kg 鹅肉加 40kg 猪五花肉，精盐 3kg，白糖 2kg，白酒 200g，味精 10g，五香粉 10g，硝酸钠 40～50g。

（3）拌料　将配料按比例放入拌料机内拌匀，放置 1h 后灌制。

（4）灌制　取小肠衣一端打结，另一端套入灌肠机，把准备好的肉馅灌入小肠衣内，灌肠时要求不断用手挤紧，每隔 20～30cm，用细线结扎，并用针

刺小肠衣,以便排空肠中气体。当肠中肉馅灌满时,肉馅要适当压紧,内部不留气泡,并用线结扎小肠,最后用温水淋去肠表面黏附的馅料。

(5)晾晒、烘烤 当气温比较低时,挂在通风阴凉处风干,经 15～25d 即成制品;当气温比较高时,挂在 50～55℃ 的烘房内烘烤 3～4d 即可。

(四)鹅肉火腿肠的加工

鹅肉火腿肠是西式加工产品,鹅肉经过滚揉、腌制、绞碎或者斩拌、灌肠、蒸煮而成,产品保水性好、多汁、嫩度佳。

1. 工艺流程 原料肉预处理→滚揉、腌制→绞肉→斩拌→灌肠→蒸煮。

2. 操作要点

(1)原料肉预处理 将屠宰洗净的鹅去皮去骨,分割肌肉,切成肉块后再切成肉条,猪脂肪切成丁状。

(2)配方 鹅肉 70kg、猪背膘 30kg、食盐 2.5kg、玉米淀粉 10kg、白糖 1kg、白酒 1kg,胡椒粉 100g、生姜粉 200g、异维生素 C 钠 30g、亚硝酸钠 10g、多聚磷酸盐 300g、味精 50g、肌苷酸 5g、鸟苷酸 5g、乙基麦芽酚 5g、大豆分离蛋白 5kg、冰屑 30kg。

(3)滚揉、腌制 鹅肉、猪脂肪分别腌制,脂肪加食盐,鹅肉加食盐、亚硝酸钠、多聚磷酸盐、异维生素 C 钠等混匀,在 0～4℃ 条件下滚揉 20～30min。滚揉结束后再在 0～4℃ 条件下,腌制 12～24h。

(4)绞肉 用直径 1.0～2.0cm 筛孔的绞肉机将鹅肉绞碎。

(5)斩拌 先将鹅肉斩拌 3～5min 后,加入猪脂肪斩拌 1～2min,再加入淀粉等斩拌均匀。斩拌过程中加适量冰屑,使肉温保持在 10℃ 以下。

(6)灌制 用 PVDC 肠衣膜做包装材料进行灌制,每 8～10cm 结扎为一节。

(7)蒸煮 在 120℃ 条件下蒸 15～20min 或在 100℃ 条件下蒸 30～40min,冷却后即成品。

(8)包装 每 500g 或 1 000g 包装成 1 袋,然后进行销售或冷藏。

(五)西式鹅肉火腿加工

西式火腿又称盐水火腿,依其形状可分为圆火腿和方火腿,又有熏烟和非熏烟之分,属于高档肉类制品,是国外主要肉制品之一。

1. 工艺流程　原料预处理→原料鹅肉的修整→腌制→滚揉→斩拌→装模→煮制→冷却→脱模→包装→冷藏或销售。

2. 操作要点

（1）原料肉的选择及修整　选用符合卫生标准的新鲜或解冻后的鹅胸肉或鹅后腿肉。剔净骨、筋膜、淋巴、血污、脂肪及伤斑等不适宜加工的部分。原料肉的修整应在10℃以下进行，以防温度过高而降低pH，阻碍蛋白质凝胶。

（2）腌制液配方　原料肉100kg，水81.5%，食盐3.0%，卡拉胶0.15%，亚硝酸钠0.05%，硝酸钠0.10%，葡萄糖0.2%，蔗糖0.50%，味精0.10%，玉米淀粉2%，焦磷酸钠0.15%，三聚磷酸钠0.15%，异维生素C钠0.08%。腌制液温度一定要控制在7～8℃，防止微生物大量增殖。其pH一般在6～7，且需在配制24h后使用。

（3）腌制　将修整后的原料肉一次倒入拌匀后的腌液内，并适当进行翻动，腌制温度严格控制在10℃以下；最好是5℃左右腌制48h，每12h翻动一次，以使腌制均匀。一般西式火腿加工过程中，原料肉在腌制前要进行盐水注射。因鹅肉块较小，没必要进行注射，直接进行浸渍腌制即可。

（4）滚揉　采用外力对成熟后的肉进行机械的揉擦、翻滚、碰撞以破坏肌肉结构，促使盐分进一步渗入和均匀分布，增加肉块之间的黏结力和保水能力，阻止火腿在煮制时肉汁外溢，以达到保水的目的。滚揉过程也是腌制过程，因此，要在0～6℃的冷库中进行，且需在真空状态下滚揉，以避免肉质氧化和加工中的"鼓泡"，同时起到抑制腐败菌在肉中滋生等有益作用。

（5）斩拌　将腌制滚揉好的肉块放入斩拌机内斩成肉泥，斩拌时放些冰块，防止温度升高。

（6）装模　定型所用的模具为方腿模（也有圆腿模），可由各种定量规格的不锈钢或铝合金制成。在装模填肉时，应逐块填入模具，要敲严实，不得有空隙，在模内底层和上层最好填几块完整的肉块，有条件的地方填满后抽真空为最佳，以防成品切片时出现空洞，影响组织状态和保存期。模装满后盖上模盖，用力将弹簧压紧，直至无法再压为止。

（7）煮制　煮制锅一般采用平底方锅或采用瓷砖砌成，内铺有蒸汽管道的方锅，其大小视生产规模而定。煮制时，先将锅中水烧开，然后下模，模与模之间应保持一定的距离，水量以高出模盆3～4cm为宜。煮制温度应保持在75～80℃，煮制时间视重量而定，2.5～3kg重的火腿模应煮制3.5～4h，待

中心温度达到 68～72℃即可停止加热，准备出锅。

（8）冷却、冷藏　火腿出锅后，应立即用过滤水或将模倒置在 10℃ 以下的流水中冷却 20～30min，然后置于室温下冷却 2～3h，再转入 0℃的冷库或冰柜中冷藏 12～15h，脱模检验，即成品。可整只或切片销售。如不能及时销售，应连模在冷库或冷藏柜中保藏。

（六）鹅肉松

鹅肉松是鹅肉干制品的一种，鹅肉经过煮制，待鹅肉煮到松软后搓松、焙松、包装而成，产品营养丰富、消化吸收率高，常与面包、汉堡等西式产品同时食用。

1. 工艺流程　选料→配料→煮制→炒压→搓松（拉丝）→焙松→拣松→包装→成品。

2. 操作要点

（1）选料　选取活重 3.5kg 以上的成鹅，宰杀放血后，除去内脏、头、颈、翅、脚、皮，放入清水中漂洗 1h，再用清水冲洗干净，取腿肉和脯肉备用。

（2）配料　每 100kg 鲜鹅肉用食盐 2～2.5kg，白糖 5.0～7.0kg，白酒 500g，生姜 500g，八角 150g，味精 100g。

（3）煮制　将鹅坯放入有生姜、八角的清水锅中旺火煮沸，直到煮烂为止，需要 2～4h，并撇去上浮的油沫。检查肉是否煮烂，其方法是用筷子夹住肉块，稍加压力，如果肉纤维自行分离，可认为肉已煮烂。这时可将其他调味料全部加入，继续煮肉，直到汤煮干为止。

（4）炒压　取出生姜和香料，采用中等压力，用锅铲一边压散肉块，一边翻炒。注意炒压要适时，因为过早炒压功效很低；而炒压过迟，肉太烂，容易粘锅炒煳，造成损失。

（5）搓松　将汤汁吸干的肉坯放入搓松机中，利用搓松机将肉块搓成条或丝状。

（6）焙松　将肉条或肉丝放入炒锅中，炒松至肌纤维松散，色泽金黄，含水量少于 20％即可结束。

（7）拣松　将肉松中焦块、肉块、粉粒等拣出，冷却后装入塑料袋中密封，可贮存半年。

（七）鹅肉干

鹅肉干是鹅肉经过煮制到肉松软、收汤汁后烘烤而成，产品耐贮藏，常常根据不同地区饮食习惯，调配成不同风味。

1. 工艺流程　原料→初煮→切坯→煮制汤料→复煮→收汁→烘烤→冷却、包装。

2. 操作要点

（1）原料预处理　取鹅胸、腿瘦肉，不含脂肪、筋膜和皮肤，用清水浸泡30min，除去血水、污物，用清水漂洗，沥干后备用。

（2）配方　①咖喱肉干配方：鲜鹅肉100kg，精盐3.0kg，酱油3.1kg，白糖12.0kg，白酒2.0kg，咖喱粉0.5kg；②麻辣肉干配方：鲜鹅肉100kg，精盐3.5kg，酱油4.0kg，老姜0.5kg，混合香料0.2kg，白糖2.0kg，酒0.5kg，胡椒粉0.2kg，味精0.1kg，海椒粉1.5kg，花椒粉0.8kg，菜油5.0kg；③五香肉干配方：鲜鹅肉100kg，食盐2.85kg，白糖4.50kg，酱油4.75kg，黄酒0.75kg，花椒0.15kg，八角0.20kg，茴香0.15kg，丁香0.05kg，桂皮0.30kg，陈皮0.75kg，甘草0.10kg，姜0.50kg。

（3）初煮　初煮的目的是通过煮制进一步挤出血水，并使肉块变硬以便切坯。初煮时以水盖过肉面为原则，一般不加任何辅料，但有时为了去除异味，可加1%～2%的鲜姜。初煮时水温保持在90℃以上，并及时撇去汤面污物。初煮时间因肉的嫩度及肉块大小而异，以切面呈粉红色、无血水为宜。通常初煮30min左右。肉块捞出后，汤汁过滤待用。

（4）切坯　肉块冷却后，可根据工艺要求在切坯机中切成小片、条、丁等形状，形状、大小均匀一致。

（5）复煮、收汁　将切好的肉坯放在调味汤中煮制，其目的是进一步熟化和入味。复煮汤料配制时，取肉坯重20%～40%的过滤初煮汤，将配方中不溶解的辅料装袋入锅煮沸后，加入其他辅料及肉坯，用大火煮制30min左右，随着剩余汤料的减少，应减小火力以防焦锅。用小火煨1～2h，待卤汁基本收干，即可起锅。

（6）烘烤　将收汁后的肉坯铺在竹筛或铁丝网上，放置于三用炉或远红外烘箱烘烤。烘烤温度前期可控制在80～90℃，后期可控制在50℃左右，一般需要5～6h可使含水量下降到20%以下。在烘烤过程中要注意定时翻动。

（7）冷却、包装　冷却以在清洁室内摊晾、自然冷却较为常用。必要时可用机械排风，但不宜在冷库中冷却，否则易吸水返潮。包装以复合膜为好，尽量选用阻气、阻湿性能好的材料。最好选用 PET/Al/PE 等膜，但其费用较高；PET/PE、NY/PE 效果次之，但较便宜。

四、鹅羽绒加工

（一）未水洗羽毛绒的加工规格

关于羽毛和羽绒加工，国家商品检验局制定了如下几种主要的规格标准。

1. 标准毛　俗称"净货"。白鹅毛和白鸭毛的标准相同，规定绒子为 18%，幅差为 ±1%，毛片 70% 左右，杂质、鸡毛、薄片、黑头为 11%～13%。灰鹅毛和灰鸭毛标准相同，规定绒子为 16%，幅差为 ±0.5%，毛片 70% 左右，杂质、鸡毛、薄片为 13%～15%。

2. 规格绒　凡含绒量超过 30% 的称为规格绒。规格绒有 30%、40%、50%、60%、70%、80% 等。其余为毛片，绒子幅差为 ±1%。

3. 中绒毛　白鹅、鸭毛，凡含绒量在 17% 以上、30% 以下者为中绒毛；灰鹅、鸭毛，凡含绒量在 15% 以上、30% 以下者为中绒毛。

4. 低绒毛　白鹅、鸭毛，凡含绒量在 1% 以上、17% 以下者为低绒毛；灰鹅、鸭毛，凡含绒量在 1% 以上、15% 以下者为低绒毛。

5. 无绒毛　凡含绒在 1% 以下者为无绒毛，即毛片。

（二）未水洗羽毛绒的加工程序

当原料毛经过检验和搭配安排，确定了使用的批数和数量后，即开始加工。未水洗羽毛绒的加工流程包括预分、除灰、精分、拼堆和包装 5 道工序。

1. 预分　当原料毛经过检查与搭配安排，确定了使用的批数和数量后，即可进行加工整理的第一道工序——预分。预分就是通过预分机将原料毛中的翅梗、杂质、灰沙与羽毛绒分离，除去毛便杂质，获取有用的和绒子的加工过程，预分机是指分毛机的厢体为单厢和双厢的机型，它是羽毛加工的粗分机械。

2. 除灰　被预分机分选加工后的羽毛绒，即进入下道工序——除灰。除灰就是将预分后的羽毛绒进行再清理，进一步除去羽毛绒中所含的灰沙、杂质、皮屑等，使羽毛绒中杂质含量低于 10%。除灰机是由加毛器、一级除渣厢（头道滚筒）、二级除灰厢（二道滚筒）、传动机构、负压风机和除尘装置构成。

3. 精分 经过预分除灰后的羽毛绒，尽管清除了灰沙杂质和翅梗，但还不符合有关规格标准，仍需通过精分机将预分的羽毛绒进行提绒加工及拼堆，使之成为规格毛绒。

精分机的功能是使毛绒在负压风机作用下，经过多箱呈 W 状的可调节风道，获取各种不同规格的羽绒和毛片，以适合羽绒制品生产和羽毛出口的需要。精分机是指分毛的厢体达到三厢、四厢以上的机型，因而一般称为多厢分毛机。如四厢分毛机是由加毛器前厢、一厢、二厢、三厢、四厢、传动机构、风道调节系统、负压风机和除尘装置构成。现在精分机的发展是多样化的，有的已达到十厢以上。

精分机的工艺流程是将除灰后的毛绒进行精分。当除灰后的羽毛经加工毡进入前厢，在皮带传动下进行搅拌，将精翅毛截留。在负压风机作用下，无粗翅毛的毛绒进入一厢，一厢搅拌以 120r/min 的速度旋转，加速毛绒分离，一部分毛绒在负压下进入下一厢继续分离，余下的毛绒通过转动活门落入下仓暂存。依此递进，在调节风道的配合下可获得不同规格的毛绒。以四厢分毛机为例：一般一厢可获得 3%～4% 或 7%～8% 的羽绒；二厢可获得10%～20% 的羽绒；三厢可获得 30%～50% 的羽绒；四厢可获得 60% 以上的高绒，要求杂质含量低于 10%。目前四厢分毛机应用广泛，根据生产需要，可用二厢分选，也可用三厢分选，既可生产规格羽绒，又可加工标准羽毛（出口半成品毛）。精分也可使用单厢分毛机通过多次分毛来进行。

经过以上三道工序，能使毛片、绒子与翅梗、灰沙、杂质分离，达到规格成分。但对于原料鹅、鸭毛内含有的鸡毛以及白鹅毛中的黑头与鸡毛，依靠机器是无法清除的。因为鸡毛、黑头与鹅、鸭毛悬浮相仿，当开动机器利用风力提取毛片、绒子的同时，鸡毛、黑头也随风力上升，因此这些成分只能通过人工剔除。

4. 拼堆 将不同规格的毛绒经计算后拼和均匀，使之达到某种规格要求的加工过程，称为拼堆。

拼堆有拼堆机拼堆和人工拼堆两种方法。机械拼堆时，当羽毛进入拼堆机后，翼桨不断地搅动，使羽毛和匀，经风力吸至贮毛后厢，降落至漏斗形的毛

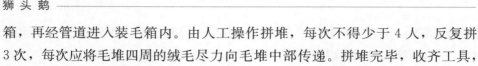

箱，再经管道进入装毛箱内。由人工操作拼堆，每次不得少于 4 人，反复拼 3 次，每次应将毛堆四周的绒毛尽力向毛堆中部传递。拼堆完毕，收齐工具，由专人清点集中保管，然后通知检验部门抽样检验。

5. 包装　经拼堆后的羽毛必须通过质检部门进行检验，如检验合格，就可通知打包部门打包进仓。

（三）水洗羽毛绒的加工

水洗羽毛绒加工工艺流程包括洗涤、脱水、烘干、冷却、包装五道工序。

1. 洗涤　洗涤一般分为初洗、清洗和漂洗三个步骤。

（1）初洗　每次投料 40kg，用 2 000kg 左右清水洗 5min，洗除一些灰沙杂质，然后将污水排出。

（2）清洗　初洗后的羽毛绒，再加入 1 500kg 左右的清水，或 40℃的温水，同时按所洗涤的干毛绒重量加入适量的羽毛专用洗涤剂，清洗约 20min 后，将污水排出。

（3）漂洗　清洗后的羽毛绒还要进行漂洗。每次加入 1 500kg 清水漂洗 4~5min，然后把污水放掉，再加入清水漂洗，共漂洗 7 次。

经过水洗之后的羽毛绒，要达到去灰、去污、去味的标准。

2. 脱水　羽毛绒经过水洗符合要求后（即最后一次漂洗所放出的水，其清洁度达到饮用水标准，或经过透明度检验符合要求），即可进入离心机脱水。脱水机先以 300r/min 低速预离心脱水 1.5min，然后以 600r/min 高速旋转，脱水 6~8min。当毛绒含水率达到 30%左右，脱水过程完成。

3. 烘干　经过洗涤脱水的毛绒，仍含一定的水分，要通过烘干机进行烘干。当烘干机工作时，蒸气温度达 110~130℃。国产老式烘干机蒸气压力为 0.392 3×10^6~0.490 3×10^6 Pa，进口烘干机蒸气压力为 0.196 1×10^6 Pa，烘缸空间平均温度为 80~90℃。机轴转动速度一般为 60~80r/min。每次加毛量应掌握在毛片每立方米 4kg 左右，绒子 3kg 左右，按现用烘干机容量，一般每缸 20~30kg，烘毛时间为 15~20min。在烘至 12min，当毛绒达到八成干时，可加喷除臭剂、整理剂等水液，以达到各类除臭、整理等目的。烘干的毛绒要达到不潮、不焦、柔软润滑、光泽好、蓬松度高的要求。

①在烘毛前，须先清理机上两端的通风筛面，使空气流通。如筛眼被阻塞，要将筛面拆下来，把毛绒拔除方可使用。

②自动加毛或人工加毛，都要注意烘干机容量，慢慢加毛，以免溢出机外。倘有散落在地上的毛绒，不可拎起放进烘毛机内，必须重新洗净再烘。

③要注意烘干机的蒸气压力表，压力应保持在适用的负荷内。

④检查烘毛机四周的封条是否脱落，如有脱落应及时补上，以免漏气和影响安全。

⑤操作时掌握烘缸温度与烘毛时间的关系，烘缸温度高，就要缩短烘毛时间；反之，就要延长烘毛时间。烘毛与烘绒的时间不同，必须灵活掌握，恰到好处。

⑥放毛时必须放干净，否则留下的毛绒会被烘焦而产生焦味，影响整批毛绒的质量。

4. 冷却　毛绒烘干后，即开动冷却机进行冷却。通过负压风机将毛绒吸入冷却圆筒，冷却机的搅拌桨以 50~60r/min 的速度，将毛绒不断翻动，同时负压风机不断将毛绒带来的湿空气通过筛眼吸出机外。一般经过 6~7min，即可使毛绒冷却。冷却程度，如以温度测定，冷却后毛绒的温度，夏季在 40℃以下，冬季在 30℃以下为宜。

冷却是毛绒在水洗消毒过程中不可缺少的工艺环节。冷却能使毛绒在水洗、烘干过程中所产生的残屑、飞丝及机器磨损的粉碎纤维通过排气筛孔飞出，使毛绒质量更纯；可使毛绒的羽枝、羽丝全部舒展蓬松，散发积蓄的热蒸气而吸入新鲜空气，从而消除异味；还可使毛绒恢复在恒温条件下自然状态所含的水分，一般自然含水率为 13% 以内，毛绒质量不变，蓬松率稳定。

5. 包装　当毛绒冷却完毕后，通过负压毛箱直接装入包装袋。包装要用消毒专用袋，专袋专用，以防外物污染混杂。每包毛绒的重量，根据不同规格的含量和不同的膨胀率来确定。一般以每立方米包装 25kg 为宜。包装时不宜过分挤压，以免影响毛绒蓬松率。

第三节　品种资源开发利用前景与品牌建设

一、品种资源开发利用

（一）利用途径与主要发展方向

1. 产肉　狮头鹅的开发利用，应充分发挥其优势，克服其缺点。狮头鹅具有比其他鹅种快的生长发育速度，成年体重比其他中国鹅种大，产肉量多，头上有发达的肉瘤（特别是饲养 3 年以上的公鹅），身体各个部位规格大——头、颈、掌、翅膀、肫、肝、胸、腿、蛋等每一样都是以大为美的典型素材。狮头鹅作为卤鹅最好的原料品种，已经为实践所证明，为饲养者、消费者和社会广泛认可。今后也要继续加强这方面的开发利用。

2. 作为父本使用　狮头鹅良好的生长发育性能、产肉性能、独特的肉瘤都具有较好的遗传基础，可以作为父本与其他高产蛋中、小型品种杂交，大大提高商品代的生长速度、产肉性能，甚至使商品代具有类似狮头鹅的肉瘤。由于成年狮头鹅体重大，杂交母本最好是体型中偏大的品种。近年来，汕头市白沙禽畜原种研究所收集繁育的白羽狮头鹅，被许多养殖白鹅的地区抢购，或作为父本使用，或作为改良地方白鹅品种生长性能的育种素材。

3. 肥肝生产　狮头鹅体型大，具有生产肥肝的潜力。今后可以对它进行肥肝性能的专门化选育，形成肥肝生产专用的狮头鹅品系，打破欧洲对肥肝生产品种的垄断。狮头鹅上市屠宰前填饲 1~2d，"粉肝"（就是肥肝）就可以达到 500g 以上，这证明它的肥肝性能潜力巨大，应采取专门的选育工作，使这一潜力发挥出来。

4. 独特的适应性　狮头鹅原产于潮州饶平，后传至汕头发扬光大，现集中于潮汕地区饲养，也有少部分推广到了其他省市饲养。数百年来在粤东沿海代代相传，使狮头鹅对亚热带海洋性气候具有良好的适应性。今后应继续强化这一特性，以提高其在我国相应的高温高湿地区的生产性能，提高生产效率。

（二）深加工带动

潮州卤鹅是潮汕人民的最爱之一，也是享誉国内外的著名美食之一，其所以有如此"成就"，得益于用于加工的材料是世界鹅王狮头鹅。汕头澄海区是卤狮头鹅的核心区。在屠宰环节，该区有宰鹅点约 110 家，年屠宰量约 1 000 万只。在销售环节，该区共有生鹅购销经营户近 150 户，卤鹅经营户不计其数。近年来，国内很多大中城市都开设有澄海卤鹅饭店，涌现了"日日香""物只卤鹅""澄鹅"等品牌。"日日香"是发展"鹅肉饭"中式快餐较好的品牌之一，已在广州、深圳、上海、杭州、北京等地开设 6 家联销店，2018 年日销售量达到 300 只，年销售额约 4 000 万元。据不完全统计，澄海狮头鹅年产值近百亿元，已成为农业农村经济支柱产业。

卤狮头鹅加工产业的发展，繁荣了餐饮业，丰富了旅游业，拉动了养殖和屠宰加工业。卤狮头鹅在粤东地区不断繁荣壮大，以及在广东省以外的全国许多主要城市传播成功，使狮头鹅种鹅养殖量突破 100 万只，商品肉鹅养殖量突破 2 000 万只，而且还在不断攀升。

狮头鹅卤鹅应该进一步发扬光大，但狮头鹅不应该仅仅作为卤鹅的唯一加工原料。狮头鹅可以根据我国各地对鹅加工产品消费特点，开发出其他丰富多样的产品。狮头鹅养殖时间比其他肉鹅品种长，尤其是上百万的种鹅一般饲养多年，其羽绒成熟度高、品质好，已经形成一个品牌，应该进一步发展羽绒产业，以充分利用这一优势资源。

二、品牌宣传

（一）展览会

汕头市白沙禽畜原种研究所培育的"狮头牌"狮头鹅多次参加由广东省人民政府主办、农业部支持、广东省农业厅承办的广东现代农业博览会（以下简称农博会），并在众多竞争对手中脱颖而出，荣获广东十大名牌系列农产品广东名鹅第一名。狮头鹅还参加了第十四届中国长春国际农业食品博览会。这些展会的展出，很好地宣传了狮头鹅品牌。

（二）电视、报纸

狮头鹅还多次登上中央电视台，更是广东省电视台和潮汕地区电视台的常客。每一次展会，每一次电视报道，都会有多家报纸转载或再次报道。许多媒体，如《广东饲料》等还多次对狮头鹅产业进行专访报道。这些媒体传播，不断提升了狮头鹅品牌的影响力。

三、技术与产业助推

（一）主导品种与主推技术

2015 年，汕头市白沙禽畜原种研究所将狮头鹅成功申报成为广东省主导品种；2019 年狮头鹅被成功申报成为农业农村部主导品种。2017 年，广东海洋大学的"狮头鹅高效健康养殖新技术"成功申报为广东省主推技术；2019年汕头市白沙禽畜原种研究所的"狮头鹅饲养管理技术"成功申报为广东省主推技术。主导品种和主推技术的实施和宣传，进一步扩大了狮头鹅的影响面，提升了狮头鹅品牌影响力。

（二）产业园建设

澄海狮头鹅在我国内地大中城区、港澳地区，以及东南亚等地享有很高的知名度。2019年5月，汕头市委领导到澄海调研，强调要建设"狮头鹅养殖加工产业园"，支持狮头鹅养殖业发展壮大，打响品牌。2019年下半年澄海区邀请广东省农业科学院的专家制定产业发展规划，科学规划，全面布局。同时，组建成立狮头鹅产业协会，建立追溯体系，推动狮头鹅产业良性发展，努力将其打造成为区域品牌。

四、深化品牌内涵

汕头地区通过挖掘狮头鹅文化内涵，深化和扩大狮头鹅品牌的影响，彰显了文化软实力，使狮头鹅产业经济稳定健康发展。

（一）潮汕饮食文化

狮头鹅号称"鹅王"，凭个头赚钱。"鹅中翘楚狮子头，霸气十足走江湖"。潮汕地区卤狮头鹅远近闻名，其独有的味道深受人们的钟爱。鹅产品经过精细分类加工已经形成一个完整的产业链条，带动农民创收。狮头鹅是潮汕著名的特产，颈粗、趾粗、体型硕大，是世界上大型的肉用鹅种，多分布于汕头澄海、汕头月浦、潮州潮安等地，其中以澄海狮头鹅最为出名。潮汕有句俗语"无鹅不成席"，可见狮头鹅在潮汕人民心中的地位。在汕头澄海每年春节、中元节祭祖都有赛大鹅，还有表演"双咬鹅舞"（彩图9-5）这一独特的民间传统广场动物舞蹈的习俗，它象征着六畜兴旺、祥和富贵。据了解，古人婚嫁中有所谓"奠雁礼"，也就是聘礼中有一对鹅，用以代雁。寓意雁飞行齐一有序，往来不失其节，终身不再偶，是一种"贞"禽，大家取其好意头。整只的卤狮头鹅是潮汕人民祭祖和拜神的必备品，而且是越大越好。狮头鹅还是亲朋好友送礼的常用品，当然也是越大越好。

（二）狮头鹅元素的民间文化

1. 月浦狮头鹅舞　为使潮汕传统民俗文化——"月浦狮头鹅舞"得到更好的传承和发扬，金平区月浦街道月浦社区向汕头市存心慈善会捐赠了两只活灵活现的"狮头鹅"，将这门独特的文艺技术传授给存心慈善会继承。据了解，月浦社区在潮汕地区素有"狮头鹅之乡"的美誉，于20世纪90年代在潮汕地区首创"月浦狮头鹅舞"，配合优美动人的潮州音乐，表演出鹅在日常生活中戏水、沐浴、交颈、追逐、展翅、扭扑、觅食等惟妙惟肖的动作及情趣，再现了潮汕农村的风尚习俗、农家生活欣欣向荣的动人景象。

2. 吉祥鹅动漫　"鹅，鹅，鹅，曲项向天歌，白毛浮绿水，红掌拨清波。"在这首耳熟能详的诗歌中，一个个憨态可掬、惟妙惟肖的"吉祥鹅"出场了。这部以汕头名产狮头鹅为原型的动漫舞台短剧《吉祥鹅》，以其充满"潮味"和现代动漫文化结合的表演吸引了观众的眼球。《吉祥鹅》是由潮汕人林妙清老师创作的。舞蹈通过塑造鹅的动漫形象来进行舞台表演，并且增添了百姓对祥和、康乐的美好生活的梦想。

3. 双咬鹅舞　始创于澄海城北管区。1952年，城北艺人陈和存与其父等人创制了狮头鹅艺术造型，用舞蹈的形式表现素有"鹅王"之称的澄海狮头鹅的神态和习性。20世纪70年代，陈和存将其艺传授到澄海莲下镇陈厝洲村。双咬鹅舞几经变革创新，日臻完美，成为融舞蹈与音乐于一身、观赏性强、影响力大的民间动物舞蹈。双咬鹅舞登场演员共3人，另有两个舞鹅副手作后备，以便轮换。牧童是双咬鹅舞的主角。演牧童的衣饰配搭不拘一格，胸腹间缠一肚兜，脚穿草鞋，手执长笛，头戴一个变形夸张的孩童头壳，脸部造型天真活泼，逗人喜爱。双咬鹅舞从牧童出牧到归牧，全过程约30min，以鹅的咬斗为高潮。作为文化交流的使者，双咬鹅舞曾多次应邀赴海内外演出并获好评。2007年，双咬鹅舞被汕头市政府列入第一批市级非物质文化遗产名录。

4. 吉祥物　2018汕头国际马拉松首款吉祥物揭晓，它就是以汕头的优良大型鹅种狮头鹅造型演变而成的"鹅仔"！在汕头，马拉松不仅是一项运动，更是一张城市文化名片。"鹅仔"深得"马"心，刚刚"出世"即引发热议，市民"墨林斋主人"以一首自创《狮头鹅》的打油诗表达激动心情："鹅，鹅，鹅！曲项向天歌。汕头多精彩，健儿笑呵呵。"作为汕头特有的美食卤味的原材料，狮头鹅皮薄肉软，配上精心调制的卤料，为潮汕人最喜爱的美味。"鹅仔"还有另外的文化内涵，就是取材于市级非物质文化遗产"双咬鹅"民间动物舞蹈，它也能令潮汕游子怀念儿时家乡的味道。这只"鹅仔"高约 20cm，颜色鲜艳，蓝色上衣搭配草绿色裤子。据介绍，蓝色上衣代表汕头拥有"内海湾"的城市，绿色裤子代表汕头欣欣向荣的城市美好形象，也是绿色文化打造城市的象征。"鹅仔"张开双臂和露出灿烂的笑容，仿佛透出开朗外向、热情好客的性格，欢迎五湖四海的宾朋齐聚汕头，体验汕头马拉松带来的欢乐感受。笔者认为"鹅仔"也为"狮头鹅"这一独特的品种形成著名品牌起到了积极的宣传作用。

参 考 文 献

陈国宏，2012. 中国养鹅学［M］. 北京：中国农业出版社.

陈顺友，2009. 畜禽养殖场建设规划［M］. 北京：中国农业出版社.

崔治中，2010. 禽病诊治彩色图谱［M］.2 版. 北京：中国农业出版社.

国家畜禽遗传资源委员会，2011. 中国畜禽遗传资源志·家禽志［M］. 北京：中国农业出版社.

何大乾，2007. 鹅高效生产技术手册［M］.2 版. 上海：上科学技术出版社.

何大乾，2009. 养鹅技术 100 问［M］. 北京：中国农业出版社.

何大乾，2017. 高效科学养鹅关键技术有问必答［M］. 北京：中国农业出版社.

农业委员会台湾农家要览增修订再版策划委员会，1995. 台湾农家要览（畜牧篇）［M］. 增修订再版. 台北：财团法人丰年社.

林祯平，冯凯玲，叶慧，等，2012. 饲粮蛋氨酸水平对 28～70 日龄狮头鹅血清生化指标及抗氧化功能的影响［J］. 动物营养学报（11）：2126-2132.

邱祥聘，1983. 家禽学［M］. 成都：四川科学技术出版社.

施振旦，孙爱东，黄运茂，等，2007. 广东鹅种的反季节繁殖光照调控原理和技术［J］. 中国家禽，29（19）：40-42.

S Leeson，J D Summers，2010. 实用家禽营养［M］. 沈慧乐，周鼎年，译.3 版. 北京：中国农业出版社.

涂勇刚，2013. 禽肉加工新技术［M］. 北京：中国农业出版社.

王继文，邱祥聘，曾凡同，等，2005. 中国主要家鹅品种的遗传分化研究［J］. 遗传学报（32）：1053-1059.

王思庆，林庆添，林祯平，等，2008. 狮头鹅产蛋性状遗传性能分析［J］. 水禽世界（5）：39-41.

王文策，胥力文，林祯平，等，2014. 饲粮赖氨酸水平对 1～21 日龄狮头鹅生长性能、血清生化指标及蛋白沉积的影响［J］. 华南农业大学学报（6）：1-7.

Y M Saif，2012. 禽病学［M］. 苏敬良，译.12 版. 北京：中国农业出版社.

曾凡同，1997. 养鹅全书［M］. 成都：四川科学技术出版社.

庄友初，林祯平，2006. 狮头鹅的产业化前景［J］. 养禽与禽病防治（2）：36-37.

张响英，唐现文，董然然，等，2015. 日粮蛋白质水平对狮头鹅繁殖性能及相关激素水平的影响［J］. 江苏农业科学（10）：259-261.

张楚吾，邓远凡，林祯平，等，2011. 饲粮粗蛋白质水平对 10～21 日龄狮头鹅生产性能的影响［J］. 广东饲料（7）：18-21.

张伟，1995. 实用禽蛋孵化新法［M］. 北京：中国农业科技出版社.

张宏福，2010. 动物营养参数与饲养标准［M］. 2 版. 北京：中国农业出版社.

张克和，陈宇，俞旭霞，等，2011. 鹅鸭羽毛羽绒结构特征分析［J］. 中国纤检（3）：50-52.

Cui Wang，Yi Liu，Huiying Wang，et al.，2014. Molecular characterization and differential expression of multiple goose dopamine D2 receptors［J］. Gene，2：177-183.

Cui Wang，Yi Liu，Huiying Wang，et al.，2014. Molecular characterization，expression profile，and polymorphism of goose dopamine D1 receptor gene［J］. Mol. Biol. Rep，5：2929-2936.

Cui Wang，Yi Liu，Jing Zhang，et al.，2014. Molecular cloning, expression and polymorphism of goose LRP8 gene［J］. British Poultry Science，3：284-290.

Jing Zhang，Cui Wang，Yi Liu，et al.，2016. Gouti signaling protein（ASIP）gene：molecular cloning，sequence characterization and tissue distribution in domestic goose. British Poultry Science，3：288-294.

WANG C M，KAO J Y，LEE S R et al.，2005. Effects of artificial supplemental light on the reproductive season of geese kept in open houses［J］. British Poultry Science（46）：728-732.

WANG S D，JAN D F，YEH L T，et al.，2002. Effect of exposure to long photoperiod during the rearing period on the age at first egg and the subsequent reproductive performance in geese［J］. Animal Reproduction Science（73）：227-234.

Yi Liu，Cui Wang，Huiying Wang，et al.，2014. Molecular cloning，characterisation and tissues expression analysis of the goose（Anser cygnoides）vasoactive intestinal peptide（VIP) gene［J］. British Poultry Science，6：720-727.

附　　录

附录一　《狮头鹅》
(DB 440500/T 01—2010)

1　范围

本标准规定了狮头鹅的定义及术语、要求和饲养管理等内容。

本标准适用于狮头鹅品种的鉴别、选育和销售活动中对种鹅进行评定。

2　术语和定义

下列术语和定义适用于本标准。

2.1　狮头鹅（lion head geese）

狮头鹅是指广东省汕头市白沙禽畜原种研究所（原广东省澄海种鹅场）经多年对该品种资源进行收集选育、提纯复壮固定的具独特外貌特征和稳定遗传性能的狮头鹅。狮头鹅是我国唯一大型鹅种，也是世界最大型鹅种之一。该品种主产地为广东省汕头市澄海区，全国各地均适合饲养。

2.2　种蛋受精率（fertility of setting eggs）

受精蛋占入孵蛋的百分比。血圈、血线蛋按受精蛋计数；散黄蛋按未受精蛋计数，按式（1）计算：

$$受精率 = \frac{受精蛋数}{入孵蛋数} \times 100\% \tag{1}$$

2.3　孵化率（hatchability）

孵化率分受精蛋孵化率和入孵蛋孵化率两种，本标准使用的是受精蛋孵化率，指出雏数占受精蛋数的百分比，按式（2）计算：

$$受精蛋孵化率 = \frac{出雏数}{受精蛋数} \times 100\% \tag{2}$$

2.4 开产日龄 （age at first egg）

性成熟日龄（age at sexual maturity）：应用于个体产蛋记录时，以产第一枚蛋的平均日龄计算；应用于群体记录时，按日产蛋率达5％时日龄计算。

2.5 产蛋量 （egg production）

入舍母鹅产蛋量（枚）（hen-housed-egg production）：指母鹅于统计期内的产蛋数。统计期内的产蛋数（枚）指每年9月至翌年4月母鹅产蛋季节内所产的蛋数（枚）。本标准使用的是入舍母鹅产蛋量（枚），按式（3）计算：

$$入舍母鹅产蛋数（枚）=\frac{统计期内的总产蛋数（枚）}{入舍母鹅数（只）} \quad (3)$$

2.6 平均蛋重 （average egg size）

平均蛋重指每枚蛋的平均重量，单位以g计算。个体记录，连续称取3枚以上的蛋重，求平均值；群体记录，连续称取3d总产蛋重除以总产蛋数，求平均值；大型鹅场按日产量的2％以上称蛋重，求平均值。

2.7 蛋形指数 （egg shape index）

蛋形指数指蛋的纵径和横径之比（用蛋形指数测量器或游标卡尺测量），以mm为单位，精确度为0.1mm，按式（4）计算：

$$蛋形指数=\frac{纵径}{横径} \quad (4)$$

2.8 就巢性 （broodiness）

就巢性也指抱性、伏巢性，是禽类繁殖后代的一种特有行为，就巢时停止产蛋，就巢性强，产蛋就少。

2.9 育雏率 （viability of brooding chicks）

育雏率指育雏期成活率：育雏期末成活雏鹅数占入舍雏鹅数的百分比；按式（5）计算：

$$育雏率=\frac{育雏期末雏鹅数}{入舍雏鹅数}\times100\% \quad (5)$$

2.10 料重比 （ratio of feed to gain）

料重比指每增重1kg所消耗的饲料。料重比越小，饲料效率越高。

2.11 半净膛率 （percentage of half-eviscerated yield）

半净膛重占宰前活重的百分比。半净膛重指屠体去除气管、食道、嗉囊、肠、脾、胰和生殖器官，留心、肝（去胆囊）、肺、肾、腺胃、肌胃（除去内容物和角质膜）和腹脂（包括腹部板油及肌胃周围的脂肪）后的重量；按式

（6）计算：

$$半净膛率 = \frac{半净膛重}{宰前活重} \times 100\% \qquad (6)$$

2.12　全净膛率（percentage of eviscerated yield）

全净膛率指全净膛重占宰前活重的百分比。全净膛重是指半净膛重去心、肝、腺胃、肌胃、腹脂，保留头、脚的重量；按式（7）计算：

$$全净膛率 = \frac{全净膛重}{宰前活重} \times 100\% \qquad (7)$$

2.13　雏鹅（starting geese）

雏鹅指饲养 0～4 周龄的鹅。

2.14　小鹅（gosling）

小鹅指饲养 5～8 周龄的鹅。

2.15　中鹅（growing geese）

中鹅指饲养 9～10 周龄的鹅。

2.16　肉用鹅（meat type geese）

肉用鹅指饲养的目的是用来做食用的鹅，本标准中的肉用鹅饲养周期为 0～10 周龄。

2.17　后备种鹅（replacement geese）

后备种鹅指 70 日龄至开产前 45d 的鹅。

2.18　种鹅（breeding geese）

种鹅指饲养到性成熟和体成熟后的鹅。

3　要求

3.1　肉用鹅品质特性

3.1.1　育雏率　在正常的饲养和防疫条件下，雏鹅 4 周龄育雏率在 95% 以上。

3.1.2　生长速度　在正常的饲养和防疫条件下，4 周龄体重公鹅为 2.0～2.5kg，母鹅为 1.8～2.2kg；8 周龄体重公鹅为 5～6kg，母鹅为 4.5～5.5kg；10 周龄体重公鹅为 6～7kg，母鹅为 5.5～6.5kg。

3.1.3　料重比　在正常的饲养和防疫条件下，4 周龄料重比公鹅为（1.5～1.6）：1，母鹅为（1.55～1.65）：1；8 周龄料重比公鹅为（1.8～

2.2）：1，母鹅为（2.0～2.4）：1；10周龄料重比公鹅为（2.5～3.0）：1，母鹅为（2.8～3.2）：1。

3.1.4 屠宰性能 10周龄公鹅全净膛率和半净膛率平均分别为71％～73％和81％～83％，母鹅分别为72％～74％和83％～85％。胴体皮肤为淡黄色或乳白色。

3.2 种鹅品质特性

3.2.1 外貌特征 体躯呈方形，头大颈粗、前躯略高。公鹅昂首健步，姿态雄伟，头部前额肉瘤发达，向前突出，覆盖于喙上，两额有左右对称的肉瘤1～2对，肉瘤呈黑色。公鹅和2岁以上母鹅的头部肉瘤特征更为明显，喙短、质坚实、黑色，与腔口交接处有角质锯齿状物，睑部皮肤松软，眼皮突出，多呈黄色，外眼球似下陷，虹彩褐色，颌下咽袋发达，一直延伸至颈部，胫粗蹼宽，胫、蹼为橙色或间有黑斑，皮肤米黄色或白色，腿内侧有似袋状的皮肤皱褶。

3.2.2 羽毛色泽 鹅的背面、前胸羽毛、翼羽均为棕褐色，由头顶至颈部的背面形成如鬃状的褐色羽毛带，全身腹面的羽毛白色或灰色，褐色羽毛的边缘色较浅，呈镶边羽。

3.2.3 体重体尺 成年鹅的体重体尺见表1。

表1 狮头鹅成年鹅体重体尺

性 别	体重（kg）	体斜长（cm）	胸深（cm）	胸宽（cm）	龙骨长（cm）	骨盆宽（cm）	胫长（cm）	备注
公	8.5～10.0	42.7	15.8	16.5	24.9	11.6	13.1	允差为
母	7.5～8.0	36.9	14.9	14.9	21.8	10.3	11.8	±10％

3.2.4 生产性能

3.2.4.1 性成熟期 在正常的饲养管理条件下，母鹅开产日龄为160～180日龄，在生产应用中从130日龄起采用限制饲养，开产日龄控制在220～250日龄；公鹅有交配行为在150～160日龄，用于初次配种的需220日龄以上。

3.2.4.2 产蛋量 产蛋季节为每年9月至翌年4月，初产母鹅平均年产蛋量为26～28枚；经产母鹅平均年产蛋量为30～32枚，盛产期在第2～4个产蛋年度。

3.2.4.3 种鹅使用年限 母鹅使用年限为5～6年，公鹅使用年限为4～

5年。

3.2.4.4　蛋的品质　初产母鹅蛋的平均重为170～180g，蛋形指数为1.4～1.5；经产母鹅蛋的平均重为210～220g，蛋形指数1.5～1.6。蛋壳均为乳白色。

3.2.4.5　繁殖力　种鹅公母配比为1：（5～6），鹅群放于水面自然交配。初产母鹅产的蛋，受精率为75%～80%，受精蛋孵化率为85%～89%；经产母鹅产的蛋，受精率为80%～85%，受精蛋孵化率为88%～92%；雏鹅平均出壳重为130～140g（公鹅雏为135～145g，母鹅雏为130～135g）。

3.2.4.6　就巢性　母鹅就巢性强，每产完一窝蛋后就巢一次，产蛋季节内就巢3～4次，就巢总天数为75～100d。个别母鹅无就巢性，或就巢性弱，此类母鹅占总母鹅数的5%以下。

4　狮头鹅饲养管理特点

4.1　育雏

雏鹅出壳后用人工给温育雏，1周内育雏温度为28～30℃，以后每2天降1℃，至20℃可脱温。如外界气温低于20℃可适当延长保温时间。

4.2　雏鹅、小鹅、中鹅的饲养

4.2.1　营养指标　雏鹅、小鹅、中鹅各阶段的营养指标见表2。

表2　狮头鹅各阶段营养指标

项　　目	营　养　指　标		
	0～4周龄	5～8周龄	9～10周龄
代谢能（MJ/kg）	11.50～12.50	10.80～11.50	11.00～12.00
粗蛋白（%）	19.5～20.5	13.5～14.5	13.5～15.0
粗纤维（%）	4.0～5.0	5.5～6.5	5.0～7.0
钙（%）	0.80～0.90	0.80～0.95	0.80～0.95
有效磷（%）	0.55～0.70	0.55～0.65	0.55～0.60
蛋氨酸（%）	0.45～0.65	0.45～0.55	0.40～0.50
赖氨酸（%）	0.85～1.00	0.80～0.95	0.85～0.95

4.2.2　饲喂次数　0～4周龄每天饲喂4～6次，5～10周龄每天饲喂3次。

4.3 后备种鹅的饲养

从第 11 周龄开始至开产前一个半月的后备种鹅采用限制饲养，但要供给充足青饲料。每天补饲精饲料 1～2 次，精饲料可以以稻谷为主，也可采用配合日粮，配合日粮营养水平为粗蛋白质 13％、代谢能 11.00MJ/kg。

4.4 种鹅饲养

产蛋期应供给充足青饲料，精饲料每天饲喂 2～3 次，精饲料可以以稻谷为主，也可采用配合日粮，其营养水平为粗蛋白质 14％、代谢能 11.33MJ/kg。停产期（也称拖草期）参照后备种鹅饲养。

附录二 《狮头鹅（种鹅）饲养技术规范》

（DB 4405/T 53—2019）

1 范围

本标准规定了狮头鹅（种鹅）饲养的术语和定义、饲养要求等内容。

本标准适用于汕头辖区狮头鹅（种鹅）的饲养，也可供其他地区狮头鹅种鹅或其他地区鹅种参照采用。

2 规范性引用文件

下列文件对本标准的应用是必不可少的。凡是注日期的引用文件，仅所注日期的版本适用于本标准。凡是不注日期的引用文件，其最新版本（包括所有的修改单）适用于本标准。

NY/T 1167 禽畜场环境质量及卫生控制规范

NY/T 5030 无公害农产品 兽药使用准则

《病死及病害动物无害化处理技术规范》（农医发〔2017〕25号）

3 术语和定义

下列术语和定义适用于本标准。

3.1 狮头鹅（lion head geese）

狮头鹅是指广东省汕头市白沙禽畜原种研究所（原广东省澄海种鹅场）经多年对该品种资源进行收集选育、提纯、复壮、固定的具独特外貌特征和稳定遗传性能的狮头鹅。狮头鹅是我国唯一大型鹅种，也是世界最大型鹅种之一。该品种主产地为广东省汕头市澄海区，全国各地均适合饲养。

3.2 雏鹅（stating geese）

雏鹅指饲养0～4周龄的鹅。

3.3 小鹅（gosling geese）

小鹅指饲养5～8周龄的鹅。

3.4 中鹅（growing geese）

中鹅指饲养 9～10 周龄的鹅。

3.5　后备种鹅（replacement geese）

后备种鹅指 11～35 周龄的鹅。

3.6　产蛋预备期种鹅

产蛋预备期种鹅指产蛋前 1.5 个月至开产时的鹅。

3.7　种鹅（breeding geese）

种鹅指饲养到体成熟和性成熟后，经过选育、具有种用价值用于繁殖后代的鹅。

3.8　休产期种鹅

休产期种鹅指上一个产蛋年度结束至下一个产蛋年度开始的时间内的种鹅，休产期一般为每年的 5—8 月。

3.9　在产期种鹅

在产期种鹅指正在产蛋季节的种鹅，种鹅的产蛋季节一般为每年的 9 月至翌年 4 月。

3.10　代谢能（metabolizable energy）

代谢能指食入饲料的总能减去粪、尿的总能以及消化过程中所产气体的总能。

3.11　粗蛋白质（crude protein）

粗蛋白质指饲料中含氮物质的总称，包括真蛋白和非蛋白含氮物两部分，后者包括游离氨基酸、硝酸盐、氨等。在常规分析中，用凯氏法测定饲料样本中的含氮量（％），然后乘以系数 6.25，即得到饲料中粗蛋白质的含量。

3.12　成活率（livability）

本标准中的成活率是指种鹅一个生产年度中存活种鹅数占入舍种鹅数的百分比。

3.13　防疫（epidemic prevention）

防疫指为了使种鹅的疫病不能发生或不能再继续传播和扩散而采取的预防、治疗及免疫接种等措施。

4　饲养要求（feeding request）

4.1　饲养温度（feeding temperature）

雏鹅期适宜温度 28～32℃；小鹅期适宜温度 22～28℃；中鹅期可在12～22℃中饲养，但适宜温度为 20℃左右。后备期种鹅、产蛋预备期种鹅、休产期种鹅及在产期种鹅的饲养温度可为 5～30℃，但适宜温度为10～20℃。

4.2　饲养密度（feeding density）

舍内饲养密度雏鹅期为 12～15 只/m²，小鹅期为 8～10 只/m²，中鹅期为 4～6 只/m²，后备期种鹅、产蛋预备期种鹅、休产期种鹅及在产期种鹅为2～3 只/m²。舍外运动场地以及水面运动场的面积均应比舍内面积大 1 倍以上。

4.3　禽舍卫生（birdhouse sanitation）

禽舍卫生应符合《畜禽场环境质量及卫生控制规范》（NY/T 1167）的要求。

4.4　饲养方法（feeding means）

雏鹅期采用自由采食的饲喂方法；小鹅期及中鹅期每天饲喂 3 次；后备种鹅期采用限制饲养，每天饲喂后备种鹅料 1～2 次，预备产蛋期逐渐从少到多喂给种鹅料，每天 2～3 次；在产期种鹅每天饲喂种鹅料 2～3 次；休产期（也称拖草期）参照后备种鹅饲养。

各个时期全天均应供给清洁饮水，每天喂料的同时要搭配一定量的青饲料。青饲料的供给原则：雏鹅期至中鹅期全期以配合饲料搭配青饲料喂给；后备种鹅期至在产期种鹅期可用配合饲料搭配青饲料喂给，也可先投配合饲料后再投放青饲料让其自由采食。配合饲料按附录 A 配方供给，青饲料的种类按各地青饲料的来源而定。

4.5　养分需要量（nutrient requirements）

以下为种鹅各生长期的日粮代谢能及粗蛋白质需要量。

雏鹅期　代谢能 12.00～12.50MJ/kg，粗蛋白质 18.0%～20.0%。

小鹅期　代谢能 10.80～11.50MJ/kg，粗蛋白质 13.5%～14.8%。

中鹅期　代谢能 11.00～12.00MJ/kg，粗蛋白质13.0%～14.0%。

后备种鹅期和休产期　代谢能 11.00～11.50MJ/kg,粗蛋白质13.0%～13.5%。

在产期种鹅期和产蛋预备期　代谢能 11.10～11.50MJ/kg，粗蛋白质13.8%～14.5%。

其他营养需要参见附录 A。

4.6　成活率（livability）

在正常饲养和防疫条件下，种鹅成活率92%以上。

4.7 防疫（epidemic prevention）

种鹅严格按常规防免疫程序定期进行防疫。免疫程序参照附录 C。预防用药按照 NY/T 5030 的要求进行。

5 病死鹅无害化处理

病死鹅严格按照《病死及病害动物无害化处理技术规范》（农医发【2017】25 号）要求进行处理。

附录 A

（资料性附录）

表 A1　种鹅营养需要量

营养成分		单　位	雏　鹅	小　鹅	中　鹅	后备种鹅、休产期种鹅	在产期种鹅、产蛋预备期种鹅
粗蛋白质		%	18.0～20.0	13.5～14.8	13.0～14.0	13.0～13.5	13.8～14.5
代谢能		MJ/kg	12.0～12.5	10.8～11.5	11.0～12.0	11.00～11.50	11.10～11.50
粗纤维		%	4.0～5.0	5.5～6.5	5.0～7.0	5.5～6.5	4.0～5.0
钙		%	0.80～0.90	0.79～0.95	0.80～0.95	1.53～1.58	1.60～2.00
可利用磷		%	0.55～0.70	0.55～0.65	0.55～0.65	0.55～0.65	0.58～0.65
氨基酸（日粮）	精氨酸	%	0.86～0.94	0.86～0.94	0.81～0.87	0.92～0.99	1.03～1.09
	赖氨酸	%	0.66～0.80	0.66～0.70	0.60～0.64	1.12～1.17	1.22～1.28
	蛋氨酸	%	0.26～0.30	0.26～0.30	0.29～0.33	0.85～0.90	0.93～0.97
	蛋氨酸＋胱氨酸	%	0.71～0.76	0.71～0.76	0.74～0.78	0.46～0.50	0.49～0.53
	色氨酸	%	0.17～0.21	0.17～0.21	0.15～0.19	0.18～0.22	0.20～0.24
	组氨酸	%	0.30～0.34	0.30～0.34	0.28～0.32	0.31～0.35	0.34～0.38
	亮氨酸	%	1.23～1.27	1.23～1.27	1.25～1.29	1.26～1.30	1.34～1.38
	异亮氨酸	%	0.60～0.64	0.60～0.64	0.57～0.61	0.63～0.67	0.71～0.76
	苯丙氨酸	%	0.61～0.65	0.61～0.65	0.60～0.64	0.64～0.68	0.70～0.74
	苯丙氨酸＋酪氨酸	%	1.0～1.3	1.0～1.3	1.0～1.3	1.17～1.21	1.27～1.31
	苏氨酸	%	0.51～0.55	0.51～0.55	0.51～0.55	0.54～0.58	0.59～0.63
	缬氨酸	%	0.70～0.74	0.70～0.74	0.67～0.71	0.72～0.76	0.78～0.82
	甘氨酸	%	0.69～0.73	0.69～0.73	0.62～0.66	0.73～0.77	0.79～0.83

营养成分		单　位	雏　鹅	小　鹅	中　鹅	后备种鹅、休产期种鹅	在产期种鹅、产蛋预备期种鹅
维生素（每千克日粮）	维生素 A	IU	8 800～9 200	8 800～9 200	8 800～9 200	6 700～6 800	8 800～9 200
	维生素 D₃	IU	1 850～2 150	1 850～2 150	1 850～2 150	1 400～1 600	1 900～2 100
	胆碱	mg	1 240～1 300	1 120～1 200	1 000～1 050	1 150～1 250	1 460～1 600
	核黄素	mg	7.8～8.1	7.85～8.15	7.3～7.8	6.3～6.7	7.6～8.2
	泛酸	mg	21.4～22.0	22～23	19.1～19.8	18.5～20	21～22.5
	维生素 B₁₂	mg	0.020～0.022	0.020～0.022	0.020～0.022	0.012～0.020	0.020～0.023
	叶酸	mg	2.26～2.34	1.96～2.08	1.9～2.0	1.86～1.92	2.30～2.34
	生物素	mg	0.20～0.24	0.20～0.24	0.16～0.20	0.19～0.23	0.20～0.24
	尼克酸	mg	88～90	95～97	78～80	82～86	58～62
	维生素 K	mg	3.8～4.2	3.8～4.2	3.8～4.2	2.8～3.2	3.8～4.2
	维生素 E	IU	25.2～25.6	23.4～24.0	24.2～25.0	36.5～37.5	42.2～43
	硫胺素	IU	7.6～7.7	7.0～7.5	6.5～7.0	6.5～7.0	7.0～8.0
	吡哆醇	mg	11.2～11.8	11.0～11.5	11.0～11.5	10.0～10.4	11.0～11.4
微量元素（每千克日粮）	锰	mg	87.5～89.0	90.5～91.5	78.5～80.0	90.1～90.7	87～90
	铁	mg	49～51	49～51	49～51	49～51	49～51
	铜	mg	11.3～11.8	10.8～11.3	9.5～10.1	11.0～11.4	11.2～11.8
	锌	mg	85～87	90～92	75～77	89～91	90～92
	硒	mg	0.30～0.36	0.33～0.40	0.25～0.29	0.33～0.37	0.31～0.35
	碘	mg	0.35～0.39	0.36～0.40	0.36～0.40	0.36～0.40	0.36～0.40
	镁	mg	590～610	590～610	590～610	590～610	590～610
	氯化物	mg	780～820	780～820	780～820	780～820	780～820
	钴	mg	0.18～0.22	0.18～0.22	0.18～0.22	0.18～0.22	0.18～0.22
	钠	%	0.22～0.26	0.22～0.26	0.22～0.26	0.22～0.26	0.22～0.26
	钾	%	0.33～0.37	0.62～0.66	0.52～0.56	0.64～0.68	0.68～0.72

附录 B

（规范性附录）

种鹅配合饲料参考配方

表 B.1

原　　料	雏　鹅	小　鹅	中　鹅	后备种鹅	在产种鹅
玉米（%）	63.00	59.20	64.00	63.00	63.00
麦皮（%）	6.61	22.00	21.00	20.20	17.00
豆粕（%）	20.00	15.00	11.00	10.00	12.00
玉米蛋白粉（%）	6.00	0.00	0.00	1.00	2.00
磷酸氢钙（%）	2.19	1.60	1.60	1.60	1.60
食盐（%）	0.20	0.20	0.20	0.20	0.20
石粉（%）	1.00	1.00	1.20	3.00	4.00
预混料（%）	1.00	1.00	1.00	1.00	1.00

附录 C

（规范性附录）

种鹅免疫程序

表 C.1

免疫时间	疫苗名称	免疫方法	剂量	备　注
开产前	禽流感 $H_5 + H_7$	肌肉注射	1.5mL	每年8月上旬
	小鹅瘟疫苗	肌肉注射	5头份	
	鸭瘟疫苗	肌肉注射	30头份	
	禽流感 H_9	肌肉注射	1.5mL	每年8月中旬
产蛋中期	禽流感 $H_5 + H_7$	肌肉注射	1.5mL	每年11月中、下旬
	禽流感 H_9	肌肉注射	1.5mL	
休产期	禽流感 $H_5 + H_7$	肌肉注射	1.5mL	每年4月下旬至5月上旬
	禽流感 H_9	肌肉注射	1.5mL	

彩图2-1　灰羽狮头鹅
左：母；右：公

彩图2-2　白羽狮头鹅
左：母；右：公

彩图2-3　体躯呈方形

彩图2-4　体躯呈纺锤形

彩图2-5　体躯呈冬瓜形

彩图2-6　腹　褶
图中箭头所指处

彩图2-7　灰羽狮头鹅头部　　　　　彩图2-8　狮头鹅喙
左：正面；右：左面

彩图2-9　下腭的锯齿

彩图2-10　狮头鹅颌下肉垂

彩图 2-11　狮头鹅翅膀　　　　　　　彩图 2-12　狮头鹅"蜡样脚"

彩图 2-13　狮头鹅掌颜色　　　　　　彩图 2-14　传统灰羽狮头鹅群
　　左：橘黄色；右：带黑斑

彩图 2-15　白羽狮头鹅群

彩图2-16　喜水性

彩图2-17　合群性好

彩图2-18　狮头鹅公鹅打斗争配

彩图2-19　狮头鹅就巢性强

彩图2-20　狮头鹅雏鹅
左：1日龄母鹅；右：1日龄公鹅

彩图 2-21　狮头鹅雏鹅（20 日龄）

彩图 2-22　狮头鹅中鹅（65 日龄）

彩图 2-23　狮头鹅后备种鹅（120 日龄）

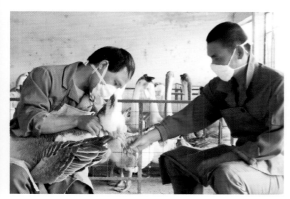

彩图 4-1　狮头鹅人工授精

左：采精；右：输精

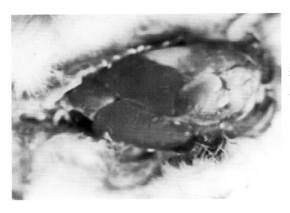

彩图 7-1　鸭疫里默氏菌感染
肝包膜增厚，有一层灰白色纤维素膜

彩图 7-2　鸭疫里默氏菌感染
胸壁与肝表面有一层厚的纤维素性膜

彩图 7-3　鸭疫里默氏菌感染
纤维素性心包炎和肝周炎

彩图 7-4　鸭疫里默氏菌感染
关节肿胀

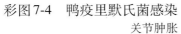
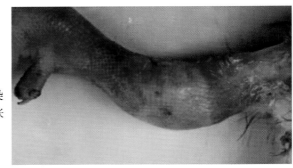

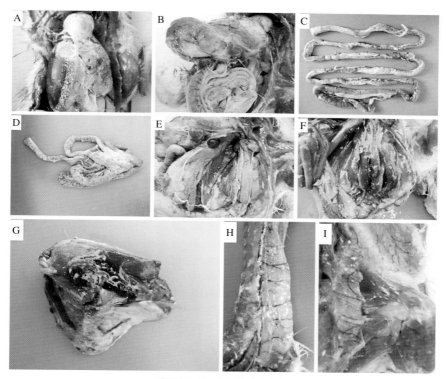

彩图7-5　雏鹅痛风病
内脏病变

A.心脏和肝脏表面有尿酸盐沉积；B.腺胃、肌胃和脾脏表面有尿酸盐沉积；

C.肠道和胰腺表面有尿酸盐沉积；D.肠系膜有尿酸盐沉积；

E.腹膜和肾脏有尿酸盐沉积，肾脏肿胀；F.输尿管扩张，内含白色物质；

G.胆囊内有尿酸盐；H.食道表面有尿酸盐沉积；I.肌肉表面有尿酸盐沉积

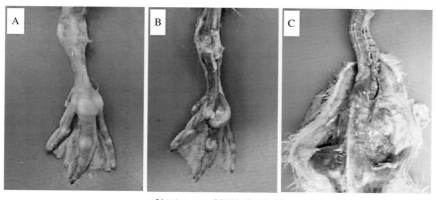

彩图7-6　雏鹅痛风病
关节病变

A.跗关节、跖趾关节和趾关节肿胀；B.跗关节、跖趾关节和趾关节有尿酸盐沉积；

C.颈部和躯干关节有尿酸盐沉积

彩图7-7　翻　翅

彩图9-1　卤狮头鹅

彩图9-2　卤老鹅头

彩图9-3　卤狮头鹅副产品
掌、翅等

彩图9-4　狮头鹅胴体
光鹅

彩图9-5　双咬鹅舞